西部山区水电工程施工
导截流工程设计创新与实践

何兴勇　蒲建平　王小波　程保根 等　著

中国水利水电出版社
www.waterpub.com.cn
·北京·

内 容 提 要

本书是以中国电建集团成都勘测设计院有限公司 30 多年来在西部山区建设的大中型水电站施工导截流工程设计创新与实践为背景，依托二滩、溪洛渡、锦屏一级、大岗山、铜街子、官地、瀑布沟、长河坝、猴子岩、两河口、双江口、桐子林、东西关、草街等工程，围绕高山峡谷、大江大河、大流量、复杂地质条件下的水利水电工程的施工导流规划、大型地下洞室群结构设计、超高陡边坡的支护设计、深厚覆盖层上导流泄水建筑物出口消能防冲设计、深厚覆盖层河道高落差截流设计、深厚覆盖层基础上高围堰堰体防渗与基础处理设计、深厚覆盖层上大泄量过水挡渣堰堰面保护设计等，系统地介绍了施工导截流工程设计与建设中创新技术研究及其应用实例。本书内容完整、资料翔实、实例丰富，涉及的问题均是国内外水电工程施工导截流工程设计中的技术难题，具有创新性和实用性。

本书可供从事水利水电工程的技术人员参考阅读，也可作为相关领域大专院校师生的参考资料。

图书在版编目（CIP）数据

西部山区水电工程施工导截流工程设计创新与实践 / 何兴勇等著. -- 北京 : 中国水利水电出版社，2021.12
ISBN 978-7-5226-0358-2

Ⅰ. ①西… Ⅱ. ①何… Ⅲ. ①山区－水利水电工程－工程施工－导流－研究－中国②山区－水利水电工程－工程施工－截流－研究－中国 Ⅳ. ①TV551

中国版本图书馆CIP数据核字(2022)第000018号

书　　名	西部山区水电工程施工导截流工程设计创新与实践 XIBU SHANQU SHUIDIAN GONGCHENG SHIGONG DAOJIELIU GONGCHENG SHEJI CHUANGXIN YU SHIJIAN
作　　者	何兴勇　蒲建平　王小波　程保根　等著
出版发行	中国水利水电出版社 （北京市海淀区玉渊潭南路 1 号 D 座　100038） 网址：www.waterpub.com.cn E-mail：sales@mwr.gov.cn 电话：(010) 68545888（营销中心）
经　　售	北京科水图书销售有限公司 电话：(010) 68545874、63202643 全国各地新华书店和相关出版物销售网点
排　　版	中国水利水电出版社微机排版中心
印　　刷	天津嘉恒印务有限公司
规　　格	184mm×260mm　16 开本　15.5 印张　377 千字
版　　次	2021 年 12 月第 1 版　2021 年 12 月第 1 次印刷
定　　价	98.00 元

前　言

　　中国电建集团成都勘测设计研究院有限公司（以下简称"中国电建成都院"）在西部山区进行水电工程设计60余载，在窄河床、大流量、陡坡降、深厚覆盖层河道上建设超高拱坝、超高堆石坝的河道水流控制技术方面积累了丰富的工程经验，培养了大批优秀的技术人才，形成了国际领先的技术优势。通过200多个工程的勘测设计及"六五""七五""八五""九五"科技攻关，建造了一大批代表着我国乃至世界水电勘测设计最高水平的标志性工程——二滩、溪洛渡、锦屏一级、两河口、双江口、沙牌、铜街子水电站等。在西南山区复杂的地质条件、恶劣的施工条件下，为主体工程施工服务的施工期水流控制设计技术面临巨大的挑战，也屡屡通过技术创新，不断突破当时的施工技术水平、施工手段和设计能力。

　　20世纪六七十年代，映秀湾水电站在导流工程中开创了纵向围堰塑料薄膜防渗、明渠出口采用沉井防冲两项新技术，映秀湾水电站导流明渠出口防冲沉井专题总结获得四川省科技成果四等奖（1979年）。龚嘴水电站在国内首次采用堰体木板心墙防渗获得成功，导流明渠宽为35m、设计泄流量为9560m³/s，为当时国内最大的明渠工程。

　　20世纪80年代，二滩、铜街子两个大型电站的施工导流设计，在工程规模和技术难度均跨上新的台阶。铜街子导流明渠宽为60m，设计泄流量为9200m³/s，采用大型沉井群（沉井最大平面尺寸为16m×30m，最大深度为31m，顺水流向总长达394m）作为左岸岸坡抗滑结构和明渠边墙的一部分，采用大吨位（单位吨位336t）预应力锚索处理右岸导墙基础的玄武岩层间、层内错动和缓倾角裂隙带，在一期纵向围堰、上游围堰的深层抗滑稳定、明渠出口消能防冲、固化灰浆防渗墙等单项设计均有创新或突破，大型沉井群的设计和施工获四川省科技进步三等奖，导流工程技施设计获得第五届（1992年）全国优秀工程设计银质奖。二滩电站在高地应力区开挖两条断面尺寸为20m×25m、长约1km的导流隧洞，工程获得全国第七届（1999年）优秀工程设计奖银质奖。包含施工设计在内的"铜街子水电站设计"获得全国第六届优秀工程设计金奖（1994年），"二滩水电站设计"获得全国第十届优秀工程设计奖金奖（2003年）。

　　20世纪90年代，太平驿和东西关电站在导流设计上，具有典型的代表性。建设的太平驿电站导流隧洞设计流量为 2080m³/s，断面尺寸为 15m×19m 的城门洞形，在当时为国内建成的最大断面导流洞。东西关电站导流设计最大流量为 22100m³/s，为中国电建成都院在大江大河上第一个采用束窄河床枯水期分期导流的工程，第一次解决施工期通航和采用过水围堰的工程，第一次采用高压喷射灌浆作为堰基防渗墙的工程。包含施工设计在内的太平驿水电站获得全国第九届优秀工程设计银奖（2001 年）。

2000 年后，以溪洛渡、锦屏一级、瀑布沟、官地、长河坝、猴子岩、桐子林、草街水电站等为代表的大型工程相继开工建设，在导流工程设计的规模、难度、复杂性又有快速的突破。溪洛渡水电站导流设计流量为 32000m³/s，导流洞最大净断面 18m×20m，数量最多达 6 条，碎石土斜心墙上游围堰高 78m；锦屏一级导流洞进出口采用垂直开挖、强支护技术处理的边坡最高约为 130m，堰体复合土工膜斜墙防渗高度最高为 44m，并成功采用特大减载空腔处理左岸导流洞长达 120m、高约 40m 的连续塌方段、坝身无钢衬导流底孔简化布置、加快施工进度、高地应力、极低围岩强度应力比围岩中建造了设计挡水水头 250m 级的导流洞封堵堵头；长河坝采用隧洞导流，堰基防渗墙最大深度为 82.5m，超陡一坡到底式中期导流洞进出口落差为 55m；草街水电站分期导流混凝土导墙高达 48m，最大导流设计流量为 41100m³/s，过水围堰采用混凝土楔形板保护，过堰水流最大单宽流量为 113.16m³/(s·m)，过堰水流最大流速为 13m/s，过堰水流最大落差为 8.87m，并在实际洪枯比超过 150 的河流上探索了施工期通航的解决方案；桐子林水电站最大导流设计流量为 14400m³/s，采用明渠导流方式，混凝土纵向围堰基础采用 40m 深框格式地下连续墙，下游右岸岸坡采用锚拉混凝土旋挖桩进行防冲防淘，三期导流明渠截流采用混凝土旋挖桩防止龙口抛投料流失。这些工程相继完工，并成功接受洪水考验，表明在大型地下洞室支护设计、高边坡支护设计、高围堰设计、防渗土工膜大规模工程应用、深厚覆盖层围堰基础处理上，技术水平不断提高，并逐步成熟、可靠。

2010 年后，在雪域高原开工建设两河口、双江口等为代表的工程，建成了西藏某水电站窄深式大单宽高流速导流明渠，明渠导墙最大高度为 40m，单宽流量 253.43m³/(s·m)，出口最大流速为 17.79m/s；采用折线式戗堤实现龙口最大流速 7m/s、最大落差 4.5m 的单戗堤立堵截流。建设中的两河口、双江口两座 300m 级特高土石坝，采用三层导流洞接力过流的导流方式，两河口水电站 3 号导流洞进出口落差达 115m；采用导流洞侧竖井式旁通洞改造利用施工通道满足了导流洞下闸后下游供水需求；过水堰堰脚最大平均流速达 16m/s，与基坑内水位差约 16m，较好满足了前期施工的需求。

成都院在 30 多年的工程实践中，在高山峡谷、大江大河、大流量、复杂地质条件下的水利水电工程的施工导流规划、大型地下洞室群结构设计、高陡边坡的支护设计、深厚覆盖层河道截流、高围堰与深厚覆盖层基础上堰体防渗设计、大泄量过水围堰设计及其保护、沟水与泥石流沟治理等多方面，取得了十分丰富的成果和经验。

这书依托锦屏一级、溪洛渡、瀑布沟、二滩、长河坝、两河口、双江口、猴子岩、铜街子、桐子林、官地、东西关、草街等水电站的施工导截流工程设计，系统总结中国电建成都院 40 年来在西南山区高山峡谷、大江大河、大流量、复杂地质条件下的水电工程的施工导流规划设计、高落差陡河床覆盖层河道与导流明渠截流设计、特高坝施工期水流控制全过程风险分析、大型地下洞室塌方段治理设计、高陡边坡的支护设计、深厚覆盖层上导流建筑物基础处理设计、深厚覆盖层基础上高围堰防渗设计、深厚覆盖层上大泄量过水挡渣堰设计及其保护、导流明渠出口消能防冲保护设计等方面的成果，反映了以 300m 级特高坝施工导流设计成套技术、框格式地下连续墙承载及防冲技术、折线形截流戗堤技术、过水（分流）围堰的堰面保护技术、复杂地质条件下大型地下洞室塌方治理设计技术、导流明渠高流速低弗劳德数水流的出口消能技术等为代表的创新技术与实践。这些在不断探索中创新技术与实践的总结与提炼，具有重要的学术价值和显著的工程实际意义。

全书共 9 章，参与本书编写的主要人员有何兴勇、蒲建平、王小波、程保根、陈世全、张有山、张超、冯菊等。在本书的编写过程中，也得到了穆建志正高、雷运华正高、付峥正高给予的大力指导和帮助，在此一并致谢。

由于作者水平有限，书中难免存在不足和欠妥之处，恳请读者批评指正。

作　者

2021 年 3 月

目　录

第1章　狭窄河谷超高坝、特高坝施工
导流规划技术

1.1　狭窄河谷超高坝、特高坝施工导流规划技术的发展

我国西部山区河流丰富的水能资源，狭窄河谷的地形地质条件，形成了水电工程高坝（100m≤坝高＜200m）、超高坝（200m≤坝高＜300m）、特高坝（坝高≥300m）独特的建设条件。中国电建成都院以20世纪80年代二滩大坝建设为标志的200m级超高坝建设起步，陆续在西部山区勘测设计了一批超高坝、特高坝，其中已建超高坝5座：二滩混凝土双曲拱坝（坝高240m）、溪洛渡混凝土双曲拱坝（坝高285.5m）、大岗山混凝土双曲拱坝（坝高210m）、猴子岩混凝土面板堆石坝（坝高223.5m）、长河坝砾石土心墙堆石坝（坝高240m），已建特高坝1座：锦屏一级世界第一高混凝土双曲拱坝（坝高305m）；正在建设超高坝2座：两河口砾石土心墙堆石坝（坝高295m），叶巴滩混凝土双曲拱坝（坝高217m）；正在建设特高坝1座：双江口世界第一高砾石土心墙堆石坝（坝高315m）；拟建设超高坝1座：孟底沟混凝土双曲拱坝（坝高240m）。积累了混凝土双曲拱坝型、心墙堆石坝型和混凝土面板堆石坝型超高坝、特高坝的施工导流规划设计经验，迎接挑战促使了施工导流技术取得许多重大突破。

在面对复杂地质条件和特殊自然环境下设计和建设具有更多难度和挑战的超高坝、特高坝时，首先要紧密围绕施工进度形象面貌，制定涵盖从工程开工至主体工程完建投入运行前的全过程的施工导流规划，妥善协调解决施工期水流控制、施工期防洪度汛、主体工程快速施工、施工期生态环境保护和生态流量供给等问题。超高坝、特高坝的建设工期长、施工难度巨大、施工程序复杂、施工工期可控性较差、关键节点施工面貌偏差大、影响因素多变等问题，加上复杂地质条件下的施工期导流建筑物布置设计难度、施工期生态环境保护和生态流量供给已成为影响施工导流规划的重要因素，给施工导流规划带来的困难均超过以往的工程。在此之前，世界上仅在1980年建成一座坝高300m的苏联（塔吉克斯坦）努列克土心墙堆石坝，坝高315m的伊朗巴哈提亚瑞混凝土拱坝尚处于拟建中，300m级特高坝施工导流规划设计可借鉴的资料几乎一片空白，使得特高坝的施工导流规划技术则是难上加难。锦屏一级305m特高坝施工导流规划技术的成功实施，标志着我国施工导流规划技术首次跨入300m级特高坝领域，为后续特高坝工程实施提供了宝贵的经验。

施工导流规划的核心是以施工期度汛安全为目标，明确导流方式，确定设计标准、导流建筑物布置与导流程序，导流程序含河道截流、拦洪度汛、导流建筑物封堵与初期蓄水等过程。

二滩水电站的施工导流规划设计，是我国首座超高混凝土双曲拱坝施工导流规划设

计。按施工期挡水、泄水建筑物的不同，二滩水电站施工导流分为初期导流、中期导流和后期导流三个阶段，所具有的狭窄河谷、深厚河床覆盖层的施工导流条件，限制了初期导流采用断流围堰挡水、隧道过流是唯一可行的导流方式，后期导流采用坝身导流底孔过流是最经济合理的导流方式。施工期水流控制最大设计流量为 13500～16000m³/s，除设置初期导流洞和导流底孔泄流外，还利用永久泄水建筑物中的放空底孔、中孔和泄洪洞参与施工期泄流，由 5 个高程、18 条孔洞组成施工期泄水建筑物分层布置方案，分层布置的施工期导流泄水建筑物进水口总高差为 178.5m、相邻最大高差为 67.5m。其中左右岸各一条初期导流洞为城门洞型，过水断面尺寸为 17.5m×23m（宽×高），过水断面面积达 362.5m²，初期导流设计流量为 13500m³/s，为当今世界断面最大的导流隧洞，具有施工期泄流和施工期漂送木材至下游河道的功能；初期导流洞封堵闸门为平面滑动闸门，尺寸为 16m×21m-20.5m（宽×高-挡水水头），其过流流量、孔口尺寸为当时全国最大；导流底孔封堵闸门尺寸为 4m×8m-190m（宽×高-挡水水头），其封堵设计挡水水头为当时最高。上述施工期导流建筑物规模，显示了超高坝施工导流建筑物设计难度大的特点。

由于施工期水流控制的流量大、费用高、对工程建设影响大，为科学选择初期导流设计洪水标准，二滩水电站首次尝试和使用了风险分析和风险决策方法。

二滩水电站施工导流规划中，施工期漂木方案、漂木流量大小和漂木流态的优劣，是影响导流方案选择的因素之一，也影响到施工期导流泄水建筑物布置与结构设计。施工期漂木采用初期由导流洞漂送木材至下游河道、后期由原木纵向过木机过坝的运输方式。为满足漂送木材至下游河道的要求，初期导流洞进出口高程、底坡、进口闸室宽度、水流流态等，适应设计漂木流量为 7060～7500m³/s，该流量大于重现期 2 年洪水流量，若发生超标流量时，木材暂蓄库内，待洪水退后再行流放；考虑到单侧过流面宽度应大于河道中漂送的木材最大长度 9m 的要求，初期导流洞进口闸室无中墩，封堵平板闸门尺寸为 16m×21m-20.5m（宽×高-挡水水头），其过流流量、孔口尺寸为当时全国最大；为满足坝址下游不间断供水要求，在坝体上接近原河床高程 1012.50m 处设置导流底孔，用于宣泄枯水期间初期导流洞封堵施工时段的来水流量；导流底孔按封堵期设计过流量 1500m³/s 时，导流底孔闸前上游水位不超过 1030.50m、出口单宽流量不大于 80m³/(s·m) 选择泄流断面尺寸，控制当时全国最大尺寸的导流洞封堵平面滑动闸门设计挡水水头不超过 20.5m，使得封堵平面滑动闸门设计制造增加的难度尚可克服，也同时降低了受外水控制的世界上最大过流断面的初期导流洞上游库区段结构的衬砌强度与施工难度。

二滩水电站初期蓄水安排在汛前进行，拟定的水库水位蓄至发电死水位 1155m、汛后适当再升高方案，由于坝体尚未完建，溢流表孔闸门尚未安装，坝身中孔、底孔事故闸门因启闭设备不具备安装条件而不能投入运行，制定蓄水规划时除研究下游 3 万居民供水要求外，还需同时研究蓄水期间工程度汛安全问题。初期蓄水至死水位高程 1155.00m 过程分成 4 个阶段控制，其中：蓄水至高程 1027.00～1080.00m，无控制手段，不限制库水位上升速度；蓄水至高程 1080.00～1130.00m，每天打开 1 孔底孔向下游供水，控制蓄水水位上升速度不大于 4m/d；蓄水至高程 1130.00m，停蓄 7d，全天开启底孔或中孔向下游供水，并保持该水位，进行坝体变形观测与评估；蓄水至高程 1130.00～1155.00m，每天打开 1 孔底孔或中孔向下游供水，控制蓄水水位上升速度不大于 3m/d。

初期蓄水断流期间，安排进行大坝下游围堰拆除开挖、尾水渠末端石埂开挖和盐边县新县城水厂取水口开挖，根据进度计划，这些工程的施工期要需 6d，因此，初期蓄水期间断流时间不低于 6d。

坝址下游雅砻江河口河段长 33km，其中在 13km 处有安宁河汇入，坝下游居民用水各水泵站基本上均位于安宁河汇入口之下，断流期间均可使用安宁河水，且安宁河来水流量远超过下游各泵站的需要，但由于河水位降低，各泵站的取水口已不能直接从江中取水，对三个用水大户采取增加一级泵站的措施来满足供水的需要，对于小泵站，给予一定经济补偿，自行采用措施解决供水问题，避免了初期蓄水断流期间带来的对当地居民的生产生活的影响。

二滩水电站上游围堰坐落在 15～30m 厚的块卵石层和紧密粉质黏土层上，下游围堰基础河床覆盖层厚 20～40m，层次结构与上游围堰类同，唯粉质黏土层厚度比上游围堰大。河道截流戗堤和龙口均处于深厚河床覆盖层上，河道截流流量为 1090m³/s，河道截流最大落差为 4.94m，采用的 2.5 号戗堤、平立堵进占综合截流方案，在当时国内乃至国际上都属于高难度的截流工程，戗堤进占壅水、泄水建筑物分流降低水位、戗堤进占再次壅水、泄水建筑物分流降低水位、戗堤进占合拢的方式，较好地适应了河道截流流量大、落差大、深厚覆盖层的特点。

溪洛渡水电站的施工导流规划设计，是一座装机容量超千万千瓦巨型电站的超高混凝土双曲拱坝施工导流设计。按施工期挡水、泄水建筑物的不同，溪洛渡水电站施工导流分为初期导流、中期导流和后期导流三个阶段。初期导流采用断流围堰一次拦断河床、土石围堰挡水、左右岸六条初期导流隧洞过流、基坑全年施工的导流方式；中期导流采用坝体临时断面挡水、左右岸六条初期导流隧洞过流、基坑全年施工的导流方式；后期导流采用坝体临时断面挡水、导流底孔和利用枢纽永久泄水建筑物单独或联合过流的导流方式。施工期水流控制最大设计流量为 32000～37600m³/s，除设置初期导流洞和导流底孔泄流外，还利用永久泄水建筑物中的深孔和泄洪洞以及提前发电机组参与施工期泄流，由 7 个高程、30 条（个、台）临时和永久泄水建筑物组成施工期泄水建筑物分层布置方案，分层布置的施工期导流泄水建筑物进水口总高差为 177m、相邻最大高差约为 50m，施工期水流控制分层调用的泄水建筑物群规模与数量目前居国内外超高拱坝工程首位。其中初期导流洞采用左右岸各布置三条共 6 条的格局，城门洞型断面尺寸为 18m×20m（宽×高）、断面积达 335.55m²，单洞长度为 1258.85～1937.70m，导流洞总长 9394.12m，导流洞群规模目前最大，单洞跨度居世界首位。坝身上布置的 10 个导流底孔，包括断面尺寸为 5m×10m（宽×高）数量为 6 孔和断面尺寸为 3.5m×8m（宽×高）数量为 4 孔，总过流面积达 412m²，导流底孔数量和过流面积均为世界高拱坝首位。

溪洛渡水电站工程坝址区狭窄，枢纽工程规模大，地下建筑物数量多，洞室群庞大，空间布置难度大，施工导流泄水建筑物与枢纽泄水建筑物结合布置的方式灵活多样，导流洞的封堵次序、改建施工通道布置、施工干扰大小、利用永久泄水建筑物参与施工期泄流时间等，使得施工期泄水建筑物可进行多种运行方式组合，增加了施工导流规划的复杂性，影响到施工导流规划布置，影响到工程投资费用。

溪洛渡水电站施工导流规划中，1 号、6 号尾水洞单独布置，不与导流洞结合，工程完建不受导流洞下闸封堵改建工程的影响，为施工期提前发电创造条件；左右岸1号、2号、5号、6号导流洞共4条导流洞与厂房尾水洞结合布置，3号导流洞后期改建为5号竖井泄洪洞；6条初期导流洞分两期进行下闸断流、封堵施工与改建工程，第一个枯水期先下闸断流封堵1号、6号导流洞，第二个枯水期下闸断流封堵2号、3号、4号、5号导流洞，除考虑到施工通道布置、施工与封堵占用直线工期、施工干扰因素外，还结合坝体施工形象面貌，考虑一期封堵后的次年满足坝体安全度汛要求的施工期泄水建筑物安排、结构设计难度、水力学条件等因素，导流底孔分两个高程布置，分两期下闸断流封堵，满足施工期度汛泄流要求，降低导流洞和导流底孔封堵闸门的设计挡水水头，将封堵闸门设计制造难度控制在可行范围内，其中高高程导流底孔汛前下闸断流后、枯期再进行封堵，满足利用汛前洪水进行初期蓄水，减少高坝大库蓄水时间长、对下游居民生产生活影响大的问题，实现了已建工程效益最大化的目的。

溪洛渡水电站河道截流设计流量为5160m³/s、水深为23.6m，属于超大截流设计流量的深水截流。初期导流洞采用5低1高方案，兼顾到河道截流设计指标、度汛安全需求的设计泄流能力与导流洞下闸封堵设计与施工的难度，截流龙口水流最大平均流速为5.25m/s、最大单宽功率为49.08t·m/(s·m)、最大落差为1.4m，龙口进占过程中戗堤坍塌频率较低、范围较小且抛投材料流失量较小，以良好的分流条件，实现了深厚覆盖层河床、超大截流设计流量、龙口不护底的深水截流。

溪洛渡水电站施工期导流建筑物布置困难，参与利用的永久建筑物数量多、规模大、程序复杂性等，深厚覆盖层河床进行超大截流设计流量的深水截流，均充分反映了西部山区超高坝施工导流规划的特点。

针对溪洛渡超高坝施工导流规划的建筑物规模大、施工周期长、导流工程投资费用多、影响风险控制因素多且环节复杂的特点，初步尝试引入风险分析方式，研究施工期各个阶段中的风险，用风险决策方法，优化施工导流规划中的设计标准和方案。

溪洛渡水电站施工期导流规划设计时，进行了施工期风险因素的识别，建立了基于Monte-Carlo法进行施工期导流设计标准风险分析的基本模型与计算方法，建立了基于Monte-Carlo法的初期导流标准多目标风险分析与决策模型与评价准则，建立了基于实测流量系列的截流设计标准风险基本模型与计算方法。

采用实测资料法，研究河道截流系统的风险率。以河道截流时段的天然实际来水旬平均流量系列为基础，以截流过程中龙口最大流速或最大落差为风险模型变量，研究得出初期导流洞布置采用4低洞方案、5低1高洞方案、6低洞方案时河道截流系统的风险率相差不大，仅4低洞方案时龙口最大平均流速相对较大、深水河道截流的困难较大，需结合其他研究成果进行决策。

建立基于Monte-Carlo法模拟施工导流调洪演算与堰前水位分布的风险率模型，以实际统计水文参数为基础，基于Monte-Carlo法模拟天然最大洪水流量和施工期导流泄水建筑物的泄流能力，以典型设计洪水过程按照峰值放大、按量调整的原则，拟合设计洪水过程线进行施工期调洪演算，以调洪后堰前上游水位超过设计洪水位为致险指标，建立风险模型，分析两个备选布置方案（6低洞方案和5低洞1高洞方案）在备选设计频率（重现期30年、50年，第一年重现期30年，以后重现期50年）下的风险率，分析成果显示各备选方案上游水位超过设计洪水位的风险率低于设计标准，初期导流建筑物布置方案和导流标准选择需结合其他研究成果进行决策。

对于初期导流5低洞1高洞布置方案，拟选设计洪水标准为重现期30年、50年和第一年重现期30年、以后为50年，建立基于 Monte-Carlo 法的初期导流标准多目标风险分析与决策模型。利用 Monte-Carlo 法模拟施工期洪水洪峰流量和导流泄水建筑物泄流能力，通过拟合设计洪水过程线进行施工洪水调洪演算，用统计分析模型确定上游围堰堰前水位分布，以堰前水位统计分析确定不同导流标准条件下围堰运行的动态风险率。将初期导流工程的确定性投资（建筑物费用和基坑抽排水费用之和）、不确定性投资（考虑动态风险率的超标洪水风险损失费用）、施工强度共同作为决策择优目标，引入了"1～9"比率标度法来确定目标之间的权重，采用效用决策方法将不同类型指标转化为等效费用和工期，将构造所有备选方案多目标决策特征矩阵转化为隶属度矩阵，采用最小二乘法优选准则，以正隶属度极大原则择优选择初期导流标准与施工导流方案，通过目标权重敏感分析研究优选结果的稳定性。对于三个拟选初期导流设计洪水标准，进行多目标风险分析与决策结果为重现期50年方案。

按照基于 Monte-Carlo 法进行初期导流设计标准风险分析相同的原理，以上游水位超过设计上游水位为致险指标，构建后期导流标准风险分析模型，研究第9年2～5号导流洞与1～6号导流底孔联合泄流、坝体临时断面挡水度汛设计洪水标准为重现期100年时，施工期水流控制系统的风险率，研究第10年7～10号导流底孔与深孔、泄洪洞和提前发电机组联合泄流、坝体临时断面挡水度汛设计洪水标准为重现期200年时，施工期水流控制系统的风险率，研究成果的综合风险值均低于设计风险值，能满足施工期度汛安全。

锦屏一级的施工导流规划设计，是一座坝高305m的特高混凝土双曲拱坝施工导流设计。按施工期挡水、泄水建筑物的不同，施工导流规划分为初期导流、中期导流和后期导流三个阶段，共7年。初期导流采用断流围堰一次拦断河床、土石围堰挡水、隧洞过流、基坑全年施工的导流方式；中期导流采用坝体临时断面挡水，左右岸两条初期导流隧洞联合泄流，大坝全年施工的导流方式；后期导流采用坝体临时断面或完建坝体挡水，利用导流底孔、放空底孔、深孔、溢流表孔和提前发电机组单独或联合宣泄河道来水，大坝全年施工的导流方式。施工期水流控制最大设计流量为 $9370\sim12800\text{m}^3/\text{s}$，除设置初期导流洞和导流底孔泄流外，还利用永久泄水建筑物中的放空底孔和深孔以及提前发电机组参与施工期泄流，由7个高程、20～23条（个、台）临时和永久泄水建筑物组成施工期泄水建筑物分层布置方案，分层布置的施工期导流泄水建筑物进水口总高差229.5m，相邻最大高差约78m，施工期水流控制分层调用的泄水建筑物群规模与数量居目前国内外特高拱坝工程首位。其中初期导流洞采用左右岸各布置一条共2条的格局，城门洞形断面尺寸为 $15\text{m}\times19\text{m}$（宽×高）、过水断面积达 266.19m^2，单洞洞身段长度分别为1214.36m、1185.41m，导流洞洞身段总长2399.77m，导流洞单洞最大设计泄流流量 $4696\sim5463\text{m}^3/\text{s}$，最大设计平均流速 $17.5\sim20.44\text{m}/\text{s}$；坝身上布置的5个导流底孔，断面尺寸为 $5\text{m}\times9\text{m}$（宽×高），总过流面积达 225m^2，设计总泄流流量 $8907\text{m}^3/\text{s}$，单孔最大泄流流量 $1781.4\text{m}^3/\text{s}$，最大单宽设计泄流流量 $356.28\text{m}^3/(\text{s}\cdot\text{m})$，出口工作弧门处最大平均流速39.6m/s，出口挑流水流消能功率 $14.93\times10^6\text{kW}$，单宽消能功率 $5.97\times10^5\text{kW}/\text{m}$。坝体施工期临时度汛期间，为减少导流临时泄水建筑物数量、规模，节省导流工程投资费用，在一个汛期内最多同时利用永久泄水建筑物 11 个孔洞和提前发电机组 3～4 台参与施工期泄流，其最大设计泄流流量 12800m³/s，无论是利用永久泄水建筑物参与施工期泄流的数量还是泄流流量，都是特高坝施工导流规划设计中的首位，中后期导流期间精细调度施工期泄水建筑物运行方式的复杂程度也是首位，充分显示特高坝施工导流规划难、大、杂的特点。

锦屏一级水电站是建造在狭窄河谷的高技术难度的世界第一高坝，也是我国已建的第一座特高坝，施工导流工程布置区域的地形地质特点表现为"三高二深二窄"，即高山峡谷、高边坡、高地应力、深部卸荷、深厚覆盖层、窄河谷、窄施工场地；施工导流工程建设难点表现为"二大一密一长一难"，即风险大、流量大、建筑物密集、历时长、场地布置困难。针对上述特点，为更好妥善解决 300m 级特高坝枢纽工程施工全过程中的挡水、泄水、蓄水等施工导流规划问题，引入风险分析技术和风险管理理念，进行施工全过程的风险研究、风险决策，通过控制施工期全过程的风险，优化施工导流规划中的设计标准和方案。

采用随机模拟法，研究不同截流时段、截流设计标准和截流方案的河道截流系统风险率。基于 Monte-Carlo 法，以河道截流时段的实测水文统计频率参数、按 P-Ⅲ 型分布随机抽样过程，随机模拟河道截流时段的来流量，以河道截流时分流建筑物的设计泄流能力、按三角分布变量抽样公式，随机模拟分流建筑物的分流能力。以反映截流龙口综合性变量的龙口最大平均流速为风险变量，建立单戗堤立堵截流和双戗堤立堵截流方案（上戗承担 2/3 落差，上戗承担 1/2 落差）的风险模型，统计大于设计标准频率下龙口最大平均流速的数量，得到相应风险模型下的河道截流系统风险率。对比单戗立堵截流和双戗立堵截流方案的风险分析成果，综合推荐 11 月上旬、截流设计标准重现期 10 年、双戗堤立堵、上下戗堤均分落差的截流方案。

对拟选的初期导流设计标准和拟选的初期导流洞洞径，组合成备选的典型初期导流方案，进行技术经济比较。以备选典型方案导流工程预期总费用为决策目标，用风险概率树按照折现值方法进行单目标风险分析决策，首选导流洞洞径 15×19m、重现期 30 年方案。

初期导流设计拟选标准重现期 20 年、30 年、50 年，拟选的导流洞洞径 14m×18m、15m×18m、15m×19m、16m×19m 和 16m×20m，组合成初期导流期间水流控制的备选方案，基于 Monte-Carlo 抽样方法模拟施工期洪水过程和施工期的泄流能力，利用施工洪水调洪演算分析上游水位，用统计分析模型确定施工期上游水位分布，以备选方案在设计频率与相应的设计洪水流量下的上游水位、设计堰顶高程为致险因素，研究水文随机因素和水文与水力随机因素时的施工期系统风险率，以风险率最小方案为最优。

坝体临时断面挡水期间，不同施工阶段分别由初期导流洞、永久放空深孔、泄洪洞、大坝溢流表孔和提前发电机组单独或联合泄流。基于 Monte-Carlo 抽样方法模拟施工期洪水过程和施工期的泄流能力，利用施工洪水调洪演算分析上游水位，用统计分析模型确定施工期上游水位分布，以不同施工阶段在设计频率与相应的设计洪水流量下的上游水位、坝体浇筑最低高程和最低接缝灌浆高程为致险因素，研究水文随机因素和水文与水力随机因素时的施工期系统风险率，各施工阶段拟选设计标准所对应的度汛水位和风险度均能满足要求。按施工进度计划，第 8 年 6—7 月初期蓄水期间，坝体接缝灌浆顶高程为

1800.00m 略低于设计标准所对应的度汛水位，坝体悬臂挡水（最大高度 6.04m）所对应的风险为 1.161%。第 9 年 6—8 月，坝体完建期间，坝体接缝灌浆顶高程为 1870.00m 低于拟选设计标准所对应的度汛水位，推荐选择坝体临时断面挡水度汛设计标准为重现期 200 年，坝体悬臂挡水（高度为 2.1～1.48m）所对应的风险为 0.188%～0.136%。

介于导流底孔下闸断流封堵期间，可通过调度施工期泄水建筑物运行方式调控上游水位，导流底孔下闸设计水位和封堵闸门设计挡水水位不受天然来水和泄水建筑物泄流能力的随机性变化影响，基于 Monte-Carlo 抽样方法模拟初期导流洞封堵期的洪水流量和泄流能力，用统计分析模型确定封堵期上游水位分布，研究水文随机因素和水文与水力随机因素，以设计频率下相应的设计水位为致险因素，对拟选封堵期挡水设计标准为重现期 10 年、20 年方案，其设计水位对应的风险率均在可接受范围内，考虑到综合风险率变化因素，推荐初期导流洞封堵期进出口设计挡水标准选择重现期 20 年更为妥当。

对于初期导流设计拟选标准重现期 20 年、30 年、50 年，拟选的导流洞洞径 14m×18m、15m×18m、15m×19m、16m×19m 和 16m×20m，组合成初期导流期间水流控制的备选方案，将各备选方案的风险率、费用、工期作为风险分析目标，依据决策人确定的费用与工期权重，采用效用决策方法将不同风险度下的费用和工期转化为等效费用和工期，进行最终决策，以其正隶属度极大原则为优，进行初期导流标准多目标风险分析与决策。分析时，分别以各备选方案设计频率下的设计挡水水位或设计堰顶高程为致险因素，进行综合风险率计算，多目标决策计算分析时采用按备选方案的洞径分别决策、按备选方案的设计频率分别决策和所有备选方案统一决策三种方式，并研究目标权重敏感性对多目标分析结果的影响。研究结果表明，优选结果稳定性良好，不受目标权重浮动变化的影响；综合三种决策方式的决策结果，导流洞尺寸为 16m×20m 和 16m×19m，导流标准为重现期 30 年的导流方案是较优方案。

锦屏一级水电站 300m 特高坝施工导流规划时，以满足施工期度汛安全为总体目标，引入风险分析技术和风险管理理念实施施工期风险全过程控制，基于 Monte-Carlo 法和实际统计水文参数成果为基础，研究河道截流、初期导流、坝体临时断面挡水度汛、下闸封堵、蓄水过程中的施工期风险因素、风险概率、失事后果评价结论，进行风险判断、风险决策，结合初期导流设计标准单目标分析成果，形成设计规范取值、工程类比与风险分析技术综合决策施工期水流控制设计标准的新方式，使施工期的工程安全以及工程建设期的公共安全、社会安全和环境安全均处于可接受风险之内。建立了所有拟选初期导流设计标准和施工导流设计方案的工程投资、工期、风险为多目标进行风险分析与风险决策的大数据统一分析平台，分析方案的全面性、合理性与分析成果的实用性，标志导流标准多目标风险分析与风险决策技术从理论方法研究、初步尝试到走向成熟。

锦屏一级水电站位于深山峡谷地区，两岸地形陡峭，施工道路布置及施工难度极大，大坝工程高陡边坡开挖高度达 540m，出渣道路布置困难，按常规出渣方式，大规模出渣道路施工的开挖石渣易因掉渣而淤堵河道，施工干扰大，进度缓慢，且施工期环境保护与水土保护措施难以实施。针对上述问题，采用导流洞工程施工提前实施，大坝工程高陡边坡大规模开挖安排在河道截流以后进行，在上下游围堰保护下，坝肩开挖直接翻渣至河床基坑、再从基坑出渣方案，简化出渣道路布置，实现大坝工程快速开挖，利用时空关系拓展施工场地，满足施工期环境保护与水土保护的要求，显示了利用合理的施工导流规划加快狭窄河谷超高坝、特高坝工程高陡边坡开挖施工进度的特点。

锦屏一级水电站特高坝施工过程中，建设工期长、施工难度巨大、施工程序复杂、施工工期可控性较差、关键节点施工面貌偏差大、影响因素多变等，以动态设计为理念，围绕施工条件、施工进度等的变化进行精细化调整，满足工程建设需要和度汛安全。根据施工中左岸导流洞施工期塌方导致工期延后、推迟分流时间的问题，研究推荐河道截流时间由招标阶段计划的 11 月中旬推迟到 12 月初的方案，以及单洞分流进行河道截流的方案；根据大坝混凝土开始浇筑时间由施工规划的 2009 年 2 月推迟到 2009 年 10 月 23 日，为保证施工期度汛安全，研究推荐导流洞下闸断流时间推迟 1 年至 2012 年枯水期的方案；根据实际施工面貌和河道天然来水情况，研究推荐导流底孔下闸断流时间由 2013 年 11 月上旬提前到 9 月 15 日的方案，导流底孔封堵闸门设计挡水水头由 100m 提高到 140m。导流底孔下闸封堵后的 2014 年汛期，因泄洪洞工期延后，汛期仅具有应急过流的能力，故延长导流规划结束时间 3 个月至 2014 年 8 月底，增加 2014 年 6—8 月坝体挡水度汛洪水设计标准；根据雅砻江河道漂木历史的结束，导流洞建筑物布置不需考虑河道漂木要求，取消导流洞下闸期间使用的低高程导流底孔，简化了坝身结构布置；推荐导流底孔与深孔采用不骑缝、上下重叠的布置方式，为避免导流底孔启闭机排架干扰深孔进口水流流态，将固定式启闭机排架改为活动可拆除钢排架，简化施工程序，加快施工进度，在导流底孔运行期短、水头高、结构简单、安全可靠中找到一种较合理的处理方式；考虑到封堵期间高外水对左岸导流洞塌方段的安全影响，将左右岸导流洞封堵时的左右岸导流洞四扇封堵闸门同时下闸断流方式，修改为先左岸后右岸的分批下闸断流，并在紧邻永久堵头上游设置临时堵头，减小永久堵头施工的安全隐患；针对 2013 年雅砻江来水水量较常年偏枯，研究导流底孔提前到 9 月下闸、蓄水至高程 1810.00m 方案；为实现导流底孔下闸后蓄水到高程 1840.00m 的目标，提前对导流底孔封堵闸门与门槽进行加固改造；考虑到锦屏一级水电站水库为巨型年调节水库，初期蓄水至死水位高程时水位上升高度约 160m，至正常高水位高程时水位上升高度约 233m，蓄水水量 77.63 亿 m³，为解决初期蓄水库容大、枯期蓄水可利用流量小、蓄水时间长与下游居民生产生活用水需求及生态供水之间的矛盾，制订了分四个阶段逐步蓄水至正常蓄水位 1880.00m 的蓄水计划，设置初期蓄水期间枢纽变形观察期，历时 21 个月。

锦屏一级水电站施工导流规划设计，以满足施工期度汛安全为总体目标，进行了施工期风险因素识别，定量与定性相结合进行风险评估，制定了施工期风险控制标准，根据施工期各阶段安全预警，建立实施调整施工期导流时段、设计标准、泄水建筑物运行组合方式等的应急预案，实施施工期风险全过程控制；以动态设计为理念，围绕施工条件、施工进度等的变化，进行施工导流规划精细化动态调整；以数值分析为基础，进行复杂地质条件下大型或巨型导流建筑物结构设计；合理的施工导流规划与时空关系的利用，拓展了狭窄河谷施工场地，促进工程建设的快速施工；施工期导流建筑物下闸与蓄水，采用的分期、分批下闸方式，制订了初期蓄水期间设置枢纽变形观察期的分期蓄水模式，紧随大坝施工面貌而形成高坝大库工程施工期提前受益的模式，妥善解决了 300m 特高坝枢纽工程施工全过程中的挡水、泄水、蓄水等施工导流规划中的各类问题，构建并形成超高坝、特高坝施工导流规划设计的完整体系。

　　两河口水电站的施工导流规划设计，是一座坝高 295m 的超高砾石土心墙堆石坝施工导流规划设计。按施工期挡水、泄水建筑物的不同，施工导流规划分为初期导流、中期导流和后期导流三个阶段，共 8 年。初期导流采用一次拦断河床、上下游不过水土石围堰挡水、右岸 1 号和 2 号导流隧洞联合泄流、大坝基坑全年施工的导流方式；中期导流由坝体临时断面挡水，右岸 1 号和 2 号导流隧洞联合泄流、大坝全年施工的导流方式；后期导流采用坝体临时断面或完建坝体挡水，供水洞短暂过流，5 号导流洞、3 号导流洞（后期改建为竖井泄洪洞）和利用的放空洞（4 号导流洞）、深孔泄洪洞、洞式溢洪道及旋流竖井泄洪洞单独或联合宣泄河道来水，大坝全年施工的导流方式。上游土石围堰最大堰高约 64.5m，下游土石围堰最大堰高约 24.5m，均与坝体结合布置。施工期水流控制最大设计流量为 5360～7260m³/s，除设置初期导流使用的右岸 1 号与 2 号导流洞、后期导流使用的 3 号导流洞（后期改建为旋流竖井泄洪洞）与 5 号导流洞及临时供水洞泄流外，还利用永久泄水建筑物中的放空洞（4 号导流洞）、深孔泄洪洞、洞式溢洪道及旋流竖井泄洪洞参与施工期泄流，由 7 个高程、9 条临时和永久泄水建筑物组成施工期泄水建筑物分层布置方案，分层布置的施工期导流泄水建筑物进水口总高差 240m、相邻最大高差约 71.5m。施工期水流控制分层调用的泄水建筑物群数量居目前国内外超高土石坝工程前列。其中初期导流洞采用右岸 2 条并与尾水洞相结合的布置格局，城门洞型断面尺寸为 12m×14m（宽×高）、断面积 156.52m²，与尾水洞结合段断面尺寸为 12m×15m（宽×高）、断面积 168.52m²，1 号洞洞身段长度为 1724.65m、与尾水洞结合段长度 524.65m，2 号洞洞身段长度为 1983.43m、与尾水洞结合段长度 713.43m，导流洞洞身段总长 3708.08m、与尾水洞结合段总长 1238.08m，导流洞单洞最大设计泄流流量 2680～3130m³/s，最大设计平均流速 17.12～20.00m/s。后期导流期间使用的左岸 3 号导流洞与永久旋流竖井泄洪洞部分结合，进口高程 2745.00m，出口高程 2630.00m，进出口高差 115m，出口挑坎末端高于枯水期水边线约 27～32m，城门洞形断面尺寸为 12m×（22～15.5）m（宽×高）、断面积 253.16～175.16m²、洞身总长 1209.99m，最大设计泄流流量 3600～3806m³/s，最大设计平均流速 43.87～44.14m/s，洞身布置 5 道掺气坎进行减蚀，出口水流设计挑距 169.6m；左岸 5 号导流洞，进口高程 2675.00m，出口高程 2625.00m，进出口高差 50m，出口挑坎末端高于枯水期水边线 22～27m，城门洞形断面尺寸为 9m×（14.5～12.5）m（宽×高）、断面积 119.39～105.89m²、洞身总长 1095.5m，最大设计泄流流量 1730～1880m³/s，最大设计平均流速 27.97～28.58m/s，出口水流设计挑距 60.63m。

　　两河口水电站超高砾石土心墙堆石坝施工导流规划时，上下游土石围堰与坝体结合布置。由于超高土石坝的施工期水流控制水位变幅在 200m 以上，除布置中、低高程导流洞进行施工期泄流外，还充分利用永久泄水建筑物参与到施工期水流控制之中，两条低高程导流洞与尾水洞结合布置，一条中高程导流洞后期改建为永久泄水建筑物，高高程导流泄水建筑物利用永久泄水建筑物泄流，后期导流使用的 3 号导流洞进出口高差 115m、最大设计平均流速 44.14m/s，超高速水流抗蚀结构设计难度大，充分显示超高土石坝施工期水流控制建筑物布置的特点。

　　在研究初期导流设计标准时，基于 Monte - Carlo 抽样方法模拟施工期洪水过程和施工期的泄流能力，利用施工洪水调洪演算分析上游水位，用统计分析模型确定拟选设计频率的施工期上游水位分布超过设计水位的概率，综合考虑水文与水力随机因素，分析得到备选初期导流设计标准为重现期 30 年时，相应的导流风险率为 1.35%，重现期 50 年时，相应的导流风险率为 0.67%，均低于相应的设计标准频率。

两河口水电站施工期间布置 7 个高程、9 条泄水洞室参与水流控制，其中 5 条施工临时泄水洞分 4 个高程布置，分 4 批进行下闸封堵，实现水位逐步抬升，从初期导流洞下闸断流开始，初期库水位蓄至提前发电死水位高程 2785.00m，分两阶段，历时 9 个月，水位共上升 180m。反映了超高坝库容大、初期蓄水历时长的特性，初期蓄水至死水位后机组提前发电受益的特点。

双江口水电站的施工导流规划设计，是一座坝高 315m 的特高砾石土心墙堆石坝施工导流设计。按施工期挡水、泄水建筑物的不同，施工导流规划分为初期导流、中期导流和后期导流三个阶段，共 8 年。初期导流采用一次拦断河床、上下游不过水土石围堰挡水、左岸初期 1 号导流隧洞泄流、大坝基坑全年施工的导流方式。中期导流采用坝体临时断面挡水、左岸 1 号导流隧洞泄流、大坝基坑全年施工的导流方式。后期导流采用坝体临时断面挡水、供水洞短暂过流、2 号和 3 号导流隧洞单独或联合宣泄河道来水、大坝基坑全年施工的导流方式。上游土石围堰最大堰高约 56m，下游土石围堰最大堰高约 17m。施工期水流控制最大设计流量为 4790~6960m³/s，除设置初期导流使用的左岸 1 号导流洞、后期导流使用的右岸 2 号导流洞（后期改建为放空洞段）与左岸 3 号导流洞（后期改建为竖井放空洞段）及左岸临时供水洞泄流外，还利用永久泄水建筑物中的放空洞、深孔泄洪洞、洞式溢洪道及竖井泄洪洞参与施工期泄流，由 8 个高程、8 条临时和永久泄水建筑物组成施工期泄水建筑物分层布置方案，分层布置的施工期导流泄水建筑物进水口总高差 219m、相邻最大高差约 67m。其中初期和中期导流采用左岸 1 号导流隧洞泄流的布置格局，其进口高程 2261.00m、出口高程 2247.00m，进出口高差 14m，城门洞形断面尺寸为 15m×19m（宽×高）、断面积 266.55m²，洞身段长度为 1522.614m，最大设计泄流流量 4790~5810m³/s，最大设计平均流速 17.97~21.80m/s。后期导流期间使用的右岸 2 号导流洞与放空洞部分结合布置，进口高程 2340.00m，出口高程 2260.00m，进出口高差 80m，出口挑坎末端高于枯水期水边线约 23m，城门洞形断面尺寸为 9m×13.5m~11m×15.5m（宽×高）、断面积 114.01~160.76m²、洞身总长 1999.399m，最大设计泄流流量 2500m³/s，最大设计平均流速 21.93~32.9m/s；使用的左岸 3 号导流洞与竖井泄洪洞采用无压洞部分结合布置，进口高程 2360.00m、出口高程 2273.05m，进出口高差 86.95m，出口挑坎末端高于枯水期水边线约 19m，城门洞形断面尺寸为 12m×16m（宽×高）、断面面积 181.16m²、洞身总长 1593.445m，最大设计泄流流量 3350m³/s，最大设计平均流速 34.95m/s。

双江口水电站特高砾石土心墙石坝施工导流规划时，上下游土石围堰与坝体结合布置。由于特高土石坝的施工期水流控制水位变幅在 200m 以上，除布置中、低高程导流洞进行施工期泄流外，还充分利用永久泄水建筑物参与到施工期水流控制之中，两条中高程导流洞后期均改建为永久泄水建筑物一部分，高高程导流泄水建筑物利用永久泄水建筑物泄流，后期导流使用的 2 号与 3 号导流洞进出口高差分别为 80~86.14m、最大设计平均流速 32.9～34.95m/s，高速水流抗蚀结构设计难度大，充分显示超高土石坝施工期水流控制建筑物布置的特点。

在研究初期导流设计洪水标准时，对重点研究的重现期 30 年与 50 年两个标准，以相同围堰规模为基础进行单目标风险分析，以重现期 30 年时初期导流工程费用期望值略低，以重现期 50 年时动态综合风险为最小，推荐初期导流设计洪水标准选用为重现期 50 年。

两河口水电站、双江口水电站两座超高、特高砾石土心墙堆石坝施工导流规划设计，引入风险分析导流设计标准，以中高程布置的超高落差导流洞结构设计为特点，丰富了超高坝、特高坝施工期导流泄水建筑物的布置方式，完善了超高坝、特高坝施工导流规划设计技术。

1.2 狭窄河谷超高坝、特高坝施工导流规划关键技术特点

狭窄河谷超高坝、特高坝施工导流规划的关键技术，以满足施工期度汛安全为总体目标，实施施工期风险全过程控制，提前河道截流创造狭窄河谷施工场地时空转换进行快速施工的条件，运用大坝施工进度仿真分析并结合大坝基坑现场施工面貌分析，根据实际可投入运行的中后期导流期间泄水建筑物规模，实施灵活的初期分期蓄水，满足施工期度汛安全、生态环境保护和生态流量供给要求，以施工导流规划和中后期导流期间泄水建筑物及设计标准的动态化、精细化调整，应对关键控制节点工期的偏差，建立日趋完善成熟的特高坝施工导流规划体系，所具有的特点如下：

（1）施工期风险防控技术。主要核心内容：引入风险分析技术和风险管理理念，实施施工期风险全过程控制。对施工期各阶段的风险因素进行识别，基于 Monte - Carlo 法和实际统计水文参数成果为基础，建立风险分析模型和计算方法，以现有设计标准频率为基准建立施工期风险标准，进行风险判断、决策，建立适时调整施工期导流规划设计的风险应急机制。识别出初期导流设计标准主要的多目标风险因素为工程投资、工期、风险，建立多目标动态风险分析模型和分析方法，确定全面分析拟选标准和施工导流方案组合的计算方法，采用定量与定性相结合方式进行风险评估，确立了最小二乘法优选准则、以正隶属度极大原则择优的风险决策准则。基于风险分析成果，形成设计规范取值、工程类比与风险分析技术综合决策的初期导流水流控制设计标准的新方式。

（2）施工期导流建筑物布置技术。主要核心内容：分层布置施工期导流泄水建筑物，考虑到施工期临时泄水建筑物工作闸门操作水头的限制、下层泄水建筑物封堵时的承载能力、封堵期库水位的变化衔接，以及施工期水位的可控性、组合运行调度的灵活性等，施工期导流泄水建筑物之间高差一般不超过 80m，必要时应设置生态供水孔（洞）满足施工期临时泄水建筑物封堵时的下游用水要求。

低高程导流泄水建筑物主要为导流隧洞型式，出口水流有条件时采用对冲消能型式，也可跟地下厂房尾水洞结合布置。中高程施工期导流泄水建筑物除利用永久泄水建筑物泄流外，施工期临时泄水建筑物主要为导流底孔或导流洞型式；混凝土坝型采用导流底孔型式布置时，可结合坝身放空底孔布置，出口水流利用坝下水垫塘进行消能；采用导流洞型式布置时，可考虑后期改建为永久旋流竖井泄洪洞，研究洞身消能抗蚀结构，慎重研究出

口水流挑流消能型式、研究出口水流扩散、冲刷的范围与程度等。高高程施工期泄水建筑物一般主要利用永久泄水建筑物，研究其施工期泄水时的水流流态、泄流能力与出口消能效率等水力参数。

（3）施工期导流规划动态调整技术。主要核心内容：以满足工程建设需要为中心，紧紧围绕大坝基坑现场施工面貌、施工条件的变化，结合大坝施工进度仿真分析成果，以施工期度汛安全为核心，发挥已完建部分工程的效益，适时精细化动态调整施工导流规划，调整内容包括导流时段、设计标准、施工期泄水建筑物组合运行方式、施工期临时泄水建筑物设计规模与设计标准、临时泄水建筑物下闸断流时段与方式、临时泄水建筑物封堵结构型式、初期蓄水期间时段和水位调度方式等。

（4）利用时空关系的拓展施工场地、促进快速施工技术。主要核心内容：改变初期导流泄水建筑物与坝肩岸坡开挖工程同期实施的惯例，合理组织初期导流泄水建筑物提前至工程筹建初期实施，尽早进行河道截流，在上下游围堰或分流挡渣堰保护下进行坝肩岸坡开挖工程，利用基坑出渣方案，拓展狭窄河谷施工场地，解决施工条件极度恶劣、出渣道路布置困难且形成时间晚、上下施工干扰安全隐患大的难题，创造大规模开挖工程快速施工的条件，满足施工期环境保护与水土保持的要求。

（5）复杂地质条件下的大型或巨型导流建筑物结构设计技术。主要核心内容：以有限元数值分析为手段，采用对比不同有限元程序研究成果的分析方法，辅以水力学模型研究，进行复杂地质条件下大型或巨型导流建筑物结构设计。利用 3DEC、FLAC-3D、3D-σ、EVP3D、ABAQUS、FINAL 和 ROCKS 等三维数值分析程序，研究例如高陡狭窄河谷、深部卸荷岩体布置的施工期临时泄水建筑物进出口边坡稳定分析与加固措施；利用 NAS-GEWIN 和 EPFE3 三维静动力非线性有限元程序，研究高地应力、极低围岩强度应力比岩体中偏压布置的大型或巨型密集洞室群结构的围岩稳定与支护措施；利用三维非线性有限元，研究深厚覆盖层高水位、高堰体防渗墙墙体顶部大变位；创新运用高陡松弛卸荷岩体超高边坡垂直开挖与加固设计技术、大变位下土工膜斜墙与塑性混凝土防渗墙接头保护结构技术、高地应力地区巨型洞室塌方段的综合加固治理技术、高外水下大型浅埋偏压洞室的封堵技术，解决结构设计的难题，保证建筑物结构的运行安全。

目前设计技术指标居各自行业先进水平的导流建筑物有：二滩水电站导流洞，单洞的断面尺寸为 $17.5m \times 23m$（宽×高）；溪洛渡水电站导流洞室群 $6-18m \times 20m$（数量-宽×高）、导流设计流量 $32000m^3/s$。锦屏一级水电站导流洞，单洞断面尺寸 $15m \times 19m$，高地应力值为 $\sigma_1 = 20.49 \sim 40.4MPa$，极低围岩强度应力比（围岩强度 $60 \sim 80MPa$/最大围岩应力 111MPa），进出口应力偏压比值为 3；锦屏一级水电站导流洞进口垂直开挖边坡，最大开挖高度约 102.50m。锦屏一级水电站，采用了最大尺寸为 $110.5m \times 17.5m \times 18.6m$（长×宽×高）的特大型减载空腔，治理了左岸导流洞特大地下洞室 120m 段的巨型塌方。溪洛渡水电站导流洞竖井室最大高度 84.78m，两河口水电站 5 号导流洞进口岸塔式闸室，最大高度 134m。溪洛渡水电站上游碎石土斜心墙土石围堰最大坝高 78m；锦屏一级水电站上游复合土工膜斜墙围堰最大坝高 64.5m，复合土工膜斜墙体防渗高度 43m。

高陡松弛卸荷岩体超高边坡垂直开挖与加固设计技术，垂直开挖强支护措施采用"先支护后开挖、强锁头、浅开挖"的思路,运用"早进洞、晚出洞、斜向出洞、垂直开挖、预加固、强支护、宽马道"的削坡方式,利用喷混凝土封闭表面裂隙,与排水孔、截排水沟等综合措施,降低地下水位,减小支护难度,增加边坡的稳定;施工工艺上,实施"先锚后挖、直立开挖、边挖边锚、锚索分序张拉"的精细施工工艺程序;针对松弛卸荷岩体,研究了适应高陡卸荷松弛岩体的无黏结压力分散型预应力锚索结构,设计了超高标号的锚固段灌浆材料,利用初期张拉与后期补偿张拉方式克服施工过程中预应力松弛与增加影响锚索效应问题;边坡结构上,每30m高差设置一级5m宽马道,一方面便于后期预应力锚索补偿张拉与边坡加固补强施工;另一方面可拦截上部的飞石,保障下面施工与运行安全。锦屏一级导流洞进出口边坡运用该项技术后,左岸导流洞进口靠山侧边坡最大开挖高度约102.50m,减少开挖高度约36.50m;进口洞脸边坡最大开挖高度59.50m,减少开挖高度约32m;出口靠山侧边坡最大高度约35.50m,减少开挖高度约57.50m;出口洞脸边坡最大高度约57.80m,减少开挖高度约115m;左岸导流洞进出口减少土石方开挖17.20万 m³。右岸导流洞进口靠山侧边坡最大开挖高度约86.50m,减少约6.50m;出口靠山侧边坡最大开挖高度约80.50m,减少开挖高度约137.50m;出口洞脸边坡最大高度约73m,减少开挖高度约9.50m;右岸导流洞进出口减少土石方开挖约23.40万 m³。

高地应力地区巨型洞室塌方段的综合加固治理技术,采取了锁口加固、空腔"戴帽"、混凝土回填、锚索加固、分层开挖和岩体(虚碴)灌浆等综合治理加固措施,利用固结灌浆加固后的松弛岩体甚至渣体作为治理后结构的支撑体,在建筑物轮廓顶部设置大型或巨型减载空腔利于治理结构的稳定,锦屏一级左岸导流洞塌方洞段治理时在导流洞顶部采用了最大尺寸为110.5m×17.5m×18.6m(长×宽×高)的特大型减载空腔,利用固结灌浆加固后的松弛岩体与渣体承载,成功地对120m长的特大型塌方段进行加固处理,运行6年后检查,塌方段运行工况良好。在双层钢拱架混凝土护顶保护下,在坍塌体内修建大断面水工隧洞结构,创造了复杂地质条件下水工隧洞修建历史。

大变位下土工膜斜墙与塑性混凝土防渗墙接头保护结构技术,创新采用的柔性防护加辅助防渗结构,应对土工膜与基础防渗墙处大变位。锦屏一级上游为碾压式斜墙堆石坝,坝顶高程1691.50m,最大坝高64.50m,采用复合土工膜斜墙、塑性混凝土防渗墙和墙下帷幕防渗,复合土工膜斜墙最大防渗高度43m,塑性混凝土防渗墙最大防渗深度为56m,创新运用该项技术后,坝体结构在土工膜与基础防渗墙处水平位移差30cm、沉降45cm的大变位下仍能可靠运行。

(6) 狭窄河谷导流泄水建筑物出口水流消能技术。主要核心内容:狭窄河谷深厚覆盖层河床导流泄水建筑物出口水流优先采用对冲消能方式,避免了大流量单侧集中水流冲刷下游河道岸坡;对冲点、对冲角的设置准则,对冲消能率的评价方法,河床覆盖层与岸边保护措施。对冲消能时,对冲点分布区域一般控制在原主河槽内;根据主河槽偏移方向,设置对冲角,分配左右对冲水流能量的大小;根据河床覆盖层颗粒组成与抗冲能力,设置对冲水流设计流量区间;兼顾控制河槽内回流水流流速、下游围堰堰前回水流速与涌浪爬高、下游水流岸边表面流速,设置必要的防冲保护措施。施工期坝身孔口分层出流、上下层出口水流纵向拉开、水舌空中无碰撞、利用水垫塘消能的方式,避免狭窄河谷泄洪雨雾不易消散、泄洪雨雾影响下游岸坡稳定的问题;高水头差导流洞出口水流采用挑流消能、纵向拉开的消能方式，避免集中水流冲刷岸坡与河床造成次生灾害。

锦屏一级导流洞出口水流对冲消能设计流量 $10212m^3/s$，单宽流量 $363m^3/(s \cdot m)$，消能功率 $4.21 \times 10^6 kW$，单宽消能功率 $1.4 \times 10^5 kW/m$，导流底孔出口挑流水流消能功率为 $14.93 \times 10^6 kW$，单宽消能功率 $5.97 \times 10^5 kW/m$。

两河口水电站后期导流使用的左岸 3 号导流洞与竖井泄洪洞部分结合布置，进口高程 2745.00m、出口高程 2630.00m，进出口高差 115m，出口挑坎末端高于枯水期水边线 $27 \sim 32m$，出口水流挑流消能的最大设计泄流量 $3806m^3/s$，最大设计平均流速 44.14m/s。

（7）施工期泄水建筑物下闸封堵技术。主要核心内容：根据下层泄水建筑物结构承受封堵时的承载能力，下闸封堵采用分期、分批进行下闸断流、封堵的方式；封堵体体型优先选用洞周应力集中范围与数值较小，水流过流面流态较平稳，施工简单与干扰小的三面扩宽瓶塞型；封堵体采用可快速施工的临时挡水体与永久堵头体相结合的复合体结构型式，实行联合承载；封堵体材料采用顶部自密实微膨胀混凝土与中下部常态微膨胀混凝土相结合方式，提高封堵体顶部施工质量；制定封堵体穿越坝体防渗帷幕体时的灌浆设计标准、灌浆设计准则及施工工艺，优化封堵体与永久防渗帷幕的衔接。首次在封堵体中设置可重复灌浆系统以便在蓄水期间进行补偿灌浆控制堵头体周边渗水的措施，在灌浆廊道内预留施工条件，可随时根据渗水情况进行补偿灌浆，以免临时消缺施工破坏已有设施、管路，确保堵头体在蓄水期的安全。目前已具备大型导流洞结构可在 $75 \sim 100m$ 高封堵期外水作用下进行正常封堵施工的设计能力，具备大型导流底孔结构可在 140m 高封堵期外水下进行封堵施工的设计能力。

锦屏一级导流洞过水断面尺寸 $15m \times 19m$、封堵堵头设计挡水水头 245m，溪洛渡工程导流洞过水断面尺寸 $18m \times 20m$、封堵堵头设计挡水水头 232m。

（8）初期蓄水与防洪运行、调度技术。主要核心内容：围绕保证施工期度汛安全，适时调度施工期泄水建筑物的运行组合方式，制订初期蓄水期间设置枢纽变形观察期的分期蓄水至正常蓄水位高程的模式。重视施工期生态环境保护和生态流量供给，多途径、多方式、多批次设置供水建筑物实现连续供水，避免下游河道断流。为实现初期蓄水水位上升速度可控，分层布置的施工期泄水建筑物时，施工期临时过流的导流洞与上层过流孔口的高差不宜大于 15m 左右。枢纽布置采用土石坝型的超高坝、特高坝，初期导流洞采用隧洞过流方式，应设置临时供水洞，满足初期蓄水期间下游用水要求。

锦屏一级初期蓄水时，库水位共抬升高度约 233m，蓄水水量约 77.63 亿 m^3，分四个阶段实施，共历时 21 个月、跨越 3 个年度。两河口、双江口水电站均设置临时供水洞，满足初期导流洞下闸期间的下游供水要求。

1.3 工程案例

1.3.1 二滩水电站施工导流规划（混凝土双曲拱坝坝高 240m）

二滩水电站河道截流采用多戗堤、平堵与立堵综合截流方式。

二滩水电站施工导流分为初期导流、中期导流和后期导流三个阶段。初期导流采用一次拦断河床、上下游不过水土石围堰挡水、左右岸两条初期导流洞联合过流、大坝基坑全年施工的导流方式；中期导流采用坝体临时挡水、左右岸两条初期导流洞或导流底孔过流、大坝基坑全年施工的导流方式；后期导流采用坝体挡水、坝身放空底孔、泄洪中孔及泄洪洞单独或联合过流。

初期导流：1993 年 11 月至 1996 年 10 月。

1993 年 11 月，进行河道截流，由左、右岸两条初期导流洞敞泄来水至下游；进行上、下游不过水土石围堰工程施工；在上下游围堰保护下进行基坑开挖，大坝及水垫塘混凝土浇筑施工，完建坝身导流底孔，导流设计标准为重现期 30 年，相应的设计洪水流量为 13500m³/s。

中期导流：1996 年 10 月中旬至 1998 年 5 月。

1996 年汛后 10 月至 1997 年 4 月，拆除上游围堰；1997 年汛期由坝体临时断面挡水、初期导流洞过流，施工期坝体断面挡水度汛洪水设计标准为重现期 50 年，相应的设计洪水流量为 14600m³/s。1997 年汛前大坝混凝土浇筑和接缝灌浆最低高程、防渗帷幕及排水帷幕的施工高程，均满足拦挡重现期 50 年洪水的要求，坝体临时断面应力小于设计限制，仅通过局部加高下游围堰顶高程实现安全度汛。1996 年汛后 10 月至 1997 年 4 月，拆除上游围堰，导流底孔闸门呈关闭挡水状态。1997 年汛后至 10 月，拆除下游围堰。1997 年 11 月，左、右初期导流洞下闸断流，由 4 个 4m×8m（宽×高）坝身导流底孔敞泄来水，进行封堵施工，至 1998 年 4 月完成封堵堵头施工。封堵施工期间，进出口临时挡水标准为 11 月中旬至次年 4 月下旬时段的重现期 10 年，相应的设计流量为 1500m³/s，上游水位为 1030.50m，高于导流洞进口底板高程 20.5m，实现了低外水头封堵。1998 年 5 月 1 日，导流底孔下闸断流，水库开始初期蓄水，同时进行导流底孔封堵施工。

后期导流：1998 年 6 月至 1999 年 5 月。

由于永久泄洪建筑物尚未完建，随坝体临时断面挡水库容增加，逐步提高坝体临时断面挡水设计洪水标准。1998 年汛期，由 4 个放空底孔、6 个泄洪中孔和 2 个泄洪洞过流，坝体临时断面挡水设计洪水标准为重现期 100 年，相应的洪水流量为 16000m³/s；1999 年汛前，大坝及溢流表孔基本完建，泄洪建筑物达到设计泄流能力，导流任务结束。

二滩水电站施工导流规划见表 1.3 - 1（注：导流分期未按新的施工组织设计规范规定划分，沿用原设计报告内容）。

1.3.2 溪洛渡水电站施工导流规划（混凝土双曲拱坝坝高 285.5m）

溪洛渡水电站工程河道截流采用单戗堤、双向立堵进占的截流方式。

按施工期挡水、泄水建筑物的不同，施工导流分三个阶段，即初期导流、中期导流和后期导流。

初期导流采用一次拦断河床、上下游不过水土石围堰挡水、左右岸 6 条初期导流隧洞联合泄流、大坝基坑全年施工的导流方式；中期导流采用坝体临时挡水、左右岸 6 条初期导流隧洞过流、大坝基坑全年施工的导流方式；后期导流采用坝体挡水、坝身导流底孔、坝体深孔及岸边泄洪洞和提前发电机组单独或联合泄流、大坝基坑全年施工的导流方式。

初期导流：从河道截流至坝体筑高与接缝灌浆最低高程均超过上游围堰顶高程

表1.3－1

二滩水电站施工导流规划表

导流分期	导流时段	导流标准		导流建筑物		施工面貌
		重现期/年	流量/(m³/s)	泄水建筑物	挡水建筑物	
导流洞施工	1991年9月至1993年10月底	10	11000	原河床	进出口浆砌石围堰	
河道截流	1993年11月中旬	承包商确定		左、右岸导流洞(2－17.5m×23m－1010.00m)	戗堤	
初期导流 围堰挡水度汛	1993年11月底至1996年10月	30	13500	左、右岸导流洞(2－17.5m×23m－1010.00m)	上、下游河床围堰	1996年汛前，大坝最低浇筑高程1034.00m。封拱最低高程1013.00m。1996年10月，开始拆除上游围堰
坝体挡水度汛	1996年10月中至1997年10月底	50	14600	左、右岸导流洞(2－17.5m×23m－1010.00m)	下游围堰 坝体临时断面导流底孔闸门	
中期导流 左、右岸导流洞下闸与封堵	1997年11月中旬至1998年4月下旬	10(11月中旬)/10(11月中旬至次年4月下旬)	1500/1500	导流底孔(4－4m×8m－1012.50m)	坝体临时断面导流底孔封堵闸门	1997年汛后至11月拆除下游围堰。闸门前水位不高于高程1030.50m
导流底孔下闸与封堵	1998年5月中旬至1998年汛前			放空底孔中孔(4－3m×5m－1080.00m) 泄洪洞(2－13m×13.5m－1163.00m)	坝体临时断面导流底孔封堵闸门	封堵期上游水位不超过高程1200.00m
后期导流 坝体挡水度汛	1998年6月至1999年5月底	100	16000	放空底孔中孔(4－3m×5m－1080.00m) 泄洪洞(6－5m×6m－1110.00m/1115.00m/1119.00m)	坝体临时断面	1998年6月，初期蓄水至高程1155.00m。1998年8月18日，第一台机组运行。1999年3月20日，封拱至坝顶高程1205.00m。1999年5月底，表孔具备设计泄流能力，导流任务结束
正常运行 坝体完建与正常运行	1999年6月至今	1000/2000	20600/23900	放空底孔(4－3m×5m－1080.00m)中孔 泄洪洞(6－5m×6m－1110.00m/1115.00m/1119.00m) 表孔(7－11m×11.5m－1188.50m)	完建坝体	

前（2007年11月至2011年6月）。该时段由左、右岸6条初期导流洞联合敞泄河道来水至下游，进行河道截流；进行上下游不过水土石围堰工程施工；在上、下游围堰保护下全年进行基坑开挖、大坝及水垫塘混凝土浇筑等施工，导流设计标准为重现期50年，相应的设计洪水流量为32000m³/s。

中期导流：从坝体浇筑高程与接缝灌浆最低高程均超过上游围堰顶高程至初期导流泄水建筑物下闸断流封堵前（2011年7—10月）。

2011年7—10月，由坝体和410.00m高程导流底孔闸门临时挡水，1～6号导流洞泄流，导流设计标准为重现期100年，相应的设计洪水流量为34800m³/s。

后期导流：从初期导流洞下闸封堵至导流底孔下闸封堵（2011年11月至2014年4月）。

2011年11月，1号、6号导流洞下闸封堵，封堵期导流标准为重现期20年，相应洪水流量7350m³/s，由2～5号导流洞宣泄；2012年11月2～5号导流洞下闸封堵；2012年12月至2013年11月，10个导流底孔分3批下闸封堵，第2、3批导流底孔于2014年4月同步完成封堵堵头施工，坝身导流底孔封堵堵头均具备设计挡水能力。

2012年汛期，施工期泄水建筑物由6条初期导流洞转换到4条初期导流洞和分层布置的6条低高程坝身导流底孔联合泄流，坝体临时断面挡水设计洪水标准为重现期100年，相应的洪水流量为34800m³/s。

2013年汛期，施工期泄水建筑物由4条高高程坝身导流底孔和利用的8条坝身深孔、4条岸边泄洪洞与提前发电机组联合过流并调节库水位，坝体临时断面挡水设计洪水标准为重现期200年，相应的洪水流量为37600m³/s。

2014年4月下旬，完建坝体工程及泄水建筑物工程，导流任务结束。

溪洛渡水电站导流泄水建筑物布置见图1.3-1、图1.3-2，施工导流规划见表1.3-2。

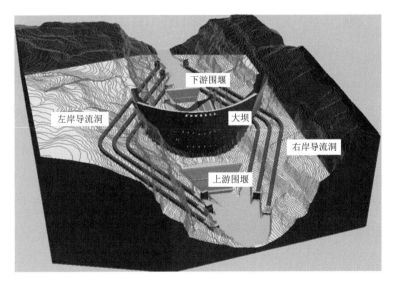

图1.3-1　溪洛渡水电站导流泄水建筑物三维布置图

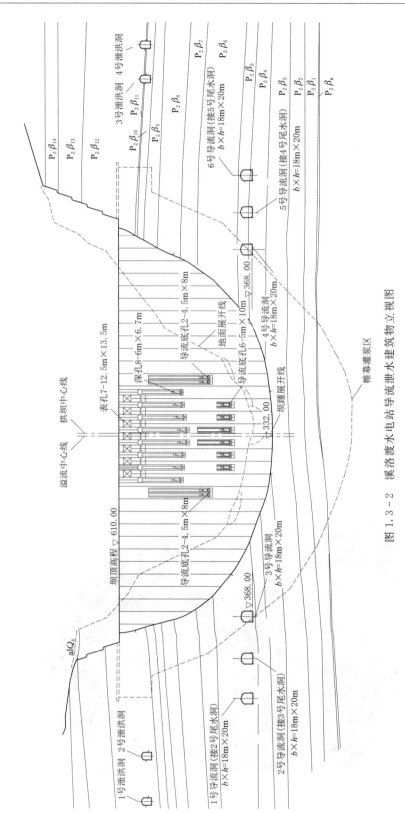

图 1.3-2　溪洛渡水电站导流泄水建筑物立视图

表 1.3-2　　　　　　　　　　　　　　　　　溪洛渡水电站施工导流规划表

导流时段		导流标准		挡水建筑物	导流建筑物		上游水位/m	坝体高程/m		备　注
		频率/%	流量/(m³/s)	挡水建筑物	导流建筑物	泄水建筑物	上游水位/m	灌浆高程	浇筑高程	备　注
截流	2007 年 11 月	10	5160		1～5 号导流洞		380.30			
初期导流	2007 年 11 月至 2011 年 6 月	2	32000	围堰	1～6 号导流洞		434.80	463.00	469.00	410.00m 高程底孔平板闸门挡水
中期导流	2011 年 7～10 月	1	34800	大坝	1～6 号导流洞		440.93			
	2011 年 11 月中旬	10	4090	大坝	2～5 号导流洞		376.59			1 号、6 号导流洞下闸
	2011 年 11 月至 2012 年 6 月	5	7350	大坝	2～5 号导流洞		384.63	499.00	535.00	1 号导流洞封堵
	2012 年 7～10 月	1	34800	大坝	2～5 号导流洞 +1～6 号导流底孔		452.91			2～5 号导流洞封堵
	2012 年 11 月中旬	10	4090	大坝	1～10 号导流底孔		379.25			2～5 号导流洞封堵
	2012 年 11 月至 2013 年 4 月	5	7350	大坝	1～10 号导流底孔		457.21			1 号、2 号、5 号、6 号导流底孔下闸
后期导流	2012 年 12 月	10	2910	大坝	3 号、4 号、7～10 号导流底孔		425.54			1 号、2 号、5 号、6 号导流底孔封堵
	2012 年 12 月至 2013 年 4 月	5	3520	大坝	3 号、4 号、7～10 号导流底孔		461.89			3 号、4 号导流底孔下闸
	2013 年 5 月初	10	2340	大坝	7～10 号导流底孔		465.00			蓄水至 6 月底发电
	2013 年 5～6 月	85	540	大坝	7～10 号导流底孔		540.00	586.00	601.00	8 月坝体 610.0m 高程
	2013 年 7～10 月	0.5	37600	大坝	7～10 号导流底孔 +8 个深孔 +4 条泄洪洞 + 发电引水		587.47			3 号、4 号、7～10 号导流底孔封堵
	2013 年 11 月至 2014 年 4 月	5	7350	大坝	8 个深孔 + 发电引水		540.00～600.00		610.00	

1.3.3　锦屏一级水电站施工导流规划（混凝土双曲拱坝坝高305m）

锦屏一级水电站工程河道截流采用单戗堤、单向立堵进占的截流方式。

按施工期挡水、泄水建筑物的不同，施工导流分为三个阶段，即初期导流、中期导流和后期导流。初期导流采用一次拦断河床、上下游不过水土石围堰挡水、左右岸两条初期导流隧洞联合泄流、大坝基坑全年施工的导流方式；中期导流采用坝体临时断面挡水，左右岸两条初期导流隧洞联合泄流、大坝基坑全年施工的导流方式；后期导流采用坝体临时断面或完建坝体挡水，利用导流底孔、放空底孔、深孔、溢流表孔和提前发电机组单独或联合宣泄河道来水，大坝全年施工的导流方式。

初期导流：从河道截流至坝体浇筑高程和接缝灌浆高程超过上游围堰顶高程之前（2006年12月至2011年10月上旬）。

该时段由左、右岸两条导流洞联合敞泄河道来水至下游，进行河道截流；进行上下游不过水土石围堰工程施工；在上、下游围堰保护下全年进行基坑开挖、大坝及水垫塘混凝土浇筑等施工，完建坝身导流底孔、放空底孔、深孔，完建水垫塘，施工中的大坝具备拦挡高程1810.00m以上水位的面貌。导流设计标准为重现期30年，相应的设计洪水流量为9370m³/s。

中期导流：从坝体浇筑高程和接缝灌浆高程超过上游围堰顶高程至导流洞下闸断流（2011年10月中旬至2012年10月底）。

2011年10月中旬，坝体施工不再需要围堰的保护，由坝体临时断面挡水度汛、左右岸导流洞联合敞泄河道来水至下游，坝体全年施工。2012年汛期，坝体施工期临时挡水度汛洪水设计标准为重现期100年，相应流量为10900m³/s，由左右岸导流洞宣泄。

后期导流：从导流洞下闸封堵至导流底孔下闸封堵完成（2014年6月上旬至2014年9月底）。

2012年11月至2013年5月，左右岸导流洞下闸封堵，期间导流标准为重现期20年，相应流量为1840m³/s。2012年11月至2013年9月中旬，坝体施工期临时挡水度汛洪水设计标准为重现期200年，相应流量为11700m³/s，由5个导流底孔和2个放空底孔宣泄。

2013年9月中旬至2014年5月，5个导流底孔分两批下闸封堵，期间导流标准为重现期30年，洪水由放空底孔、深孔和提前发电机组宣泄。

该时段由大坝临时断面挡水，放空底孔、深孔、表孔及提前发电机组单独或联合泄流。坝体临时断面挡水设计洪水标准为重现期200年，相应的洪水流量为11700m³/s，校核洪水标准为重现期500年，相应的洪水流量为12800m³/s。

锦屏一级水电站施工导流规划见表1.3-3。

1.3.4　两河口水电站施工导流规划（砾石土心墙堆石坝坝高295m）

两河口水电站工程河道截流采用单戗堤、单向立堵进占的截流方式。

按施工期挡水、泄水建筑物的不同，施工导流分为三个阶段，即初期导流、中期导流和后期导流。初期导流采用一次拦断河床、上下游不过水土石围堰挡水、右岸1号和2号导流隧洞联合泄流、大坝基坑全年施工的导流方式；中期导流采用坝体临时挡水、右岸1

表 1.3－3　　　　　　　　　　　锦屏一级水电站施工导流规划表

导流分期		导流时段	导流标准		导流建筑物		施工面貌
			重现期/年	流量/(m³/s)	泄水建筑物	挡水建筑物	
初期导流	导流洞施工	2004年10月至2006年11月	10	7920	原河床	进出口浆砌石围堰	
	河道截流	2006年11月中旬	10	979	左、右岸导流洞（2-15m×19m-1638.50m）	截流戗堤	
	围堰挡水	2006年11月底至2011年10月上旬	30	9370	左、右岸导流洞（2-15m×19m-1638.50m）	上、下游围堰	
中期导流	坝体挡水度汛	2011年10月中旬至2012年10月底	100	10900	左、右岸导流洞（2-15m×19m-1638.50m）	坝体临时断面	
后期导流	左、右岸导流洞下闸与封堵	2012年11月上旬至2013年5月底	10（11月上旬，下闸）/5（11月至次年5月，封堵）	1230（下闸）/1840（封堵）	导流底孔（5-5m×9m-1700.00m）	坝体临时断面　导流洞封闸门	下闸/闸门挡水水位不超过高程1713.12m
	坝体挡水度汛	2013年6月初至7月底	200	11700	导流底孔（5-5m×9m-1700.00m）　放空底孔（2-5m×6m-1750.00m）	坝体临时断面	6月初、导流底孔下泄流量，开始蓄水；7月底，蓄水至高程1800.00m
		2013年8月上旬至2013年8月15日					库水位从高程1800.00m蓄至高程1805.00m；2台提前发电机组无水调试运行
	1号、2号、4号、5号导流底孔下闸与封堵	2013年8月16日至9月中旬			导流底孔（1-5m×9m-1700.00m）　放空底孔（2-5m×6m-1750.00m）　深孔（4-5m×6m-1790.00m）　提前发电机组（2台）	坝体临时断面　导流底孔封闸门	库水位从高程1805.00m蓄水至高程1810.00m；
		2013年9月中旬至2014年5月	30（挡水设计标准）	9370			下闸/闸门挡水水位由水库蓄水位高程1810.00m控制，封堵闸门门最高蓄水位设计水位由水库设计水位高程1840.00m控制

续表

导流分期	导流时段	重现期/年	流量/(m³/s)	泄水建筑物	挡水建筑物	施工面貌
3号导流底孔下闸与封堵	2013年10月初至2014年5月	30（挡水设计标准）	4770	放空底孔（2-5m×6m-1750.00m）深孔（5-5m×6m-1790.00m）提前发电机组（2台）	坝体临时断面 导流底孔封堵闸门	下闸水位由水库蓄水位高程1810.00m控制，封堵闸门挡水位设计高程，水库最高蓄水位由水位设计高程1840.00m控制
后期导流	2014年6月至7月底	200（施工期设计洪水）/500（施工期校核洪水）	11700/12800	放空底孔（2-5m×6m-1750.00m）深孔（5-5m×6m-1790.00m）表孔（4-11m×12m-1868.00m）提前发电机组（3~4台）	坝体	库水位从高程1800.00m蓄至1840.00m过程中，3台机组参与泄流；库水位从高程1840.00m蓄至1858.00m过程中，4台机组参与泄流
	2014年8月上旬至中旬					库水位保持在特高程1858.00m
	2014年8月中旬至9月底			深孔（5-5m×6m-1790.00m）表孔（4-11m×12m-1868.00m）提前发电机组（4台）		库水位从特高程1858.00m蓄至高程1880.00m；8月底泄洪洞具备设计泄流能力，导流任务结束

注 1. 2014年6—7月上旬蓄水期间，放空底孔仅在1830.00m水位以下开启泄流。
2. 2014年蓄水过程中，根据水情预报，来水流量大于重现期500年且库水位超过1881.83m时，需立即开启泄洪洞闸门应急泄流。

号和 2 号导流隧洞联合泄流、大坝基坑全年施工的导流方式；后期导流采用大坝挡水，5 号导流洞、3 号导流洞（后期改建为竖井泄洪洞）和放空洞（4 号导流洞）单独或联合宣泄河道来水，大坝全年施工的导流方式。

初期导流：从河床截流到坝体填筑高程超过上游围堰顶高程之前（2015 年 11 月至 2018 年 2 月）。

该时段由右岸 1 号和 2 号导流隧洞联合敞泄河道来水至下游，进行河道截流；进行上下游不过水土石围堰工程施工；在上、下游围堰保护下全年进行基坑开挖、基座混凝土浇筑、基础固结灌浆、大坝断面填筑等施工；完成放空洞施工，具备设计过流能力。导流设计标准为重现期 50 年，相应的设计洪水流量为 5240m³/s。

中期导流：坝体填筑高程超过上游围堰顶高程至 1 号和 2 号导流隧洞下闸之前（2018 年 2 月至 2020 年 10 月）。

2018 年 2 月，坝体断面中部填筑高程超过上游围堰堰顶，坝体施工不再需要围堰的保护，由坝体临时断面挡水度汛、右岸导流洞敞泄河道来水至下游，坝体断面全年填筑施工。2018—2020 年汛期，坝体施工期临时挡水度汛洪水设计标准为重现期 200 年，相应流量为 6260m³/s。

后期导流：初期导流洞下闸封堵至永久泄洪设施完建（2020 年 11 月至 2023 年 4 月）。

2020 年 11 月至 2021 年 4 月，1 号和 2 号导流隧洞先后下闸封堵，期间导流标准为重现期 20 年，由 5 号导流洞宣泄。

2021 年 6 月，5 号导流洞下闸。2021 年 5 月至 2022 年 10 月，坝体工期临时挡水度汛洪水设计标准为重现期 500 年，相应流量为 6830m³/s，设计标准为重现期 1000 年，相应流量为 7260m³/s，由 3 号导流洞、放空洞（4 号导流洞）宣泄。

2022 年 11 月至 2023 年 4 月，3 号导流洞下闸封堵，期间导流标准为重现期 20 年。

2023 年 4 月底，3 号导流洞封堵改建完成，永久泄洪工程设施完成并具备设计泄流能力，施工导流任务结束。

两河口水电站导流建筑物布置见图 1.3-3，施工导流规划见表 1.3-4。

1.3.5 双江口水电站施工导流规划（砾石土心墙堆石坝坝高 315m）

双江口水电站工程河道截流采用宽戗堤、由右向左单向立堵进占的截流方式。

按施工期挡水、泄水建筑物的不同，施工导流分为三个阶段，即初期导流、中期导流和后期导流。初期导流采用一次拦断河床、上下游不过水土石围堰挡水、左岸初期 1 号导流隧洞泄流、大坝基坑全年施工的导流方式。中期导流采用坝体临时断面挡水、左岸 1 号导流隧洞泄流、大坝基坑全年施工的导流方式。后期导流采用坝体临时断面挡水、供水洞短暂过流、2 号和 3 号导流隧洞单独或联合宣泄河道来水、大坝基坑全年施工的导流方式。

初期导流：从河床截流到坝体断面填筑超过围堰顶高程（第 3 年 11 月初至第 7 年 2 月，共 40 个月）。

该时段由左岸 1 号导流隧洞敞泄河水至下游，进行河道截流；进行上下游不过水土石围堰工程施工；在上、下游围堰保护下全年进行基坑开挖、基座混凝土浇筑、基础固结灌浆、大坝断面填筑等施工。导流工程设计标准为重现期 50 年，相应的设计洪水流量为 4790m³/s。

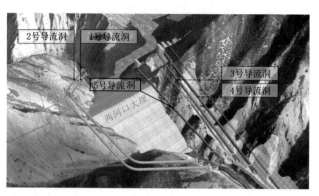

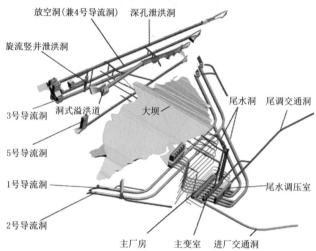

图 1.3-3　两河口水电站导流建筑物布置图

中期导流：从坝体临时断面填筑超过围堰填筑顶高程后至 1 号导流洞下闸封堵（第 7 年 3 月至第 8 年 10 月底）。

第 7 年 3 月至第 8 年 10 月底，该时段由大坝临时断面挡水，1 号导流隧洞敞泄河道来水、度汛，大坝全年填筑施工。第 7 年 3 月，坝体临时断面填筑高程已超过上游围堰堰顶，坝体施工不再需要围堰的保护。第 7 年汛期，坝体施工期临时挡水度汛洪水设计标准为重现期 100 年，相应流量为 5300m³/s；第 8 年汛期，坝体施工期临时挡水度汛洪水设计标准为重现期 200 年，相应流量为 5810m³/s。

后期导流：1 号导流洞下闸封堵至 3 号导流洞下闸封堵完成（第 8 年 11 月至第 11 年 4 月底）。

第 8 年 11 月至第 11 年 4 月底，该时段由坝体临时断面挡水，分别由供水洞、2 号导流洞、3 号导流洞、放空洞和深孔泄洪洞单独或联合宣泄河道来水并调节库水位；完成 1 号导流洞下闸断流、永久封堵堵头施工，1 号导流洞堵头具备设计挡水能力；完成供水洞下闸断流、永久封堵堵头施工，供水洞堵头具备设计挡水能力；完成 2 号导流洞下闸断流、永久封堵堵头施工与放空洞改建工程施工，2 号导流洞堵头具备设计挡水能力；3 号导流洞下闸断流、永久封堵堵头施工与竖井泄洪洞改建工程施工，3 号导流洞堵头具备设

表 1.3-4　两河口水电站施工导流规划表

导流分期		导流时段	导流标准		导流建筑物		施工面貌
			重现期/年	流量/(m³/s)	泄水建筑物	挡水建筑物	
初期导流	河道截流	2015年11月	10（月平均）	550	1号、2号导流洞（2-12m×14m-2600.00m）	截流戗堤	
	围堰挡水	2015年11月至2018年2月	50	5360	1号、2号导流洞（2-12m×14m-2600.00m）	上、下游土石围堰	
中期导流	坝体挡水度汛	2018年3月至2020年10月	200	6260	1号、2号导流洞（2-12m×14m-2600.00m）	坝体临时断面	
后期导流	2号导流洞下闸断流				1号导流洞（1-12m×14m-2600.00m）	坝体临时断面 2号导流洞封堵闸门	
	1号导流洞下闸断流	2020年11月	10（月平均）	550	供水洞（1-3.5m×4.5m-2603.50m）	坝体临时断面 1号、2号导流洞封堵闸门	供水洞控制下泄生态流量
	供水洞下闸断流		20	995	5号导流洞[1-9m×(14.5~13)m-2675.00m]	坝体临时断面 1号、2号导流洞封堵闸门 供水洞封堵闸门	当库水位蓄至高程2675.00m后，供水洞下闸断流，由5号导流洞敞泄来流量
	1号、2号导流洞封堵施工	2020年11月至2021年4月	500（设计）	1730	5号导流洞[1-9m×(14.5~13)m-2675.00m]	坝体临时断面 1号、2号导流洞封堵闸门 供水洞封堵闸门	封堵期间最大水头96m
	坝体挡水度汛	2020年11月至2021年4月	1000（校核）	1880	5号导流洞[1-9m×(14.0~12.5)m-2675.00m]	坝体临时断面	

续表

导流分期	导流时段	导流标准		导流建筑物		施工面貌
		重现期/年	流量/(m³/s)	泄水建筑物	挡水建筑物	
5号导流洞下闸断流	2021年6月	10(月平均)		3号导流洞[1-12m×(22~15.5)m-2745.00m]	坝体临时断面	下闸水头约70.0m
坝体挡水度汛5号导流洞封堵施工	2021年5月至2022年10月	500(设计)	6830	放空洞(4号导流洞)(1-10m×14m-2745.00m)	坝体临时断面	5号导流洞封堵期间最小水头110.0m
		1000(校核)	7260			
		1000(校核)	7260			
3号导流洞下闸断流	2022年11月	10(月平均)	550	放空洞(4号导流洞)(1-10m×14m-2745.00m)	坝体临时断面	下闸水头约40.0m
后期导流 3号导流洞封堵施工	2022年11月至2023年4月	20	995	放空洞(4号导流洞)(1-10m×14m-2745.00m)	3号导流洞封堵闸门	封堵期间最小水头40.0m
坝体挡水度汛	2022年11月至2023年4月	500(设计)	1730	放空洞(4号导流洞)(1-10m×14m-2745.00m) 深孔泄洪洞(1-11m×16m-2805.00m) 洞式溢洪道(1-16m×21m-2835.00m) 旋流竖井泄洪洞(1-9m×11.5m~φ12m-2840.00m)	坝体	
		1000(校核)	1880			

计挡水能力；完成坝体填筑与坝顶混凝土工程施工，完成枢纽泄水建筑物的施工。分阶段控制 1 号导流洞、供水洞、2 号导流洞、3 号导流洞的泄流流量，库水位分两阶段蓄水至死水位，第一阶段：控制 1 号导流洞下泄流量、库水位从原河床水位蓄至高程 2279.00m、1 号导流洞断流、控制供水洞下泄流量、库水位从高程 2279.00m 蓄至高程 2343.70m，供水洞断流、2 号导流洞敞泄来流流量；第二阶段：2 号导流洞控制下泄流量、库水位从 2 号导流洞敞泄水位蓄至高程 2360.00m，2 号导流洞断流、3 号导流洞控制下泄流量、库水位从高程 2360.00 蓄至死水位 2420.00m，第 9 年 12 月底第一台机组投入运行。第 9 年汛期，由坝体临时断面挡水，2 号导流洞和 3 号导流洞联合泄流并调节库水位，坝体挡水度汛与泄洪工程的设计洪水标准为重现期 300 年，相应的洪水流量为 6080m³/s，校核洪水标准为重现期 500 年，相应的洪水流量为 6460m³/s。第 10 年汛期，由坝体临时断面挡水，3 号导流洞、利用改建完成的放空洞和深孔泄洪洞联合泄流并调节库水位，坝体挡水度汛与泄洪工程的设计洪水标准为重现期 500 年，相应的洪水流量为 6460m³/s，校核洪水标准为重现期 1000 年，相应的洪水流量为 6960m³/s。第 11 年 4 月底，3 号导流洞封堵改建完成、坝顶混凝土工程完成、永久泄洪工程设施完成并具备设计泄流能力，导流任务结束。

双江口水电站工程施工导流规划详见表 1.3-5。

1.3.6 长河坝水电站施工导流规划（砾石土心墙堆石坝坝高 240m）

长河坝水电站工程河道截流采用双戗堤、由右向左单向立堵进占的截流方式。

按施工期挡水、泄水建筑物的不同，施工导流分为三阶段，即初期导流、中期导流和后期导流。初期导流采用一次拦断河床、上下游不过水土石围堰挡水、右岸 1 号和 2 号导流隧洞泄流、大坝基坑全年施工的导流方式；中期导流采用坝体临时断面挡水、右岸 1 号和 2 号导流隧洞泄流、大坝基坑全年施工的导流方式；后期导流采用坝体临时断面挡水，后期导流隧洞、放空洞、深孔泄洪洞和两条开敞式泄洪洞单独或联合宣泄河道来水、大坝基坑全年施工的导流方式。

初期导流：从河床截流到大坝填筑高程超过上游围堰顶高程之前（2010 年 11 月初至 2013 年 12 月底）。

该时段由右岸 1 号和 2 号导流隧洞敞泄河水至下游，进行河道截流；进行上下游不过水土石围堰工程施工；在上、下游围堰保护下全年进行基坑开挖、大坝基础防渗墙、基座混凝土浇筑、混凝土廊道浇筑、基础固结灌浆、大坝断面填筑、上游堆石基础旋喷处理、上下游压重填筑等施工。导流工程设计标准为重现期 50 年，相应的设计洪水流量为 5790m³/s。

中期导流：大坝填筑高程超过上游围堰顶高程之到初期导流隧洞下闸封堵完成（2014 年 1 月至 2016 年 10 月底）。

2014 年 1 月，坝体填筑高程超过围堰顶高程，坝体断面填筑施工不再需要围堰的保护，由坝体临时断面挡水度汛、右岸 1 号和 2 号导流洞敞泄河道来水至下游，坝体断面全年填筑施工。2014 年 1 月至 2016 年 10 月，坝体施工期临时挡水度汛洪水设计标准为重现期 200 年，相应流量为 6670m³/s，由两条初期导流洞宣泄。

表 1.3－5

双江口水电站工程施工导流规划表

导流分期	导流时段	导流标准 P（重现期）/年	导流标准 Q/(m³/s)	导流建筑物 泄水建筑物	导流建筑物 挡水建筑物	施工面貌
1号导流洞施工	第1年9月至第3年10月	10	3580	原河床	预留岩坎 浆砌石围堰	
河道截流	第3年11月初	10（上旬平均）	510	1号导流洞 （1-15m×19m-2261.00m）	上、下游围堰	
围堰挡水	第3年11月至第7年2月	50	4790	1号导流洞 （1-15m×19m-2261.00m）		第7年5月底，坝体填筑高程2327.00m，形成的拦洪库容0.64亿m³
坝体挡水度汛	第7年3-9月	100	5300	1号导流洞 （1-15m×19m-2261.00m）	坝体临时断面	第7年10月底，坝体填筑高程2338.00m，形成的拦洪库容1.05亿m³；第8年1月底，2号导流洞完建，具备过流条件；第8年5月底，供水洞完建，具备设计过流条件；第8年6月底，3号导流洞完建，具备设计过流条件
坝体挡水度汛	第7年10月至第8年10月	200	5810	供水洞 ［1-4.5m×(6～5.5)m×8m-2262.50m］	坝体临时断面	
1号导流洞下闸断流				1号导流洞 （1-15m×19m-2261.00m）	坝体临时断面	1号导流洞下闸控制下泄流量、库水位升至高程2279m时，断流
供水洞下闸断流	第8年11月	10（旬平均）	510	2号导流洞 ［1-9m×(13.5～11)m×15.5m-2340.00m］	坝体临时断面 1号导流洞封堵闸门	1号导流洞下闸控制下泄流量，库水位超过高程2273.00～2279.00m时，库水位超过高程2279.00m后，供水洞敞泄泄流；库水位超过高程2279.00m后，供水洞闸门控制泄流，直至库水位超过高程2340.00m后，2号导流洞敞泄泄流

续表

导流分期	导流时段	P（重现期）/年	Q/(m³/s)	泄水建筑物	挡水建筑物	施工面貌
供水洞封堵施工	第8年11月至第9年2月	20	641	2号导流洞 [1—9m×(13.5~11)m×15.5m—2340.00m]	坝体临时断面 1号导流洞封堵闸门 供水洞封堵闸门	坝体填筑高程2382.80~2407.25m
1号导流洞封堵施工	第8年11月至第9年4月	20	687	2号导流洞 [1—9m×(13.5~11)m×15.5m—2340.00m]	坝体临时断面	
坝体挡水度汛	第9年5~9月	300（设计）	6080	3号导流洞 (1—12m×16m—2360.00m)	坝体临时断面	坝体填筑高程2407.25~2426.00m
		500（校核）	6460			
2号导流洞下闸断流	第9年10月	10（旬平均）	748	3号导流洞 (1—12m×16m—2360.00m)		第9年10月，2号导流洞下闸控制下泄流量，库水位升至2360.00m后，2号导流洞断流
后期导流　2号导流洞封堵与改建施工	第9年10月至第10年4月	20	1600	3号导流洞 (1—12m×16m—2360.00m) 放空洞 [1—φ(8~11)m×15.5m—2380.00m]	坝体临时断面 2号导流洞封堵闸门	第9年10月，2号导流洞断流量，继续蓄水至发电死水位高程2420.00m，第9年12月第一台机组具备运行条件；第10年4月底，2号导流洞改建为放空洞完工，具备设计泄流能力
	第10年5月	500（设计）	3540	3号导流洞 (1—12m×16m—2360.00m) 放空洞 [1—φ(8~11)m×15.5m—2380.00m]		坝体填筑高程2460.10~2465.00m；第10年5月底，深孔泄洪洞完工，具备设计泄流能力
		1000（校核）	3960			
坝体挡水度汛	第10年6~10月	500（设计）	6460	3号导流洞 (1—12m×16m—2360.00m) 深孔泄洪洞 (1—13m×18m—2440.00m)	坝体临时断面	坝体填筑高程2465.00~2483.43m
		1000（校核）	6960			

续表

导流分期	导流时段	导流标准 P（重现期）/年	导流标准 Q /(m³/s)	导流建筑物 泄水建筑物	导流建筑物 挡水建筑物	施工面貌
3号导流洞下闸断流	第10年11月	10	510	放空洞［1-φ(8～11)m×15.5m-2380.00m］ 深孔泄洪洞(1-13m×18m-2443.00m)	坝体临时断面 3号导流洞封堵闸门	坝体填筑高程2483.43～2510.00m；第11年4月底，3号导流洞改建为竖井泄洪洞段洞段完成
3号导流洞封堵与改建施工	第10年11月至第11年4月	20	687	放空洞［1-φ(8～11)m×15.5m-2380.00m］ 深孔泄洪洞(1-13m×18m-2443.00m)		
	第11年5月	500（设计）	3540	放空洞［1-φ(8～11)m×15.5m-2380.00m］ 深孔泄洪洞(1-13m×18m-2440.00m)	坝体挡水	第11年5月中旬，竖井泄洪洞完建，洞式溢洪道完建，具备过流条件；第11年5月底，洞式泄洪洞完建，枢纽永久泄水建筑物全部完建
		1000（校核）	3960			
后期导流 坝顶工程完建	第11年6月	1000（设计）	6960	放空洞［1-φ(8～11)m×15.5m-2380.00m］ 深孔泄洪洞(1-13m×18m-2443.00m) 洞式溢洪道(1-16m×22m-2478.00m) 竖井泄洪洞［1-9m×(13.5～12)m×16m-2475.00m］	坝体挡水	坝顶混凝土工程完建，施工导流任务结束
		PMP/10000（校核）	8860/8440			

注　2号、3号导流洞封堵洞封堵闸门设计挡水位为2425.00m。

后期导流：从初期导流洞下闸封堵至中期导流洞下闸封堵完成（2016 年 11 月至 2017 年 8 月）。

2016 年 11 月，两条初期导流洞下闸，2017 年 4 月，后期导流洞下闸。2016 年 11 月至 2017 年 8 月底，由坝体临时断面挡水，利用后期导流洞、放空洞、深孔泄洪洞和开敞式泄洪洞联合宣泄来水并调节库水位；先后完成 1 号和 2 号导流隧洞下闸及封堵施工、后期导流隧洞下闸断流及封堵施工、坝体断面填筑与坝顶施工，坝体工程全部完建。分阶段控制泄流流量，库水位分三个阶段蓄至正常蓄水位：1 号和 2 号导流洞下闸断流后，库水位升至 1545.00m 后由后期导流洞下泄流量，完成 1 号和 2 号导流洞封堵施工；由后期导流洞控泄流量蓄水至高程 1590.00m 后由放空洞控制下泄流量，进行中期导流洞封堵施工并蓄水至最低发电死水位高程 1650.00m，进行第一台机组运行调试；当库水位蓄至正常运用死水位高程 1680.00m 时，进行第二台机组运行调试，并逐步蓄至正常蓄水位高程 1690.00m。2017 年 5 月至 2017 年 8 月，由完建中的坝体挡水、放空洞、深孔泄洪洞、开敞泄洪洞联合泄流并调节库水位，坝体挡水度汛的设计洪水标准为重现期 500 年，相应的设计流量 7230m³/s。2017 年 8 月底，后期导流洞封堵工程完建，导流任务结束。

长河坝水电站施工导流规划见表 1.3-6。

表 1.3-6　　　　　　　　　　长河坝水电站施工导流规划表

导流时段		导流标准		导流建筑物		上游水位 /m	挡水建筑物高程/m	备　　注
		重现期 /年	流量 /(m³/s)	挡水建筑物	泄水建筑物			
截流	2010 年 11 月上旬	10（旬平均）	838	围堰	初期导流隧洞	1490.01	1492.50	
初期导流	2010 年 11 月初至 2013 年 12 月底	50	5790	围堰	初期导流隧洞	1528.30	1530.50	
中期导流	2014 年 1—5 月	200	4150	大坝	初期导流隧洞	1507.34	1530.50	大坝达到围堰高程
	2014 年 6 月至 2016 年 10 月底	200	6670	大坝	初期导流隧洞	1542.40	1545.00	
后期导流	2016 年 11 月上旬	10（旬平均）	838	大坝	初期导流隧洞	1490.01	1658.00	2 条初期导流隧洞下闸前水位
	2016 年 11 月至 2017 年 4 月	20	1080	大坝	后期导流洞	1580.72	1658.00	2 条初期导流隧洞封堵
	2016 年 11 月至 2017 年 4 月	200	1370	大坝	后期导流洞 放空洞	1594.50	1658.00	坝前度汛设计水位
	2017 年 4 月底	10（旬平均）	484	大坝	后期导流洞	1585.00	1691.00	中期导流隧洞下闸前水位
	2017 年 5—8 月	20	5180	大坝	放空洞、 1 号泄洪洞	1680.00	1691.00	中期导流隧洞封堵，闸门挡水标准
	2017 年 5—8 月	500	7230	大坝	放空洞， 1 号泄洪洞， 2 号、3 号 溢洪洞	1690.00	1697.00	坝前度汛设计水位（5 月底大坝至 1697.00m）

导流时段		导流标准		导流建筑物		上游水位/m	挡水建筑物高程/m	备 注
		重现期/年	流量/(m³/s)	挡水建筑物	泄水建筑物			
下闸蓄水	2017年5—8月	月均85	561 1210 1240 941	大坝	放空洞，1号泄洪洞，2号、3号溢洪洞	1585.00~1680.00	1697.00	6月底蓄水至1650.00m；7月初第一批机组调试；8月上旬第一批机组发电；8月下旬蓄水至1680.00m

1.3.7 大岗山水电站施工导流规划（混凝土双曲拱坝坝高210m）

大岗山水电站工程河道截流采用单戗堤、双向立堵进占的截流方式。

按施工期挡水、泄水建筑物的不同，施工导流分为三个阶段，即初期导流、中期导流和后期导流。初期导流采用一次拦断河床、上下游不过水土石围堰挡水、左右岸1号和2号导流隧洞联合泄流、大坝基坑全年施工的导流方式；中期导流采用坝体临时挡水，左右岸1号和2号导流隧洞联合泄流的导流方式；后期导流采用坝体临时断面挡水，导流底孔、深孔和泄洪洞单独或联合宣泄，大坝基坑全年施工的导流方式。

初期导流：从河床截流到坝体浇筑和接缝灌浆高程超过上游围堰顶高程之前（2008年1月至2013年5月底）。

该时段由左右岸1号和2号导流隧洞联合敞泄河道来水至下游，进行河道截流；进行上下游不过水土石围堰工程施工；在上、下游围堰保护下全年进行基坑开挖、混凝土置换、大坝基础固结灌浆、帷幕灌浆、坝体混凝土浇筑等施工；完成左、右岸导流底孔和深孔施工，并具备设计泄流能力；导流设计标准为重现期30年，相应的设计洪水流量为6190m³/s。

中期导流：从坝体浇筑和接缝灌浆高程超过上游围堰顶高程之后到1号、2号导流洞下闸断流之前（2013年6月至2014年10月）。

2013年5月底，大坝灌浆高程1045.00m，超过围堰顶高程，坝体施工不再需要围堰保护，由坝体临时断面挡水度汛、左右岸导流洞敞泄河道来水至下游，坝体全年填筑施工。坝体施工期临时挡水度汛洪水设计标准为重现期100年，相应流量为7040m³/s。

后期导流：初期导流洞下闸封堵至导流底孔封堵完成（2014年11月至2015年9月）。

2014年11月至2015年9月底，由坝体临时断面挡水，分别由导流底孔、深孔和泄洪洞单独或联合宣泄河道来水并调节库水位；完成1号和2号导流洞下闸断流、永久封堵堵头施工，1号和2号导流隧洞堵头具备设计挡水能力；分批依次完成左、右岸导流底孔下闸断流、永久封堵堵头施工，左、右岸导流底孔封堵堵头具备设计挡水能力；完成泄洪洞工程，具备设计泄流能力，永久泄水建筑物全部完建；完成坝体工程施工。分两阶段蓄水至正常高水位，第一阶段蓄至水位高程1005.00m；第二阶段控制深孔下泄流量蓄水至死水位高程1120.00m后，再蓄水至正常高水位高程1130.00m，第一台机组具备运行条件。2015年9月底，左右岸导流底孔封堵工程完建，导流任务结束。

大岗山水电站导流泄水建筑物布置见图1.3-4，导流规划详见表1.3-7。

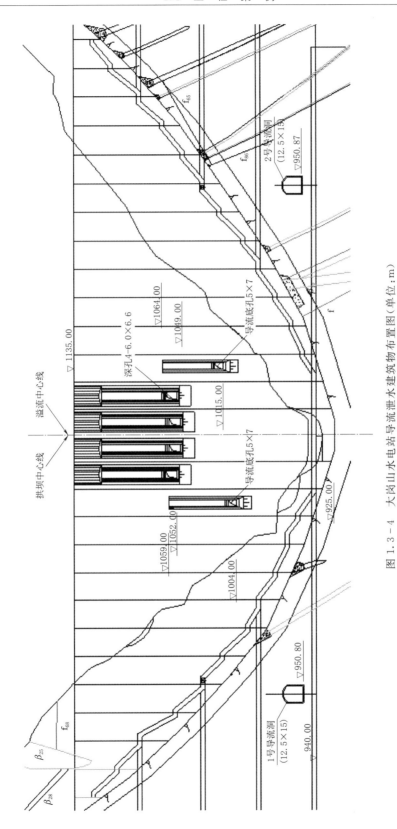

图 1.3-4 大岗山水电站导流泄水建筑物布置图 (单位: m)

表 1.3-7　　　　　　　　　　　　　大岗山水电站导流规划表

导流时段		导流标准		导流建筑物		上游水位 /m	坝体高程/m		备 注
		重现期 /年	流量 /(m³/s)	挡水 建筑物	泄水 建筑物		灌浆高程	浇筑高程	
截流	2008 年 1 月底	10 (旬平均)	410		导流洞	961.00			
初期 导流	2008 年 1 月至 2013 年 5 月底	30	6190	围堰	导流洞	998.84			
中期 导流	2013 年 6 月至 2014 年 10 月	100	7040	大坝	导流洞+ 导流底孔	1006.21	1045.00	1060.00	汛前灌浆和浇 筑高程
后期 导流	2014 年 11 月初	10 (旬平均)	1010	大坝	导流洞	961.96			导流洞下闸前 水位
	2014 年 11 月至 2015 年 4 月	200	1800	大坝	2 孔导流底孔	1024.76	1060.00	1114.00	
	2014 年 11 月至 2015 年 4 月	20	1780	大坝	2 孔导流底孔	1024.40			左、右导流洞 封堵，闸门挡水
	2015 年 5—8 月	200 (设计)	7510	大坝	深孔+泄洪洞	1124.96	1135.00	1135.00	调洪后
		500 (校核)	8120	大坝	深孔+泄洪洞	1126.77	1135.00	1135.00	调洪后
	2015 年 5 月中旬	10 (旬平均)	1210	大坝	2 孔导流底孔	1017.29	1135.00	1135.00	1 号 2 号导流 底孔下闸前水位
	2015 年 6—9 月	20	5890	大坝	泄洪洞+深孔	1123.00	1135.00	1135.00	导流底孔封 堵，蓄水

1.3.8　猴子岩水电站施工导流规划（混凝土面板堆石坝坝高 223.5m）

猴子岩水电站河道截流采用上戗堤从右向左单向立堵进占的截流方式。

施工导流分为三个阶段，即初期导流、中期导流和后期导流。初期导流采用一次拦断河床、上下游不过水土石围堰挡水、左岸初期 1 号和 2 号导流隧洞泄流、大坝基坑全年施工的导流方式。中期导流采用坝体临时断面挡水、左岸 1 号和 2 号导流隧洞泄流、大坝基坑全年施工的导流方式。后期导流采用坝体临时断面挡水、旁通洞短暂过流、泄洪放空洞和深孔泄洪洞单独或联合宣泄河道来水、大坝基坑全年施工的导流方式。

初期导流：从河床截流到坝体填筑超过围堰顶高程（2011 年 4 月至 2014 年 7 月底）。

该时段由左岸 1 号和 2 号导流隧洞联合敞泄河水至下游，进行上下游不过水土石围堰工程施工；在上、下游围堰保护下全年进行基坑开挖、趾板基础与灌浆平洞开挖、趾板混凝土浇筑、灌浆廊道混凝土浇筑、基础固结灌浆、帷幕灌浆、大坝填筑等施工。导流工程设计标准为重现期 50 年，相应的设计洪水流量为 5590m³/s。

中期导流：从坝体填筑超过围堰顶高程至 1 号和 2 号导流洞下闸断流之前（2014 年 8 月至 2016 年 10 月底）。

表 1.3-8 猴子岩水电站施工导流规划表

导流分期	导流时段	导流标准 重现期/年	导流标准 流量/(m³/s)	导流建筑物 泄水建筑物	导流建筑物 挡水建筑物	施工面貌
导流洞及旁通洞工程施工	2008年8月至2011年3月	10	4450	原河床	进出口闸堰	2011年3月底，导流洞分流过水
河道截流	2011年4月初	10（上旬平均）	740	1号、2号导流洞(2-13m×15m-1698.00m)	截流戗堤	—
初期导流 分流围堰施工	2011年4—5月	—	2500	1号、2号导流洞(2-13m×15m-1698.00m)	上、下游分流围堰	2011年5月底，上、下游分流围堰施工完成
初期导流 基坑过流度汛	2011年6—10月	5	3920	1号、2号导流洞(2-13m×15m-1698.00m)、上、下游分流围堰	—	—
初期导流 围堰挡水	2011年11月至2014年7月底	50	5590	1号、2号导流洞(2-13m×15m-1698.00m)	上、下游土石围堰	2014年7月，坝体填筑至1750.00m高程
中期导流 坝体挡水度汛	2014年8月至2016年10月底	200	6510	1号、2号导流洞(2-13m×15m-1698.00m)	坝体临时断面	2015年1月完成一期混凝土面板浇筑（顶高程1740.00m）；2015年12月，坝体填筑至1845.00m高程；2016年5月完成二期混凝土面板浇筑（顶高程1810.00m）；2016年9月，泄洪放空洞和深孔泄洪洞完建

续表

导流分期	导流时段	导流标准		导流建筑物		施工面貌
		重现期/年	流量/(m³/s)	泄水建筑物	挡水建筑物	
2号导流洞下闸断流	2016年11月上旬	10（旬平均）	740	1号导流洞 （1-13m×15m-1698.00m）	坝体临时断面 2号导流洞封堵闸门	库水位升至高程1762.00m时，旁通洞下闸断流
1号导流洞下闸断流	2016年11月至2017年4月底			旁通洞 （1-2.5m×3.2m-1700.00m）	坝体临时断面 1号、2号导流洞封堵闸门	
旁通洞下闸断流		20	985	泄洪放空洞 [1-φ(8~9)m-8m×10m-1757.00m]	坝体临时断面 1号、2号导流洞封堵闸门 旁通洞封堵闸门	
1号、2号导流洞封堵工程施工	2017年5月至2018年5月底	500（设计）/1000（校核）	7110（设计）/7550（校核）	泄洪放空洞 [1-φ(8~9)m-8m×10m-1757.00m] 深孔泄洪洞 （1-φ13m-12m×16m-1781.00m）	坝体临时断面 1号、2号导流洞封堵闸门 旁通洞封堵闸门	2016年12月完成三期混凝土面板浇筑到顶；2017年3月，溢洪洞完建
后期导流　坝体挡水度汛				泄洪放空洞 [1-φ(8~9)m-8m×10m-1757.00m] 深孔泄洪洞 （1-φ13m-12m×16m-1781.00m） 溢洪洞 [1-15m×(20~23.5)m-1802.00m]	坝体临时断面或完建坝体 1号导流洞封堵闸门	2016年11月，水库开始蓄水；2017年1月初，第一台机组发电；2018年4月，坝顶防浪墙完工，大坝工程完建；2018年5月，1号导流洞改建为非常泄洪洞段完工，永久泄水建筑物完建

2014 年 7 月底，坝体断面填筑至高程 1750.00m，超过围堰顶高程，坝体填筑施工不再需要围堰的保护。该时段由大坝临时断面挡水，左岸 1 号和 2 号导流隧洞敞泄河道来水、度汛，大坝全年填筑施工。2015 年 12 月底，坝体断面填筑至高程 1845.00m；分阶段依次完成顶高程 1740.00m 的一期混凝土面板和顶高程 1810.00m 的二期混凝土面板浇筑施工；完建泄洪放空洞和深孔泄洪洞，并具备设计泄流能力；分两阶段完成上游压重体、砾石土铺盖及粉煤灰铺盖填筑施工。坝体施工期临时挡水度汛洪水设计标准为重现期 200 年，相应流量为 6510m³/s。

　　后期导流：导流洞下闸封堵到枢纽建筑物完建（2016 年 11 月至 2018 年 5 月）。

　　2016 年 11 月至 2017 年 4 月，两条导流洞和旁通洞先后下闸封堵，封堵期导流标准为重现期 20 年，相应洪水流量 985m³/s，由泄洪放空洞和深孔泄洪洞宣泄。

　　该时段由坝体临时断面挡水，坝体挡水度汛设计洪水标准为重现期 500 年，相应的洪水流量为 7110m³/s，校核洪水标准为重现期 1000 年，相应的洪水流量为 7550m³/s，由泄洪放空洞、深孔泄洪洞和溢洪洞宣泄。

　　猴子岩水电站施工导流规划详见表 1.3-8。

第 2 章　高落差陡河床覆盖层河道
与导流明渠截流技术

在河道上修筑围堰，必须截断河道水流而迫使河水改道，从已建的导流泄水建筑物或预留通道宣泄至下游，称为截流。截流戗堤是围堰堰体的一部分，截流是修建围堰的先决条件，也是围堰施工的一道工序。如果截流不能按时完成，将制约围堰施工，直接影响围堰度汛的安全，并将延误主体建筑物的施工工期；如果截流失败，失去了枯水期的良好截流时机，可能将拖延工程施工期达一年；对通航河道，还可能造成断航的严重后果。因此，截流在水利水电工程中是重要的关键项目之一，也是影响整个工程施工进度的一个控制项目。

2.1　截流工程技术进展

2.1.1　截流方式

截流方式可归纳为戗堤法截流和无戗堤法截流两大类。戗堤法截流是向河床抛填石渣及块石料或混凝土块体修筑截流戗堤，将河床过水断面逐渐缩小至全部断流；无戗堤法截流包括定向爆破法截流、浮运格箱沉放法截流、水力冲填法截流等。

我国水利水电工程常用戗堤法截流。戗堤法截流又分为立堵截流和平堵截流两种方式。立堵截流是将截流材料从两岸或一岸向河床抛投进占，逐渐束窄直至河道全部断流。平堵截流需在河床中预先架设浮桥或栈桥，截流材料用汽车运至浮桥或栈桥上抛入水中，均匀地逐层抛填上升，直至抛出水面而使河道全部断流。立堵截流材料采用自卸汽车在戗堤头端部直接卸料抛入水中，或用自卸汽车将料卸在戗堤头端部，再用推土机推入水中。立堵截流不需要架设浮桥或栈桥，截流准备工作较简单，投资较省。但立堵截流随着戗堤进占，河床逐渐束窄，龙口流速较大，且因流速分布不均匀，需采用重量较大的块体；戗堤头端部场地狭窄制约了自卸汽车抛投强度，影响进占速度。平堵截流龙口流速较小，流速分布均匀，可使用单个重量较小的截流材料；平堵截流自卸汽车在浮桥或栈桥上全线抛投截流材料，可加大抛投强度和施工进度。但在通航河道上架设浮桥或栈桥对航运有影响，且增加工程量。

2.1.2　截流技术发展

我国在古代就已掌握了截流技术，如都江堰的杩槎截流法、黄河两岸的捆埽堵口法等，形成了历史悠久的传统截流工艺。然而，真正意义上的截流或筑坝还是从 20 世纪初才开始萌发并逐步形成工程技术理论并付诸工程实践的。

进入 20 世纪 90 年代以来，大江大河截流的理论与实践水平，进入了一个新的高峰时期，集中体现在中国长江三峡工程两次截流的光辉业绩中。这两次截流突破了 3 项世界截流的最高指标，即截流流量首次突破 $10000\text{m}^3/\text{s}$，龙口水深首次突破 60m，截流抛石强度首次突破 $194000\text{m}^3/\text{d}$。在三峡导流明渠截流中，首次解决了世界双戗堤截流中的三大难题，即：两个戗堤之间的合理间距；上下戗堤合理进占的配合；下戗堤壅水到上戗堤的时间计算与控制。这是三峡工程导流明渠双戗堤截流提供的宝贵经验与贡献。表 2.1-1 为国内外部分大型水利水电工程河道截流特征参数。

表 2.1-1　　　　　国内外部分大型水利水电工程河道截流特征参数

工程名称	河流名称	截流流量 /(m^3/s)	落差 /m	最大流速 /(m/s)	最大水深 /m	最大单宽流量 /$[\text{m}^3/(\text{m}\cdot\text{s})]$	截流方式
三门峡	黄河	2030	2.97	6.86	15.5	91	立堵
大化	红水河	1390	2.33	4.2	11.3	44	立堵
葛洲坝	长江	4800～4400	3.23	7	10.7	49	立堵
三峡大江截流	长江	11600～8480	0.66	4.22	60	78.11	立堵
三峡明渠截流	长江	10300～8600	上 1.73	6	24	99.5	双戗
			下 1.12				立堵
伊泰普	巴拉那河	8100	上 1.98	6.1	40		多戗
			下 1.76				立堵
小湾	澜沧江	1710	3.5	6.18	12	43.66	立堵
金安桥	金沙江	1320（试验）	1.9	6.4	8.4	54.2	立堵
龙滩	红水河	1570（试验）	1.39	3.3	15.9	28.4	立堵
向家坝	金沙江	4370（试验）	3.83	5.6	17	74	立堵
溪洛渡	金沙江	3560（实际）	4.5	9.5	20		立堵
桐子林明渠	雅砻江	519（实际）	7.4	7.43			立堵

21 世纪初至 2021 年乘着西部大开发的春风，中国水电建设进入一个大发展阶段。溪洛渡、瀑布沟、锦屏一级、官地、大岗山、猴子岩、长河坝、桐子林、两河口、双江口等一系列特大型、大型电站相继开工建设、完建，西部高山峡谷地区大江大河截流的理论与实践水平得到了进一步的发展。

西部高山峡谷地区具有河道狭窄、地形陡峭、河床基础覆盖层深、河床坡降大、截流交通布置及截流场地布置困难等特点，采取的截流方式大多是单向立堵截流。由于不具备航运和架设浮桥等条件，很少采用平堵截流方式。

近年来虽然机械装备发展速度很快，重型卡车得以在水电建设中广泛运用，对降低截流难度成效显著，但受西部山区特殊的地形地质条件限制，现场截流施工道路的等级往往难以满足大型的施工设备特别是重型卡车的通行条件，导致其在截流施工中应用受限。

特别是西部高山峡谷地区，截流流量通常不大，但由于河道坡降较陡、分流建筑物进口围堰拆除不干净导致分流比小、截流落差大、龙口流速大，截流难度较大。如大渡河长河坝水电站截流，截流河段河床坡降 0.6%，原设计在上游围堰的上下游分别布置上下游戗堤，进行双戗立堵截流，但在实施过程中，由于施工期河道堆渣束窄河道、导致截流河段河道坡降进一步加大，上下游水位差进一步加大，按原规划实施截流至上游戗堤龙口宽度 16m、下游戗堤龙口宽度 24.8m 时，下游龙口水流直冲、流速大而无法进占，被迫改用上游戗堤单戗堤截流。当上游戗堤进占至龙口宽度 10m 时，对应龙口流速 6.8m/s，戗堤上、下游水位落差 4.23m，上、下戗堤间水位落差 1.15m，继续抛投大量特大块石 4h 仅进占 1m。此后利用导流洞进口的用于增大导流洞分流比的挑流堤作为上游戗堤、原上游戗堤作为下游戗堤的双戗堤单向立堵截流方案，才成功合龙。

和河道截流相比，明渠截流的主要特点有：①河床坝段此时已达到挡水高程，甚至已经提前发电，截流设计流量变大，相应截流龙口水力学指标变大；②为了增大明渠流量系数，底板一般为混凝土板，糙率小，不利于抛投料的稳定；③在明渠截流时，往往二期上游围堰并未完全拆除，影响河床坝段分流建筑物的分流能力等。以上种种因素都表明，明渠的截流难度更甚于河道截流。

因为要在一个枯水期内将围堰施工到挡水高程，一般来说上游围堰一般会与截流戗堤相结合。考虑到与围堰防渗体系间的关系，截流戗堤在围堰内的位置宜尽可能与围堰背水侧堆石排水棱体相结合，从而有利于围堰的渗透稳定。但在某些实际问题中，采用以上的设计方法选择戗堤轴线会加大截流难度甚至根本就不能安全截流。比如说从分流建筑物到戗堤轴线河床比降较大，戗堤预进占壅水效果不明显，造成合龙难度大；导流建筑物分流状况不良；设计截流戗堤轴线龙口流态复杂，水力学指标高等等。此时就需要研究更好的戗堤轴线以减小截流难度。

当前衡量立堵截流难度主要从截流难度、截流规模以及截流安全度三方面加以考虑，龙口水力学指标可归纳为截流流量、最终落差和龙口水深、单宽功率、截流总功率等。相应地降低立堵截流难度的措施主要是针对以上水力要素，主要包括：枯水期施工、改善分流条件、平抛垫底、设置拦石坎（栅）、增大抛投强度等。针对明渠截流的实际情况，对截流过程中的各方面因素，选择合适的戗堤轴线，通过模型试验进行详细的研究才能确保明渠截流的万无一失。

西部山区水电站采用明渠导流一般都是在河床相对较开阔地带，但受地形影响，一般都是窄深式明渠，明渠单宽流量大、流速高，明渠底板一般都采用钢筋混凝土衬砌，明渠截流戗堤一般布置在明渠进口处。明渠截流戗堤离分流建筑物远，如果加上分流建筑物进口底板高程高，则更进一步加大了截流难度。桐子林水电站明渠截流的分流建筑物为已完建的泄洪闸，由于泄洪闸堰顶高程比明渠进口底板高程高 12m，导致明渠截流时龙口落差大、流速高、堤头稳定风险突出，采用在戗堤龙口布置拦石桩减小抛投料流失率，从而成功截流。

2.2　工程案例

2.2.1　溪洛渡水电站（单戗立堵截流）

金沙江溪洛渡水电站位于四川省雷波县与云南省永善县境内的金沙江干流上，是一座以发电为主，兼顾防洪、拦沙和改善下游航运条件等巨大综合效益的工程，电站装机容量 13860MW，是继三峡水利枢纽工程之后又一巨型水利枢纽工程。工程施工期采用一次断流围堰挡水、隧洞导流、主体工程全年施工的导流方式。电站于2007年11月上旬实施河道截流，截流标准采用10年一遇旬平均流量，相应设计流量5160m³/s。2007年10月下旬预进占，设计流量7600m³/s。截流期间由1～5号导流洞过流。

截流水力学计算成果见表2.2-1，截流参数曲线如图2.2-1所示。

表 2.2-1　　　　　　　　截流水力学计算成果表　($Q＝5160\text{m}^3/\text{s}$)

龙口宽度 /m	平均流速 /(m/s)	上游水位 /m	龙口流量 /(m³/s)	分流量 /(m³/s)	龙口落差 /m	单宽流量 /[m³/(s·m)]	单宽功率 /[t·m/(s·m)]
80	2.76	378.65	2517.9	2650.0	0.58	50.32	29.18
75	2.83	378.72	2410.4	2757.3	0.65	53.40	34.71
70	2.95	378.81	2283.9	2883.1	0.74	56.84	42.06
65	3.24	378.91	2054.9	3105.2	0.84	62.24	52.28
60	3.41	379.03	1795.34	3264.6	0.96	66.27	63.61
55	3.74	379.15	1657.3	3402.7	1.08	72.85	78.67
50	3.97	379.27	1529.3	3630.7	1.20	76.27	91.52
45	4.18	379.38	1285.9	3874.0	1.31	72.67	95.19
40	4.49	379.50	965.6	4104.4	1.43	68.84	98.44
35	4.61	379.61	746.4	4313.6	1.54	64.37	99.12
30	4.93	379.74	541.3	4527.5	1.67	60.73	101.41
25	4.70	379.85	394.3	4774.8	1.78	55.19	98.23
20	4.32	379.93	192.4	4976.9	1.85	50.77	93.92
15	3.67	379.97	131.2	5037.7	1.94	43.74	84.85
10	2.46	380.10	84.2	5084.8	2.03	35.61	72.28
5	1.72	380.14	53.7	5100.8	2.07	26.03	53.88
0	0	380.19	0	5150.0	2.12	0	0

在此工况下截流，龙口最大平均流速（戗堤轴线上）为4.93m/s，相应龙口宽为30m；龙口最大单宽流量为76.27m³/(s·m)，相应龙口宽为50m；龙口最大单宽功率为101.41t·m/(s·m)，相应龙口宽为30m；截流最终总落差为2.12m。

溪洛渡工程河道截流虽然龙口水力学指标不算太高，但具有流量大、截流规模大、抛投强度高、截流施工道路布置困难等特点，截流采用单戗立堵截流方式一次性截断河流，其截流综合技术难度居世界前列。主要关键技术难题如下：

（1）工程处于高山峡谷地区，截流施工道路受导流洞进口建筑物布置的影响，无法形成环形交通通道，交通流量受到了较大制约，难以满足龙口高强度抛投的要求。

（2）导流洞进、出口施工围堰在汛期爆破拆除，爆破堆渣难以清除，严重制约分流，增加了截流难度。

（3）导流洞进、出口围堰爆破堆渣高度及形态对截流龙口水力学指标的影响大。

（4）如何提高抛投物料的稳定性及抛投强度。

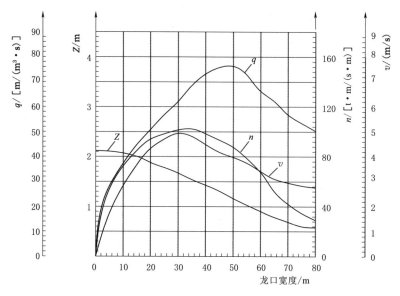

图 2.2 - 1　流量 5160m³/s 时截流参数曲线

针对上述关键技术难题，开展了一系列的研究工作，主要内容包括：截流标准和时段研究、截流方案比选研究、截流水力学计算研究、截流模型试验研究、导流洞冲渣专题研究、截流抛投材料类型与最大粒径分析研究、龙口护底研究、预进占施工研究、河床泄流能力研究、截流备料规划研究、截流交通规划研究、截流施工强度研究与分析、截流主要施工机械设备配置研究、水力学原型观测分析、截流预案研究、截流施工关键技术研究和截流施工组织设计研究等。这些研究成果最终成功应用于实际截流施工，保障了溪洛渡工程截流高效、有序、安全地实施。

溪洛渡截流设计流量为 5160m³/s，实际截流最大流量为 3560m³/s，实测龙口最大水深 20m，实测龙口最大流速 9.50m/s，高落差（最大落差 4.5m）、龙口最大单宽功率 209.80t·m/(s·m)，最大抛投强度为 2300m³/h。其截流施工技术难度是世界级的，特别是在大流量（流量 3000m³/s 以上）的狭窄河床截流中，其最大流速、落差和单宽功率等水力学指标均为世界第一，截流水深、覆盖层厚度和抛投强度等指标也位居前列，综合施工技术难度极大。且已建工程在如此高水力学指标下截流，一般为实现高落差截流，多采用双戗或多戗截流方式。而像此工程采用单戗双向进占、立堵截流方式一次性截断河流，属国内外同类工程所罕见。

2.2.2　长河坝水电站（双戗立堵截流）

长河坝水电站位于四川省甘孜藏族自治州康定市境内，为大渡河干流水电梯级开发的第 10 级电站。枢纽主要建筑物由砾石土心墙堆石坝、引水发电系统、2 条开敞式泄洪洞、1 条深孔泄洪洞和 1 条放空洞等建筑物组成。电站最大坝高 240m，总库容为 10.75 亿 m³，电站装 4 台 650MW 混流式水力发电机组、总容量 2600MW。工程施工采用断流围堰、隧洞泄流、大坝基坑全年施工的导流方式。右岸布置 2 条初期导流洞，进出口高程均相同，初期导流期间 2 条导流洞共同参与施工导截流任务。

2.2.2.1 截流方案的确定

根据施工进度安排，截流时间为 2010 年 11 月上旬，设计流量为 838m³/s。通过单戗（上游围堰轴线上游）和双戗（上游围堰上、下游）布置截流水力学计算成果显示，单戗截流龙口平均最大流速约 7.5m/s，最大落差为 11.7m，最大单宽功率约 210t·m/(s·m)，截流难度非常大；双戗截流龙口平均最大流速约 5.6m/s，最大落差为 5.9m，最大单宽功率约 103t·m/(s·m)，截流难度较单戗方案相对容易。分析导流工程施工地形地质条件、水文条件、截流水力计算成果，选择双戗堤截流布置方案。上下游戗堤均布置在上游围堰堰体内，上游戗堤距围堰轴线 68.3m，下游戗堤距围堰轴线 56.7m，两戗堤轴线距离 125m。考虑截流龙口抛投强度、抛投料运输条件，上游戗堤顶宽取 25.0m，下游戗堤顶宽取 20.0m。

双戗截流模型试验阶段龙口水力学计算成果见图 2.2-2 和表 2.2-2。

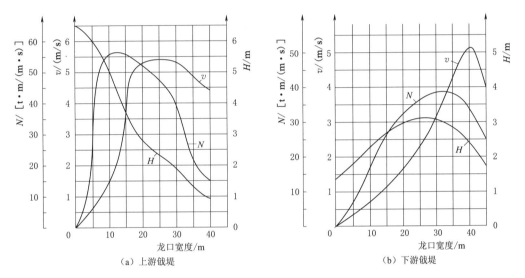

（a）上游戗堤　　　　　　　　　　　　（b）下游戗堤

图 2.2-2　双戗截流参数曲线

表 2.2-2　　　　　　　　　模型试验阶段龙口水力学计算成果表　($Q=838m³/s$)

戗堤	龙口宽度/m	最大流速/(m/s)	平均流速/(m/s)	平均落差/m	单宽流量/[m³/(s·m)]	单宽功率/[t·m/(s·m)]	龙口泄流量/(m³/s)	导流洞分流量/(m³/s)
上游	40	5.42	4.42	0.92	16.69	15.27	508.91	334.09
	30	7.07	5.32	1.89	20.72	39.17	373	470
	20	7.76	5.28	2.4	21.74	52.18	271.79	571.21
	15	6.82	3.42	3.58	15.55	55.67	139.79	703.03
	0	0	0	6.50	0	0	37.12	805.88
下游	45	6.44	3.88	1.71	13.96	23.87		
	40	6.61	5.13	2.38	14.18	33.81		
	35	6.96	4.26	2.83	13.44	38.1		
	25	6.21	2.27	3.09	11.71	36.2		
	0	0	0	1.36	0	0		

枢纽区河床狭窄，两岸岸坡陡峻，河床坡降较大，水流湍急，施工场地狭窄，右岸有原 S211 公路通过。上戗堤左岸岸壁陡峭，水流流速较大，在左岸修筑进占道路难度极大，不具备进占条件。下戗堤左岸为 2 号支洞口平台，作为左岸唯一的截流应急备料场，也不具备进占条件。上下游戗堤都从右岸单向进占，龙口布置在左岸。

2.2.2.2　截流实施

（1）预进占。在上游 1 号导流洞进口填筑一石渣挑流丁坝，以增加导流洞分流效果。上游戗堤从右岸预进占，靠左岸预留龙口宽度 40m；下游戗堤在左岸进占 15 形成裹头，从右岸预进占，预留龙口宽度 45m。

（2）龙口段进占。上、下游戗堤龙口段进占从 2010 年 10 月 20 日 8 时正式开始，至 10 月 21 日 8 时，上戗堤龙口宽度 16m，龙口流速 5.9m/s，戗堤上下游水位差 2.57m；下戗堤龙口宽度 27.6m，戗堤上下游水位差 0.22m；上下戗堤间水位落差 1.12m。

随后下戗堤采取中下部大石铺底，中上部中石、小石料跟进的方式进占。至 10 月 21 日 11 时，下戗堤龙口宽度约 24.8m，戗堤上、下游水位落差 0.21m。此后，因上戗堤流速湍急，水流直冲下戗堤龙口，历时 3h 下戗堤无法进占。此时，原设计的双戗截流已无法实施，实际为上戗堤单戗单向立堵截流。

上戗堤采取特长大块石串先行，中石、小石料跟进的方式进占，至 21 日 18 时，上戗堤龙口宽度约 10m，对应龙口流速 6.8m/s，戗堤上、下游水位落差 4.23m，上、下戗堤间水位落差 1.15m。此后继续抛投大量特大块石串，至 21 日 22 时历时 4h 仅进占 1m。

（3）进占方案调整。因上戗堤历时近 4h 仅进占 1m，上戗堤单戗单向立堵截流方案无法实施。根据现场地形，上游戗堤上游侧左岸山体内凹，可有效缓冲上游来水流速并起到壅水分担落差的作用，故紧急调整截流方案，以上游丁坝为上戗堤、原上戗堤为下戗堤进行双戗互动立堵进占。

上游丁坝因落差、流速相对较小，上挑角以大石料为主，用中、小石渣料及时跟进，历时 9h，至 22 日 7 时成功合龙；下戗堤（原设计上戗堤）因流速高、落差大，在上游丁坝进占到一定程度、有效增加导流洞分流比后，上挑角仍采用大块石串缓慢推进，用大石、中石跟进，待上游丁坝基本合龙后，下戗堤随后合龙。

长河坝工程截流属峡谷河床地带高流速、大落差双戗截流。该工程截流的成功，对保证长河坝电站总体工期发挥了至关重要的作用。围堰实施时在防渗墙造孔过程中遇到的地质条件与原设计基本符合，表明在前期截流过程中无大块石冲刷至围堰防渗墙轴线。长河坝水电站成功截流的施工经验可供类似条件工程参考。

2.2.3　桐子林水电站（明渠单戗立堵截流）

桐子林水电站位于四川省攀枝花市盐边县境内的雅砻江干流上，是雅砻江干流下游最末一级梯级电站，其上游梯级有锦屏一级、锦屏二级、官地水电站和二滩水电站。桐子林水电站由河床式发电厂房、泄洪闸及挡水坝等建筑组成，电站总装机为 600MW。电站以发电任务为主，水库正常蓄水位 1015.00m，总库容为 0.912 亿 m³，水库具有日调节性能。工程采用明渠导截流、主体工程分三期施工的导截流方案。

桐子林水电站三期明渠截流时由河床 4 孔泄洪闸过流。工程在 2014 年 11 月上旬预进占,11 月中旬截流。鉴于位于工程上游的二滩电站已于 1998 年下闸蓄水,在非汛期二滩电站正值配水发电期,此时电站下泄流量不受雅砻江干流天然来水影响,完全由电站运行工况决定。且考虑到 2004 年后,安宁河上的三棵树、湾滩等电站先后投产发电。故根据桐子林电站枯期来流条件,拟定了 5 种不同量级(274m³/s、645m³/s、1016m³/s、1387m³/s、1758m³/s)的截流合龙流量进行研究,最终综合考虑各方面因素,龙口合龙流量选择为 645m³/s。

截流水力学计算成果见表 2.2-3,截流水力学参数曲线如图 2.2-3 所示。

表 2.2-3　　三期截流龙口段水力计算成果表 ($Q=645m^3/s$,戗堤高程 998.00m)

龙口顶宽 /m	上游水位 /m	泄洪闸分流量 /(m³/s)	冲砂底孔分流量 /(m³/s)	龙口泄流量 /(m³/s)	龙口落差 /m	龙口平均流速 /(m/s)	龙口单宽流量 /[m³/(s·m)]	龙口单宽功率 /[t·m/(m·s)]
50	989.42	0.000	87.675	557.325	0.421	2.316	16.213	6.825
45	989.58	0.000	91.438	553.562	0.584	2.692	18.845	11.007
40	989.82	0.000	96.513	548.487	0.815	3.215	22.502	18.340
35	990.25	0.000	105.496	539.504	1.254	3.978	27.845	34.927
30	991.14	0.000	121.559	523.441	2.137	5.202	36.413	77.825
25	993.18	0.000	152.373	492.626	4.181	6.983	51.342	214.649
20	994.97	91.990	174.944	378.065	5.969	6.801	64.142	382.880
15	995.96	263.598	186.223	195.178	6.955	5.959	43.138	300.045
10	996.52	384.975	192.352	67.674	7.517	4.821	22.848	171.755
5	996.76	442.149	194.948	7.903	7.761	3.138	6.299	48.884
0	996.79	449.719	195.281	0.000	7.792	0.000	0.000	0.000

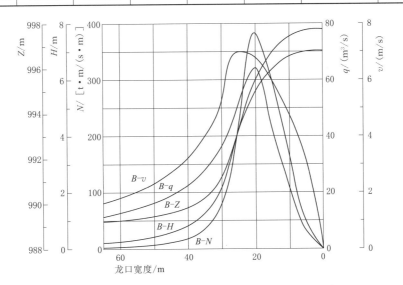

图 2.2-3　三期截流龙口段水力特性曲线($Q=645m^3/s$,戗堤高程 998.00m)

经过反复试验研究,根据导流明渠进口的实际地形条件,以降低截流水力学指标为目标,将轴线布置在导流明渠进口上游,以利于戗堤轴线与二期残留的上游围堰相结合,最终合龙龙口则设置于明渠右侧河道内侧。充分利用明渠右侧边墙和上游围堰间的空当，将龙口位置设置在导截流明渠进口下游侧，在残留的二期上游围堰处用大石料作裹头，利用导流明渠的右边墙充当挡水丁坝，壅高龙口下游水位，使水流逆向流入导流明渠，增长龙口水流的流线长度（流程），从而增加了水流的沿程损失，降低了龙口范围的截流水力学指标。同时在龙口处提前实施拦石桩，以降低抛投物料流失率，拦石桩实施效果良好。

根据桐子林三期截流戗堤布置及水力学特性，考虑在龙口段设置拦石栅。拦石栅采用钢筋混凝土桩的结构型式，布置在龙口段戗堤轴线下游侧（见图 2.2 - 4～图 2.2 - 7），共设置两排，钢筋混凝土桩间排距 3.0m，呈梅花形布置，桩顶高程 993.00m，底高程约 967.00m，桩长约 26.0m，入岩 3.0m。为提高钢筋混凝土桩的整体性，对桩顶采用钢索进行两两互连，并锚固在左导墙上。

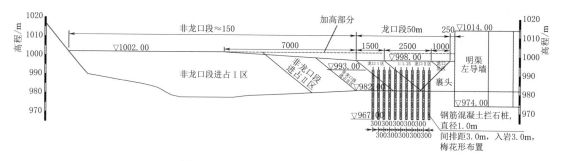

图 2.2 - 4　设置拦石栅龙口分区示意图

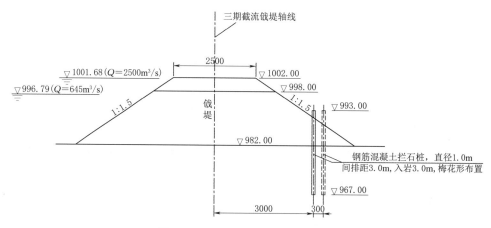

图 2.2 - 5　设置拦石栅戗堤断面图

预进占段施工于 2014 年 10 月 28 日开始，于 2014 年 11 月 7 日中午 12 时到达龙口位置，期间由于预进占施工导致水位上涨，为保证二期下游围堰拆除施工安全，监理下指令暂停预进占施工，其截流抛投平均强度达 1200m³/h，最大抛投强度达 1316.44m³/h。

龙口段施工于 2014 年 11 月 7 日 12 时正式开始，于 2014 年 11 月 8 日 20 时成功截流，历时 32h，其截流抛投平均强度达 1500m³/h，最大抛投强度达 1853.26m³/h。截流戗堤龙口段采用全断面推进和凸出上游挑角两种进占方式，堤头抛投采用直接抛投、集中推运抛投和卸料冲砸抛投 3 种方法。

图 2.2-6 龙口拦石桩

图 2.2-7 戗堤合龙后

桐子林水电站截流设计合龙流量为 645m³/s，实际截流最大流量为 519m³/s，实测龙口最大流速 7.43m/s，最大落差 7.4m。

2.2.4 西藏某水电站（明渠单戗立堵截流）

西藏某水电站装机容量 510MW。大坝为混凝土重力坝，正常蓄水位 3310.00m，坝顶高程 3314.00m，最大坝高 110.00m，采用坝后式地面厂房。整个工程分三期施工。一期修建左岸导流明渠；二期修建大坝和厂房；三期明渠坝段完建。根据施工进度安排，三期明渠坝段完建基坑截流的时间安排在 2013 年 11 月上旬，截流标准采用 10 年一遇月平均流量，相应截流流量为 798m³/s。期间，河水由设置在大坝里的 2 孔永久冲砂底孔和 4 孔导流底孔过流。导流明渠进口底板高程 3248.00m，渠身底板采用钢筋混凝土；导流底孔断面尺寸（宽×高）为 7m×11.5m，进口底板高程 3246.00m。

二期上游围堰顶高程 3280.00m，围堰顶高程在死水位以下，为减小明渠截流难度，结合明渠截流水力学模型试验进行了明渠拆除范围的研究，明渠截流前部分拆除，在上游围堰主河床部位部分开挖底宽 50m、进口高程 3248.00m、出口高程 3246.00m 的分流渠。

明渠戗堤轴线一般选择布置在明渠内部较窄的部位或尾部适当部位。导流明渠进口处水面宽度相对较窄，截流抛投量相对较小；左岸地势平缓，有备料和进占条件，明渠右岸为混凝土墙，没有布置裹头和进占的条件，故综合考虑该水电站截流的交通、备料及围堰后期施工等条件，原设计戗堤布置在明渠进口处，戗堤轴线为一直线（图 2.2-8），截流方案为从左向右的单向单戗立堵进占。但截流模型试验成果显示，原截流设计方案截流难度较大，当龙口宽度为 15m 左右时，为截流最困难时段，龙口最大流速近 10m/s，最大流失量超过 60%，戗堤垮塌非常严重，故三期截流模型试验对截流戗堤轴线进行了优化，最终推荐的截流戗堤轴线为一折线，位于导流明渠进口上游，充分利用导流明渠右边墙的壅水作用，将龙口设置在导流明渠右边墙河道内侧，为侧向过流方式，从而降低了截流难度。

戗堤顶宽按 2 辆 25t 汽车同时抛投考虑，确定顶宽为 15m，戗堤顶高程 3254.00m，最大戗堤高度 6m。戗堤按梯形断面设计，上下游坡比均为 1∶1.5，堤头坡比为 1∶1.4，戗堤上游侧设碎石土闭气料。

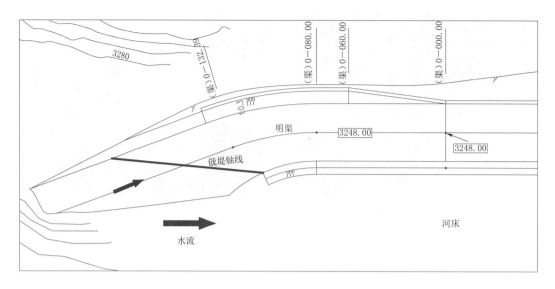

图 2.2-8　原设计戗堤轴线

戗堤平面布置如图 2.2-9 所示。

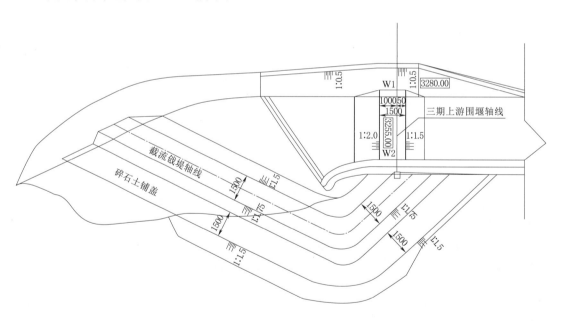

图 2.2-9　推荐截流戗堤平面图（单位：mm）

三期截流时，龙口最大平均流速约为 3.05m/s，龙口最大落差 3.75m，龙口最大单宽流量 13.19m³/(s·m)，龙口最大单宽功率 29.92t·m/(s·m)，截流戗堤抛投总量 3.39 万 m³。

截流水力学计算成果见表 2.2-4，截流水力学指标曲线如图 2.2-10 所示。

该水电站截流设计流量为 798m³/s，实际截流最大流量为 708m³/s，实测龙口最大流速 7.0m/s，最大落差 4.5m。

表 2.2-4　　　　　　　　三期截流水力特性指标表 ($Q=798\text{m}^3/\text{s}$)

龙口宽度 /m	最大流速 /(m/s)	平均流速 /(m/s)	平均落差 /m	单宽流量 /[m³/(s·m)]	单宽功率 /[t·m/(s·m)]	上游水位 /m	下游水位 /m
60	3.21	1.47	0.10	5.13	0.51	3251.95	3251.85
40	3.19	1.91	0.50	7.34	3.67	3252.50	3252.00
30	3.25	2.12	0.75	9.30	6.97	3252.70	3251.95
20	4.30	2.23	1.50	10.81	14.67	3252.83	3251.33
12	4.53	3.05	2.85	9.53	29.92	3253.23	3250.38
0	0.00	0.00	3.75	0.00	0.00	3253.33	3249.58

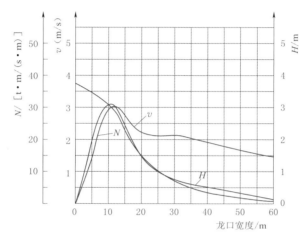

图 2.2-10　截流水力学指标曲线 ($Q=798\text{m}^3/\text{s}$)

第3章 特高坝施工期水流控制全过程风险分析与控制技术

3.1 施工导流标准风险分析发展历程

西南山区河流水能资源丰富，高山峡谷区建设的高坝、超高坝、特高坝工程规模大，施工期水流控制的流量大、程序复杂、费用高，施工导流设计对工程建设影响大，科学地选择施工导流标准是一个首要解决的难题。

施工导流是水电工程施工过程中对江河水流进行控制的简称，是为创造干地施工条件而将水流通过适当方式导向下游的工程措施，包括截流、导流、拦洪度汛、下闸蓄水、封堵等。导流建筑物级别及设计洪水标准（简称施工导流标准），影响导流建筑物规模、施工期安全、工期和工程投资。施工导流标准包括枢纽工程建设初期的导流设计标准和枢纽工程建设过程中的导流设计标准，应涵盖枢纽工程建设的全过程，诸如河道截流、导流建筑物洪水设计标准、坝体施工期临时挡水度汛、导流泄水建筑物下闸和封堵、初期蓄水，都需要选择相应的导流设计标准。

确定洪水设计标准的方法有：理论频率分析法、实测流量统计分析法和风险分析法。风险分析法主要有最大单位风险度效益率法和最小期望损失决策法等，风险度理论在实践中尚未完全成熟；实测流量统计分析法受有记录的水文实测资料系列长短和连续影响应用受限；国内水电工程建筑物设计洪水标准主要采用理论频率分析法。

根据国家现行工程标准体系实行以等级划分为主体的方法，建筑物级别和防洪标准根据反映工程防洪安全和结构安全的要求，按工程等别或等级确定。其中建筑物级别在唯一值中选定，水电工程永久建筑物级别根据其所属的工程等别、作用和重要性确定，临时导流建筑物级别根据保护对象、失事后果、使用年限和围堰工程规模确定，水电工程设计防洪标准一般在范围值内选定，导流建筑物洪水设计标准根据建筑物类型和级别在设计标准范围值内选定。

西南山区河流流域主要受高空西风环流和西南季风影响，干湿季节分明，旱季降雨小、日照多、湿度小、日温差大，雨季降雨集中、日照少、湿度大、日温差小，降雨量可占全年雨量的90%～95%。河流径流主要来源由降雨形成，径流年内变化与降雨变化基本一致。洪水主要由暴雨形成，洪枯流量比值较大。受河流集雨面积小、汇流时间短的影响，具有汛期水位陡涨陡落、洪量大特点，设计防洪标准的数值量大且范围值的变化幅度大，选定设计标准上限值还是下限值将严重影响导流建筑物规模、枢纽工程施工安全、施工工期及工程投资，简单地在设计规范范围值中选择一个数值的方式，严重不适应西南山区大型以上的水电工程建设的需要，传统的导流标准选择方式需要得到突破。对特定工程的枢纽布置、导流方式、施工设备、施工条件一定的条件下，导流设计标准的变化影响到导流工程投资、工期、超标洪水风险损失的变化，完善和发展风险分析技术，引入风险分析技术决策导流设计标准，权衡工程投资、工期和风险，力求经济合理的方式则是一个较好的途径。

二滩水电站是我国 200m 以上超高坝建设起步的标志性工程。为追求经济合理的目标，定量探讨"标准、费用、风险"之间的关系，二滩水电站首次尝试和使用了风险分析和风险决策方法，即用方案损失期望值和风险度作为决策的基本依据和条件，对导流方案的经济指标这一个目标排序决策，进行初期导流标准风险论证。初期导流工程的主要风险为遭遇超标设计洪水时围堰将溃堰或过水贻误工期造成更大的损失，据此进行方案的风险分析。导流任务完成、导流建筑物全部或部分报废，建造导流建筑物的费用和导流建筑物使用年限内的运行维护费用以及遭遇超标设计洪水预估所有损失费用之和为方案损失期望值。在导流建筑物使用年限内，逐年计算至少发生一次超标洪水的概率，即失事风险率，再结合损失概率树按照折现值法计算各方案损失期望值，以导流建筑物费用和发生超标洪水时预期损失费用之和的总费用为风险决策目标，选择方案总费用最小的方案为最优方案，该方案风险度最小，对应的初期施工导流标准为风险决策成果。

此阶段的初期导流标准风险分析，没有考虑导流工程施工工期这个重要目标，仅将风险率目标转化为风险损失费用引入导流工程总费用中，没有将风险率目标单独列出与其他目标共同决策，以体现其在决策中地位和作用，没有反映"标准、费用、风险"之间的关系。

溪洛渡水电站是一个坝高 285.5m 超高坝的巨型水电工程，工程投资极大、施工工期长、施工期不可预见的风险因素多，为避免导流标准选择的不适当给工程投资带来浪费和让工程建设承担不必要的风险，初步尝试引入施工全过程风险控制的理念制定施工过程中所涉及的相关导流标准，尝试运用多目标风险分析决策理论选择初期导流设计洪水标准，应用风险率的概念和方法去研究中后期导流期间坝体临时断面挡水度汛期的施工导流设计标准及河道截流分流方案选择等问题。

应用 Monte - Carlo 统计分析模型模拟洪水水位，以超过围堰（戗堤）顶高程时将产生初期施工导流风险，以超过坝体临时断面设计挡水水位时将产生中后期施工导流风险，统计分析超标洪水发生的风险概率，分析运行年限内遭遇超标洪水的动态综合风险率，进行决策分析选定较优的初期导流设计标准，复核中后期导流坝体临时断面挡水度汛洪水设计标准的风险率，提出风险决策建议。

以截流实际最大落差或流速超过设计最大落差或流速时将发生河道截流施工风险，建立河道截流风险率模型，计算分析截流时段内旬平均流量的实测流量资料系列及相应的截流最大落差或流速系列值，统计分析超过设计最大落差或流速时的风险概率，用分布拟合方法确定河道截流最大落差或流速的概率密度函数，建立以落差、流速为横轴，以平均频数为纵轴的统计直方图，对选定截流时段内不同分流方案进行风险决策。

锦屏一级水电站是我国建设的第一座坝高超 300m 的特高坝，也是目前世界上第一高拱坝，工程地质条件复杂、技术难度高，工程建设条件十分简陋艰苦，对施工导流规划设计和导流标准科学选择提出更高要求。风险分析技术全面引入施工导流设计标准决策之中，进一步完善了风险分析决策理论，丰富和发展了风险分析技术在施工导流标准决策中的运用，形成了设计规范取值与工程类比相结合的传统模式与风险分析相结合的综合方式，以施工全过程风险可控为核心，动态设计为准则，使施工期的工程安全以及工程建设期的公共安全、社会安全和环境安全均处于可接受风险之内。

在导流标准选择时，除对拟定的导流标准备选方案（导流标准与之相应的导流洞洞径组合）进行多目标风险分析决策外，还首次把多目标风险分析决策方法用在初期导流标准与相应的导流方案选择上。在一个枯水期内围堰施工可达到的最高高度前提下，对设计规范范围内的三个导流标准与不同导流洞洞径组合进行多目标风险决策，进行导流标准与导流泄水建筑物规模组合方案优选，进一步完善了初期导流标准多目标风险决策理论及应用，使得导流标准与导流方案的选择更科学。

中后期导流期间，坝体临时断面挡水度汛设计标准风险模型，以 Monte - Carlo 随机数抽样统计分析模型，模拟洪水水位超过坝体临时挡水断面最低高程或坝体最低灌浆顶高程时将产生施工导流风险，统计分析超标洪水发生的风险概率，计算动态综合风险率进行决策分析，复核分析中后期导流时已初步拟定各时段导流标准的风险率，若超过设计频率或可接受的范围内时进行风险预警提示，在建设过程中及时进行工程干涉并消除，以实现施工过程风险控制。

河道截流风险分析是判断截流设计流量标准的风险率是否在可接受的范围内，以龙口最大平均流速建立风险率模型，以 Monte - Carlo 法对截流时段来流量随机数抽样，建立龙口最大平均流速系列，统计分析截流时段内不同标准下单戗或双戗截流方式的风险率，并分析采用双戗截流方式时单戗截流龙口最大流速在双戗截流风险计算中的影响（双戗截流时上下戗堤最大平均流速为对应工况下单戗截流龙口最大平均流速进行风险计算），进行风险分析判断，决策选定河道截流时段、方式和设计流量标准。

后续的西南山区水电工程建设中，全面运用了风险分析技术决策导流标准，使之更科学。双江口、大岗山、长河坝水电站的初期导流标准选择时，运用了决策树计算方案损失期望值的决策方法，两河口、叶巴滩水电站初期导流标准选择时，运用了 Monte - Carlo 法计算风险率的决策方法，牙根一级、牙根二级水电站初期导流设计标准研究时，与上游两河口水电站建立了尝试对梯级建设环境下的施工期风险类型（自然、人为和工程风险）、风险组合、灾害链效进行科学识别，建立了梯级建设环境下水电工程施工导流风险的测度模型，进一步丰富了施工导流风险分析理论。

用 Monte - Carlo 法模拟施工洪水过程和导流泄水建筑物泄流能力，进行研究河道、导流泄水建筑物的水文、水力等不确定性因素影响的施工导流标准风险分析方法，经过在溪洛渡、锦屏一级水电站工程中的运用得到完善，已作为资料性附录收编在《水电工程施工组织设计规范》（NB/T 10491—2021）之中，并形成以初期导流设计标准多目标风险分析技术为特色的特高坝施工期水流控制全过程风险分析技术。

初期导流多目标风险分析时，确定型投资和不确定型投资费用计算工作量大，超标准洪水时失事损失预估影响因素多、难度大，不同标准和方案的工程失事损失的大小、破坏程度和范围不尽一致，其费用损失也难以准确计量。目标决策权重的选择与决策者的偏好密切相关，直接影响风险决策成果准确性。引入更多的决策目标，科学确定的风险损失费用，脱离决策者的偏好客观确定目标决策权重，是施工期风险控制和风险分析继续探究、发展、完善的方向。

3.2 特高坝施工期水流控制全过程风险分析

西南山区建设的特高坝，工程规模巨大、施工条件恶劣，建设需求的施工期水流控制流量大、环节多、时间长、费用高，且遭遇超标设计洪水风险概率较大、一旦失事的损失大、影响范围广。施工期水流控制核心是确保施工期度汛安全，将风险分析技术全面引入施工期水流控制全过程，通过风险判断、分析与决策，构建设计规范取值、工程类比与风险分析相结合的综合方式，确定施工过程中河道截流、初期导流、坝体临时断面挡水度汛、下闸封堵、蓄水过程中的设计标准，选定施工期水流控制不同阶段的施工期泄水建筑物规模，使之技术可行、经济合理，且施工期的工程安全以及工程建设期的公共安全、社会安全和环境安全均处于可接受风险之内，以更好地满足工程建设需要。

在施工期各阶段泄水建筑物规模一定下，通过组合调度运用，判断风险可接受范围内。用 Monte-Carlo 法模拟施工期水流控制期间的洪水的随机性和泄流能力随机性，根据不同施工阶段的特点筛选致险指标，建立挡水风险分析计算模型，进行风险率分析与决策。

初期导流期间，以上游最高挡水位超过上游围堰顶高程作为初期导流系统的致险指标，建立风险计算模型，以备选方案的确定性费用、不确定性费用、围堰施工强度作为多目标风险分析决策评价指标，根据目标权重按最小二乘法优选准则进行决策计算，以正隶属度极大原则择优初期导流洪水设计标准与导流方案。

河道截流期间，以龙口实际最大流速或落差超过设计最大流速或落差作为河道截流系统的致险指标，建立风险计算模型；坝体临时断面挡水度汛与蓄水期间，以需求的上游最高挡水位超过坝体临时挡水断面最低高程或坝体接缝灌浆最低顶高程为中后期导流系统的致险指标，建立风险计算模型；导流建筑物下闸期间，以需求的上游最高挡水位超过封堵闸门设计下闸水位为导流建筑物下闸系统的致险指标，建立风险计算模型；导流建筑物封堵期间，以需求的上游最高挡水位超过封堵闸门设计挡水水位为封堵系统的致险指标，建立风险计算模型。按各阶段实际具有的动态风险率是否超过各自可接受的风险率，进行风险决策判断，否则及时实施包括风险回避、风险降低、风险自留和风险转移等多种方法的风险处置计划，调整施工期时段、泄水建筑物规模与运行方式、施工进度计划安全等，实施施工期水流控制全过程风险可控。

3.3 施工期水流控制标准风险分析决策方法

3.3.1 单目标风险分析损失期望值决策法

单目标风险分析损失期望值决策法是以经济因素（备选方案的导流工程预期总费用 E）为决策目标，其原则是选取在风险发生后对工程造成的期望损失费用 D 与导流工程投资费用 C 之和最小的方案为最优方案。因仅对经济这一个目标进行排序决策，故称为单目标分析，它包括风险率计算、风险损失费用和总费用计算。采用决策树法按路径进行计算损失期望值，寻找"标准、风险、费用"三者之间的定量关系，有效分析判断选定标准的合理性、安全性、经济性。

（1）风险模型。风险期假定为施工期水流控制工程中围堰保护基坑施工的使用年数。

围堰在使用期中遭遇超标准洪水时即发生风险，假定出现超标准洪水时即发生溃堰，出现各项溃堰损失，超标准洪水出现的可能性（概率 R）就是洪水重现期 T 的倒数，围堰使用期第 n 年中至少发生一次超标准洪水的概率，即失事风险率 R 为

$$R(n)=1-(1-P)^n=1-\left(\frac{1}{T}\right)^n \tag{3.3-1}$$

式中：$R(n)$ 为 n 年内遭遇超标洪水的概率；P 为设计洪水概率；T 为设计洪水的重现期；n 为围堰的使用年限。

（2）方案损失期望值估算。方案损失期望值由确定性投资费用和不确定性投资费用两种组成。

确定性投资费用：包括导流工程挡水、泄水建筑物费用及基坑的抽排水费用等。

不确定性损失费用：为简化计算，施工期发生超标洪水后，假定河道具有一定的防洪能力和预防措施，风险分析时不计其对下游淹没损失，只计围堰保护的基坑损失。围堰运行期内的每一次具体溃堰损失费用，需根据各年的动态风险率，利用损失概率树按照折现值法进行计算。

（3）风险决策分析。对目标方案进行风险决策时，采用风险概率树的方法确定风险损失费用，加上导流建筑物费用构成导流工程总费用，再选择其总费用最小的施工期水流控制标准作为最优方案。

导流方案的总费用 E 采用下式计算：

$$E=E_d+\sum_{i=1}^{n}P_iE_{li} \tag{3.3-2}$$

式中：E_d 为导流建筑物费用，即确定型费用；$\sum_{i=1}^{n}P_iE_{li}$ 为发生超标准洪水时的损失费用；n 为路径总数；P_i 为第 i 条路径概率；E_{li} 为第 i 条路径预估损失。

3.3.2　基于 Monte‐Carlo 法的施工期水流全过程控制动态风险计算方法

施工期水流控制中的不确定性因素多，在水电工程施工过程中运用风险率的概念和方法进行施工期水流控制标准理论研究，是一个基本上能统一的观点。在研究过程中，出现了：基于古典概率论方法导出的 N 年内遭遇超标洪水的风险概率模型，采用二项分布的风险率计算模型，采用结构可靠性失效概率公式导出的风险率计算模型，引入 Poisson 过程的风险率计算模型，以随机点过程理论为依据的风险率计算模型，以 I_{to} 随机微分方程理论为基础的风险率模型，等等。这些模型有的只考虑了水文不确定性，未考虑施工期泄流能力的不确定性，难以直接用于工程实际；而基于调洪演算和水位变化的随机微分方程，虽考虑施工期泄流能力的不确定性，但微分方程求解可能存在困难，限制其推广运用。

利用 Monte－Carlo 法模拟施工洪水过程和施工期泄流能力，通过系统仿真进行施工洪水调洪演算，用统计分析模型确定施工期上游水位分布和施工期系统风险，则是一个同时考虑施工期水文不确定性和泄流能力不确定性的解决途径，计算模型简明实用，通过实践检验具有很高的可靠性。

3.3.2.1　风险率模型与计算方法

施工期水流全过程控制以施工期防洪度汛安全为核心，其风险一般是指在施工期水流控制工程施工及使用期内，发生超过施工期挡水建筑物顶高程或施工期设计挡水位的概率，在河道截流时风险是指发生实际落差超过龙口最大设计落差的概率，或实际发生的龙口最大流速超过龙口设计最大平均流速的概率。它受到来流洪水过程、泄流建筑物的泄流能力等因素影响。

施工期洪水水位超过施工期挡水建筑物顶高程或施工期设计挡水位的风险频率 R 为

$$R=\begin{cases} P(Z_{up}(t)>H_{up}) \\ P(Z_{up}(t)>Z_p) \end{cases} \tag{3.3-3}$$

式中：$Z_{up}(t)$ 为施工期洪水水位，按调蓄后水位计；H_{up} 为施工期挡水建筑物顶高程；Z_p 为施工期设计挡水位。

河道截流时发生的实际落差超过龙口最大设计落差或设计流速洪水的风险频率 R 为

$$R=\begin{cases} P(\Delta Z_{max}(t)>\Delta Z_{maxp}) \\ P(v(t)>v_{maxp}) \end{cases} \tag{3.3-4}$$

式中：$\Delta Z_{max}(t)$ 为河道截流时发生的实际最大落差；ΔZ_{maxp} 为河道截流时龙口的最大设计落差；$v(t)$ 为河道截流时发生的龙口最大流速；v_{maxp} 为河道截流时龙口的设计最大平均流速。

施工期挡水建筑物在运行年限内，n 年遭遇超标洪水的综合动态风险率 $R(n)$ 为

$$R(n)=1-(1-R)^n \tag{3.3-5}$$

风险模型中，主要考虑两个随机过程：一是洪水随机过程；二是泄流能力的随机过程。也就是水文因素随机性与水力因素的随机性。风险模型的随机过程如图 3.3-1 所示。

图 3.3-1　风险模型的随机过程

根据施工阶段特点，河道截流时致险指标选为龙口最大落差或流速，围堰挡水期时致险指标选为上游围堰顶高程，坝体临时断面挡水度汛时致险指标选为坝体临时挡水断面最低高程或坝体最低灌浆顶高程，导流建筑物下闸时致险指标选为封堵闸门设计下闸水位，导流建筑物封堵期间致险指标选为封堵闸门设计挡水水位。

通过施工期水流全过程风险的系统模拟模型和系统统计模型，得到龙口截流落差或流速、上游水位与施工期水流控制风险之间的关系。

计算步骤如下：

（1）根据施工期各阶段的水文和水力参数，计算出洪水过程随机数和泄流过程随

机数。

（2）根据两个随机数处理洪水过程和泄流能力。

（3）通过系统模拟模型计算施工期各阶段对应的堰（坝）前水位，通过系统模拟模型计算该工况下河道截流时的龙口最大落差或流速。

（4）通过统计模拟分析堰（坝）前水位分布，得到不同导流标准的堰（坝）前水位和施工期风险；通过统计模拟分析龙口最大落差或流速分布，得到不同导流设计标准下龙口最大落差或流速的河道截流风险。

3.3.2.2　基于 Monte‐Carlo 法的施工期洪水随机分布模拟

河道天然来流（洪峰、洪量以及洪水历时）是一个连续的随机过程，水文资料收集、分析以及设计洪水过程线的推求等方法所产生的结果与实际洪水规律的偏差也具有随机性，施工期洪水的洪峰流量和洪水历时过程具有随机性，且这些随机变量的分布大部分都不满足正态分布范畴。

基于 Monte‐Carlo 法进行抽样模拟施工期随机洪水流量，利用模拟的随机洪峰流量，按同频率放大法或同倍比放大方法，放大典型洪水过程线拟合得到随机洪峰的洪水过程线，近似实现对施工期洪水的随机模拟。根据实测和历史洪水资料，对洪峰和洪量进行频率分析，以各种对工程防洪较不利的大洪水做成的典型洪水过程线为基础分别计算，选择最不利的情况作为工程设计分析依据的基本资料，可确定施工期泄水和挡水建筑物的规模，保证施工期防洪度汛安全，达到研究施工期洪水的目的。

根据我国多年洪水资料的验证，认为施工期最大洪水峰值流量出现概率密度曲线总体分布通常与 P‐Ⅲ型曲线匹配较好，基于 Monte‐Carlo 法，采用舍选抽样方法产生 P‐Ⅲ 随机系列 $B_i(i=1,2,3,\cdots,n,n\not<100000)$，结合历史洪水流量和实测洪水流量资料的水文统计参数和平均来流量，生成按 P‐Ⅲ 随机分布的施工期洪水流量系列，进行频率数理统计分析计算，得到恰好符合设计标准频率的模拟洪水流量。

3.3.2.3　施工期泄水建筑物泄流能力 $q(H,C)$ 的随机分布

泄水建筑物的泄流能力的不确定性与其水力参数的不确定性有关，如：长度、过水面积、水力半径、湿周、坡降、糙率、水深、水位差等，施工过程中的误差是产生水力参数不确定性的主要原因。由于缺乏大量资料去准确确定这些不确定性水力参数的随机分布概率，泄水建筑物泄流能力的随机分布很难确定。

现有的研究资料表明，纯粹的几何测量误差在数学上近似服从正态分布，长度、坡降、过水面积、水力半径、湿周的随机性，主要是施工放线、测量误差和材料的不确定性，考虑施工因素时，近似服从正态分布。

糙率的随机分布主要产生原因为施工和运行的不确定性及过水面材料的不规则变化，产生的次要原因为空蚀现象、水深等，严格确定糙率的随机分布非常困难，只能近似处理。现有研究认为糙率近似服从三角分布是合理可行的。

对于一个定性设计的泄水建筑物，沿程糙率是影响泄流能力的主要随机因素，为简化分析，可采用在设计长度、标准断面下的综合糙率来模拟随机水力参数对泄流能力的综合影响。在施工期水流控制建筑物规模确定的情况下，受上游水位和泄水建筑物水力参数的不确定性影响，泄水建筑物的泄流量是一个随机量，可采用不对称三角形分布来模拟。

3.3.3 初期导流标准多目标风险决策方法

3.3.3.1 初期导流标准决策的目标

多目标决策是指将影响选择导流标准的几方面因素（如风险率、费用、工期等）独立列出共同择优。具体做法是依据决策人确定的费用与工期权重，采用效用决策方法将不同风险度下的费用和工期转化为等效费用和工期，再用多目标风险分析法最终决策，以其正隶属度极大原则为优，选择初期导流标准和方案。考虑到权重的主观影响，通过敏感性分析以求结果的客观、合理。

对于初期导流标准选择而言，处理风险、投资（或费用）与工期三者之间的关系，取决于两方面的约束，一个是最大容许的施工进度要求，一个是最大容许投资费用的限制。由于初期导流的围堰规模按一个枯水期内围堰施工所能达到的高度这种方式确定，因此不同标准下不同的初期导流方案的围堰规模基本相同，围堰的施工工期和超载洪水发生后风险损失基本一致。因此，在进行初期导流标准决策时，要在决策者能够接受的风险范围内，协调处理确定性投资和初期导流风险的均衡关系。至于决策者接受风险的能力与范围，很大程度决定于国家政策法规，管理体制等多方面的因素。

3.3.3.2 决策目标的组成

施工导流的目的是保护主体工程的施工，希望所冒风险应尽可能地小。合理地评价和协调风险、投资（或费用）与工期三者之间的关系，在决策时要协调处理确定性投资、围堰施工进度、超载洪水发生的导流建筑物损失及发电工期损失。根据锦屏一级电站的特点，初期导流标准决策考虑的目标如下：

（1）导流标准风险度。

（2）超载洪水对导流建筑物及工期综合风险损失。

（3）导流建筑物建设投资（或确定性费用）。

（4）导流建筑物（围堰）最大平均施工强度（或确定性施工进度）。

导流工程的确定性费用和超载洪水风险损失依赖于导流标准的变化。可估算备选的各个标准或风险度对应的确定性费用和超载洪水的风险损失，并组成如表 3.3-1 所示矩阵，以便进行导流标准多目标决策评判。

表 3.3-1 　　　　　　　　　　　决 策 目 标 矩 阵 关 系

标准 T_i（重现年）	T_1	T_2	...	T_i	...	T_n
风险度 R_i	R_1	R_2	...	R_i	...	R_n
确定性费用 C_i/万元	C_1	C_2	...	C_i	...	C_n
确定性施工强度 D_i/（万 m³/月）	D_1	D_2	...	D_i	...	D_n
风险损失 C_{Pi}/万元	C_{P1}	C_{P2}	...	C_{Pi}	...	C_{Pn}

3.3.3.3 初期导流标准决策指标的计算方法

（1）导流方案的动态综合风险。根据工程导流设计资料，考虑水文、水力不确定性因素的影响，采用 Monte-Carlo 法模拟施工洪水过程和导流建筑物泄流，统计分析确定围堰上游水位分布，计算确定围堰施工设计规模条件下的导流风险 R。因此，在围堰运行年

限内，k 年内遭遇超标洪水的动态风险 $R(k)$ 为

$$R(k) = 1 - (1-R)^k \qquad (3.3-6)$$

（2）确定性投资估算。该项费用包括挡水、泄水建筑物的施工费用等。在导流建筑物的规模确定的情况下，其确定性投资可由下式估算：

$$C = C_1 + C_2 + C_3 \qquad (3.3-7)$$

式中：C 为确定性投资费用；C_1 为泄水建筑物的费用；C_2 为上游围堰的费用；C_3 为下游围堰的费用。

3.3.3.4　初期导流标准多目标决策模型

初期导流标准的可行（或待决策）方案有 m 个，其集合 U 为

$$U = \{u_1, u_2, \cdots, u_3\} \qquad (3.3-8)$$

而每个可行方案的评价指标有 n 个，其指标集 V 为

$$V = \{v_1, v_2, \cdots, v_3\} \qquad (3.3-9)$$

对于可行方案 k，可以得到其评价指标的特征值向量 C_k：

$$C_k = \{C_{k1}, C_{k2}, \cdots, C_{k3}\} \qquad (3.3-10)$$

则对于所有可行方案，其评价指标特征矩阵 C：

$$C = \begin{bmatrix} c_{11} & c_{12} & \cdots & c_{1n} \\ c_{21} & c_{22} & \cdots & c_{2n} \\ \vdots & \vdots & & \vdots \\ c_{m1} & c_{m2} & \cdots & c_{mn} \end{bmatrix} = (c_{ij})_{m \times n} \qquad (3.3-11)$$

在构造特征矩阵 C 时，决策者对评价指标的估计，很难精度测定，具有不确定性和模糊性特征。同时，方案的择优，是对备选方案集中元素之间的相对比较而言的，具有相对性。为了便于计算和优选分析，应对目标方案集的指标绝对量值转化为相对量。

假设目标方案 i，评价指标 j 的隶属度 r_{ij}，对于目标为越大越好（如效益型）有

$$r_{ij} = \frac{c_{ij} - \min(c_{ij})}{\max\{c_{ij}\} - \min\{c_{ij}\}} \qquad (3.3-12)$$

对于目标为越小越好（如成本型）有

$$r_{ij} = \frac{\max\{c_{ij}\} - c_{ij}}{\max\{c_{ij}\} - \min\{c_{ij}\}} \qquad (3.3-13)$$

利用式（3.3-12）和式（3.3-13），可以将特征矩阵式（3.3-11）对应转化为标准化处理后的隶属度矩阵 R：

$$R = \begin{bmatrix} r_{11} & r_{12} & \cdots & r_{1n} \\ r_{21} & r_{22} & \cdots & r_{2n} \\ \vdots & \vdots & & \vdots \\ r_{m1} & r_{m2} & \cdots & r_{mn} \end{bmatrix} = (r_{ij})_{m \times n} \qquad (3.3-14)$$

令 $\Phi = (\varphi_1, \varphi_2, \cdots, \varphi_n) = (\bigcup\limits_{i=1}^{m} r_{i1}, \bigcup\limits_{i=2}^{m} r_{i2}, \cdots, \bigcup\limits_{i=1}^{m} r_{in})$，称 Φ 为正理想隶属度特征向量。

令 $\Psi = (\psi_1, \psi_2, \cdots, \psi_n) = (\bigcap\limits_{i=1}^{m} r_{i1}, \bigcap\limits_{i=2}^{m} r_{i2}, \cdots, \bigcap\limits_{i=1}^{m} r_{in})$，称 Ψ 为负理想隶属度特征向量。

设备选方案评价指标的权重为 $\omega_1, \omega_2, \cdots, \omega_n$，并令特征向量 R_i 为

$$R_i = (r_{i1}, r_{i2}, \cdots, r_{in}) \tag{3.3-15}$$

令

$$L^{(1)}(R_i, \Phi) = \sqrt{\sum_{j=1}^{n} \omega_j (\varphi_j - r_{ij})^2} \tag{3.3-16}$$

$$L^{(2)}(R_i, \Psi) = \sqrt{\sum_{j=1}^{n} \omega_j (\psi_j - r_{ij})^2} \tag{3.3-17}$$

分别称 $L^{(1)}(R_i, \Phi)$、$L^{(2)}(R_i, \Psi)$ 为备选方案 i 的正理想距离和负理想距离。

对于备选方案 i，设 $\mu_i(v_i)$ 为从属于正（负）理想隶属度特征向量的隶属度，则有

$$M = (\mu_1, \mu_2, \cdots, \mu_m)^{\mathrm{T}} \tag{3.3-18}$$

$$N = (v_1, v_2, \cdots, v_m)^{\mathrm{T}} \tag{3.3-19}$$

$$M + N = (\mu_1 + v_1, \mu_2 + v_2, \cdots, \mu_m + v_m)^{\mathrm{T}} = (\underbrace{1, 1, \cdots, 1}_{m\text{个}})^{\mathrm{T}} \tag{3.3-20}$$

令

$$D^{(1)}(R_i, \Phi) = \mu_i L^{(1)}(R_i, \Phi) = \mu_i \sqrt{\sum_{j=1}^{n} \omega_j (\varphi_j - r_{ij})^2} \tag{3.3-21}$$

$$D^{(2)}(R_i, \Psi) = v_i L^{(2)}(R_i, \Phi) = v_i \sqrt{\sum_{j=1}^{n} \omega_j (\psi_j - r_{ij})^2} \tag{3.3-22}$$

分别称 $D^{(1)}(R_i, \Phi)$、$D^{(2)}(R_i, \Psi)$ 为多目标系统备选方案 i 的正理想度和负理想度。

为了求得最优解，计算评价向量 M 和 N，可按最小二乘法优选准则，对所有备选导流方案，使 $D^{(1)}(R_i, \Phi)$、$D^{(2)}(R_i, \Psi)$ 的广义距离平方和最小。根据这一优选准则，建立目标函数：

$$\begin{aligned}\min Z &= \sum_{i=1}^{m} \{ [D^{(1)}(R_i, \Phi)]^2 + [D^{(2)}(R_i, \Psi)]^2 \} \\ &= \sum_{i=1}^{m} \{ [\mu_i L^{(1)}(R_i, \Phi)]^2 + [v_i L^{(2)}(R_i, \Psi)]^2 \}\end{aligned} \tag{3.3-23}$$

令

$$\frac{\partial Z}{\partial \mu_i} = 0, \quad i = 1, 2, \cdots, m$$

计算整理后有

$$\mu_i = \frac{[L^{(2)}(R_i, \Psi)]^2}{[\mu_i L^{(1)}(R_i, \Phi)]^2 + [L^{(2)}(R_i, \Psi)]^2} \tag{3.3-24}$$

对所有备选方案，按式（3.3-24）计算，以正隶属度极大原则，择优初期施工导流标准及方案，即

$$\mu_{pot} = \mu_k = \max_{1 \leqslant i \leqslant m} \{ \mu_i \} \tag{3.3-25}$$

3.3.3.5　风险决策指标权重的确定方法

（1）基于层次分析法的决策指标权重确定方法。施工期水流控制标准的决策指标（确定性费用、不确定性费用、施工强度、工期、风险等）是不同类型，不同特性，具有不可公度性。T L Saaty 提出的层次分析法是一种相对成熟的主观赋值法，是解决多目标复杂问题的决策分析方法的一种比较有效途径，其将定性分析与定量分析相结合，利用人们的经验判断，构造一个多层次的分析结构模型，引入"1～9"比率标度法，对不能直接或间接量化的多目标决策指标，两两标度赋值成对比较进行量化，以便比较判断，确定决策指标相对于决策目标的相对重要权数，利用权数进行相对优劣次序排定。为克服层次分析法客观性较差的影响，在对施工期水流控制多目标风险决策指标进行优选排序后，假定目标权重的浮动范围进行敏感性分析，分析拟定的初期导流设计标准方案优选结果的稳定性。

（2）基于熵权的层次分析法决策指标权重综合确定方法。在施工期水流控制标准的多目标决策体系中，层次分析法是一种决策指标权重确定的主观赋值法，由决策者根据经验主观判断，反映决策者对决策指标的偏好，客观性较差，难以避免主观因素的影响。熵权法是一种决策指标权重确定的客观赋权法，体现了在决策的客观信息中决策指标的评价作用大小，可避免人为因素带来的偏差，但也有可能出现确定的权重与决策指标不一致的情况。为全面反应决策指标的重要性，用熵权 $\overline{\omega}_1$，$\overline{\omega}_2$，…，$\overline{\omega}_n$ 调整层次分析法确定的主观权重 ω_1，ω_2，…，ω_n 而得到的综合权重，既可以体现决策者对决策指标的偏好又可以反映客观的决策信息。

3.3.4　基于 Monte - Carlo 法的河道截流设计标准风险分析

3.3.4.1　风险模型

河道截流是按选定的截流设计标准和截流方式进行的，在截流过程中，天然来水流量的随机性、泄水建筑物的分流能力不确定性，使得这一过程存在一定的风险。

河道截流时发生的风险主要来自截流龙口处进占戗堤稳定的风险，戗堤进占抛投材料数量、分区、粒径大小、抛投强度、方式，都是按照截流设计流量标准下的龙口水力特性提前准备的，若龙口处流速、落差超过设计预计指标就会致险，造成截流抛投材料的流失超过预计值、堤头坍塌、进占进展缓慢、特殊抛投材料备用数量不足和规格偏小，导致河道截流失败。

影响河道截流的风险因素主要包括水文风险和水力风险，以及其他不确定的风险。河道截流风险模型主要考虑的是水文和水力风险因素。

河道截流时，天然来水流量大小、过程与泄水建筑物的分流能力影响到龙口的水力条件。

分流后的龙口流量与水深，河床底部表层的抗冲刷能力，抛投材料类别、粒径和强度、进占方式和戗堤形状等不确定因素的变化，影响到截流龙口流速和落差的变化。以衡量河道截流难度的龙口流速和落差作为风险率模型变量，既反映了河道截流过程中水文和水力风险因素的不确定性，又综合反映影响截流难度众多不确定因素的变化，有利于简化风险研究模型。

施工截流系统的风险率 R 是指截流实际最大流速（V_m）或落差（Z_m）大于设计最大

流速（V_d）或落差（Z_d）时发生的概率，可以表示为

$$R_{isk} = P(V_m > V_d) \text{或} R_{isk} = P(Z_m > Z_d) \tag{3.3-26}$$

式中：V_d、V_m 分别为设计最大平均流速和考虑不确定因素的截流最大平均流速；Z_d、Z_m 分别为设计流量下龙堤轴线断面处的最大平均流速和实际最大平均流速。

令 $V_m(Z_m)$ 的概率密度函数为 $f(V_m)[f(Z_m)]$，分布函数为 $F(V_m)[F(Z_m)]$，则有

$$R_{isk} = \int_{V_d}^{+\infty} f(V_m) \mathrm{d}V_m, R_{isk} = 1 - F(V_m)$$

或

$$R_{isk} = \int_{V_d}^{+\infty} f(Z_m) \mathrm{d}Z_m, R_{isk} = 1 - F(Z_m) \tag{3.3-27}$$

3.3.4.2 截流风险的计算

河道天然来流流量具有随机性，泄水建筑物的分流能力也具有随机性。河道截流风险计算采用随机模拟法。

一般认为，河道截流时段的天然来流最大月平均流量出现的概率密度曲线可近似按 P-Ⅲ型曲线随机分布，基于 Monte-Carlo 法，采用舍选抽样方法产生 P-Ⅲ随机分布数，构建 P-Ⅲ随机数 β 系列 $B(i=1,2,3,\cdots,n,n \not< 100000)$，结合河道截流时段的水文统计参数 C_v、C_s 和平均来流量 μ_Q，生成按 P-Ⅲ随机分布的施工期洪水流量系列 $Q_i(Q_1,Q_2,Q_3,\cdots,Q_n)$，进行频率数理统计分析计算，得到恰好符合设计标准频率的模拟洪水流量。

泄水建筑物分流能力的随机性受到上下游水位、底坡、糙率、过流面积、湿周等随机影响，其概率分布密度很难准确确定。对于给定的泄水建筑物，沿程糙率变化是影响泄流能力的主要随机因素。为简化分析，可采用在设计长度、标准断面下的综合糙率来模拟随机水力参数对泄流能力的综合影响。经验认为，糙率影响下的泄水建筑物泄流能力随机性，可近似按不对称三角分布进行模拟。基于 Monte-Carlo 法，在 [0，1] 区间抽取均匀分布随机数 R_i，采用逆变换法，产生不对称三角分布的随机泄流流量 Q_i。

基于 Monte-Carlo 法抽样模拟的随机泄流流量 Q_i 和满足 P-Ⅲ型分布的抽样的施工期洪水流量系列 $Q_i(Q_1,Q_2,Q_3,\cdots,Q_n',n \not< 100000)$，进行龙口水力参数，得到河道截流时最大龙口平均流速系列 $V_i(V_1,V_2,\cdots,V_n,n \not< 100000)$ 和最大落差系列 $Z_i(Z_1,Z_2,\cdots,Z_n,n \not< 100000)$，统计分析大于设计最大平均流速的数量得到以最大平均流速为风险率模型的截流风险率，统计分析大于设计最大落差的数量得到以最大落差为风险率模型的截流风险率。

3.4 工程案例——锦屏一级水电站施工期水流控制全过程风险研究与风险决策

锦屏一级水电站为一等大（1）型工程，拦河大坝为混凝土双曲拱坝，最大坝高 305m，为特高坝，导流建筑物级别为Ⅲ级。

可行性研究设计阶段，初期导流推荐采用断流围堰、左右岸隧洞导流、基坑全年施工的导流方案，中期导流推荐采用坝上开设的导流底孔与永久放空深孔单独或联合泄流、度汛的导流方案，后期导流推荐采用永久放空深孔、泄洪洞和大坝溢流表孔单独或联合泄流、度汛的方案。根据施工进度安排，初期导流期间第 3 年 11 月底至第 6 年 9 月底采用

围堰挡水，初拟的导流设计标准为 30 年一遇，相应的洪水流量为 9370m³/s；第 6 年 10 月初至第 7 年 10 月底，坝体施工期临时挡水度汛期间（坝体的拦洪库容大于 3.58 亿 m³），初拟的导流设计标准为 100 年一遇，相应的设计洪水流量为 10900m³/s；中期导流期间，初拟的坝体施工期临时挡水度汛导流设计标准为 200 年一遇，相应的设计洪水流量为 11700m³/s；工程提前发电阶段与后期导流期间，初拟的坝体施工期临时挡水度汛导流设计标准为 500 年一遇，相应的设计洪水流量为 12800m³/s。

可行性研究阶段布置的导流建筑物有：初期导流建筑物包括左右岸导流洞与上下游围堰，中、后期导流建筑物包括坝上开设的导流底孔以及利用的永久放空深孔、泄洪洞和溢流表孔。左右岸导流洞进口底板高程为 1635.50m，出口底板高程为 1631.00m，洞身断面尺寸为 15m×19m（宽×高）的城门洞型。上下游围堰拟采用碎石土心墙防渗的土石围堰，上游围堰堰顶高程 1686.50m、最大堰高 59.50m，下游围堰堰顶高程 1656.00m、最大堰高 23.00m。导流底孔设置高程为 1700.00m，孔口尺寸为 6-5.5m×8m（数目-宽×高）。

永久放空深孔平均设置高程为 1790.00m，孔口尺寸为 5-5m×6m（数目-宽度×高度）；泄洪洞进口控制高程为 1830.00m，孔口尺寸为 1-14m×12m（数目-宽度×高度）。溢流表孔孔口高程 1870.00m，孔口尺寸为 1-11.5m×10m。

3.4.1　基于 Monte-Carlo 法的河道截流时段与标准风险分析研究

3.4.1.1　设计概述

工程的截流备选时段为 11 月上、中、下旬，利用左、右岸初期导流洞过流，采用立堵进占方式。左右岸导流洞进口底板高程为 1635.50m，出口底板高程为 1631.00m，导流洞过水断面尺寸为 15m×19m（宽×高）。

拟采用的截流标准为重现期 10 年的旬平均流量，分别为 1230m³/s、979m³/s 和 814m³/s，重现期 5 年的旬平均流量分别为 1120m³/s、901m³/s 和 752m³/s。

拟定两个截流方案，一为单戗堤立堵、单向进占；二是双戗堤立堵、单向进占，两戗堤平均分担落差和上戗分担 2/3 落差。

为优选合理的河道截流设计方案，从可能产生截流风险的因素出发，建立河道截流风险模型，分析计算不同时段、截流标准和截流方案组合下的各截流方案的水力学指标及其相应的风险率，进行决策。

3.4.1.2　风险模型

影响河道截流的风险主要考虑水文和水力因素。以龙口流速或落差这一反映河道截流不确定性因素综合影响的指标作为风险模型变量。

3.4.1.3　风险分析方案

截流设计标准采用重现期 10 年、5 年下旬平均流量数值相差不大，单戗堤截流方案对截流时段 11 月拟选的两个标准进行风险对比分析。双戗堤截流方案对截流时段 11 月拟选标准重现期 10 年，进行两戗堤平均分担落差和上戗分担 2/3 落差工况下风险分析。

3.4.1.4　河道截流风险分析计算

坝址附近洼里水文站有截流时段 11 月共 42 年的实测来水流量资料，随机模拟计算采用的水文统计频率参数见表 3.4-1。

表 3.4-1 　　　　　　　　　　　　　　洼里水文站 11 月水文参数统计表

时间	C_v	C_s/C_v	旬平均流量/（m³/s）
11 月上旬	0.22	5	959
11 月中旬	0.22	5	783
11 月下旬	0.22	5	658

基于 Monte - Carlo 法，采用舍选抽样法，模拟出满足 P - Ⅲ型分布的截流时段来水流量系列，抽样次数应不少于 10 万次。

根据大量工程实践和运行观测分析，认为导流洞泄流能力的变化范围为（0.97～1.05）Q，基于 Monte - Carlo 法抽样，按三角形分布模拟导流洞随机泄流流量，其三个分布参数取值为 $a = 0.97Q$，$b = 1.0Q$，$c = 1.05Q$。

（1）单戗堤截流的风险成果。根据截流时段的水文统计参数，对截流时段来流量随机抽样，按单戗堤截流方式计算得到最大龙口平均流速系列，统计大于拟选设计流量下龙口最大平均流速的风险，其结果见表 3.4-2。

表 3.4-2 　　　　　　　　　　　　随机模拟法单戗堤截流风险计算成果

截流时段	设计流量 /（m³/s）	最大落差 /m	最大平均流速 /（m/s）	风险率 /%
11 月上旬 10%	1230	5.19	5.93	10.7
11 月中旬 10%	979	4.38	5.54	12.9
11 月下旬 10%	814	3.91	5.24	13.5
11 月上旬 20%	1120	4.82	5.77	16.9
11 月中旬 20%	901	4.15	5.40	16.8
11 月下旬 20%	752	3.74	5.13	17.5

（2）双戗堤截流的风险计算成果。对截流时段来流量进行随机抽样，按双戗堤截流方式计算得到最大龙口平均流速系列，统计各戗堤大于设计流量下龙口最大平均流速的风险，其结果见表 3.4-3。

表 3.4-3 　　　　　　　　　　　随机模拟法双戗堤截流风险计算成果表

截流时段	设计流量 /（m³/s）	落差分担方式	上/下戗堤最大平均 流速/（m/s）	上/下戗堤风险率 /%
11 月上旬 10%	1230	上下均担	5.8/5.80	12.3/12.5
11 月中旬 10%	979	上下均担	5.54/5.52	12.1/12.7
11 月下旬 10%	814	上下均担	5.24/5.24	12.3/12.9
11 月上旬 20%	1120	上戗堤承担 2/3	5.93/5.45	13.18/12.0
11 月中旬 20%	901	上戗堤承担 2/3	5.54/4.94	13.5/12.5
11 月下旬 20%	752	上戗堤承担 2/3	5.24/4.68	13.5/13.0

3.4.1.5 风险分析结果

对于单戗截流方案，截流时段 11 月两个拟选截流设计标准下龙口水力参数差距不大，风险率均在可接受的范围之内,考虑到安全因素,截流设计标准选择重现期 10 年更为妥当。

对于双戗堤截流方案,上下戗堤龙口落差按上下均匀分配时,与单戗堤截流方案相比,相对降低了截流龙口水流平均流速、落差,但数值仍较大,截流龙口水流最大平均流速的风险率有降低,但不明显。若上戗堤承担 2/3 落差时,虽下戗堤龙口平均流速、落差指标和风险率降低显著,但上戗堤龙口水力参数指标和风险率与单戗堤截流时相当。

由于上下戗堤共同分担落差,为避免其成为影响陡坡河道截流成功的关键性控制指标,建议选择双戗堤立堵截流、上下戗堤平均分担落差的截流方案;从降低截流组织实施难度出发,结合围堰施工及其工期要求等的综合考虑,选择 11 月上旬重现期 10 年的截流设计标准方案较优。

3.4.2　初期导流标准的单目标风险分析研究

对锦屏一级围堰的施工条件、施工方法、施工进度等情况和国内外已建的大型工程电站的实际情况分析研究后,认为在一个枯水期完成 60m 左右高的围堰是可行的,若围堰的高度超过 60m 则施工风险太大。基于上述分析,可行性研究设计阶段,对初期导流设计拟选标准重现期 20 年、30 年、50 年,拟选的导流洞洞径 14m×18m、15m×18m、15m×19m、16m×19m 和 16m×20m,组合成可能的初期导流方案进行技术经济比较,并对典型的初期导流组合方案进行风险分析研究决策。

对初期导流设计拟选标准重现期 20 年、30 年、50 年,拟选的导流洞洞径 15m×18m、15m×19m 和 16m×19m,进行备选典型方案组合。以经济因素(备选典型方案的导流工程预期总费用)为决策目标,用风险概率树按照折现值方法确定各拟定设计方案的预期风险损失费用,在风险发生后工程的损失期望值与导流建筑物费用之和最小的方案为最优方案,进行决策。

上游围堰在 3 年使用期间,第 n 年中至少发生一次超标洪水的风险率计算成果见表 3.4-4。

表 3.4-4　　　　　　　　　　围堰使用期间逐年的风险率表

项　　　　目		方案一 ($P=5\%$)	方案二 ($P=3.33\%$)	方案三 ($P=2.0\%$)
围堰使用期至少发生一次 超标准洪水的概率	第 1 年	0.05	0.0333	0.02
	第 2 年	0.0975	0.0655	0.0396
	第 3 年	0.1426	0.0967	0.0588

拟定的典型方案预期总费用见表 3.4-5。

表 3.4-5　　　　　　　　　　　　　单目标预期损失费用表

洞径尺寸 /(m×m)	典型方案	重现期 /年	确定性费用 /万元	预期损失费用 /万元	总费用 /万元
15×18	方案 1	20	36135	3491	39626
15×19	方案 2	30	37201	2374	39575
16×19	方案 3	50	38477	1507	39984

分析预期损失总费用表，导流工程费用占期望损失总费用的 $80\%\sim90\%$，以导流洞洞径 $15\mathrm{m}\times19\mathrm{m}$、重现期 30 年方案（方案 2）的总费用 39575 万元为最小，其风险度最低，为首选，$15\mathrm{m}\times18\mathrm{m}$、重现期 20 年方案（方案 1）的总费用 39626 万元为次之，再其次为洞径 $16\mathrm{m}\times19\mathrm{m}$、重现期 50 年方案（方案 3）的总费用 39984 万元，方案 1、方案 2 的总费用非常相近。

3.4.3　基于 Monte - Carlo 法的初期导流标准的动态风险分析

初期导流设计拟选标准重现期 20 年、30 年、50 年，拟选的导流洞洞径 $14\mathrm{m}\times18\mathrm{m}$、$15\mathrm{m}\times18\mathrm{m}$、$15\mathrm{m}\times19\mathrm{m}$、$16\mathrm{m}\times19\mathrm{m}$ 和 $16\mathrm{m}\times20\mathrm{m}$，组合成初期导流期间水流控制的备选方案。

影响初期导流期间水流控制的风险主要考虑水文和水力因素。

以上游水位超过上游围堰顶高程或初期导流洞泄流、坝体临时挡水断面顶高程为致险指标，建立风险模型。

模拟天然洪水的水文统计参数为：全年洪水平均值为 $5700\mathrm{m}^3/\mathrm{s}$，变差系数 $C_v=0.29$，偏态系数 $C_s/C_v=4.0$。

初期导流期间，由左右岸初期导流洞联合宣泄来水。中期导流期间，由导流底孔、深孔、泄洪洞联合宣泄来水；后期导流期间，由深孔、泄洪洞、表孔联合宣泄来水。锦屏一级水电站导流泄流设施泄流能力曲线如图 3.4-1 所示。

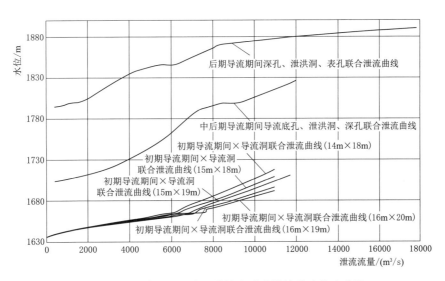

图 3.4-1　锦屏一级水电站导流泄流设施泄流能力曲线

初期导流洞泄流能力的随机性假定服从不对称三角形分布，参数取值为 $a=0.97Q$（下限），$b=1.0Q$（中值），$c=1.05Q$（上限），Q 为设计泄流流量值。

对于给定的设计频率，进行风险分析计算，考虑水文、水力随机因素随机模拟天然洪水，调洪后上游水位对应的风险见表 3.4-6，各备选方案在设计频率下，调洪演算的上游水位成果见表 3.4-7。

表 3.4 - 6　　考虑水文、水力随机因素随机模拟天然洪水，调洪后
上游水位对应的风险表（部分数据）

导流洞 (14m×18m)		导流洞 (15m×18m)		导流洞 (15m×19m)		导流洞 (16m×19m)		导流洞 (16m×20m)	
上游水位 /m	重现期 /年	上游水位 /m	重现期 /年	上游水位 /m	重现期 /年	上游水位 /m	重现期 /年	上游水位 /m	重现期 /年
1684.50	16.9	1681.00	16.6	1677.80	16.5	1674.70	15.8	1672.20	15.7
1685.50	17.0	1681.10	16.8	1677.90	16.6	1674.80	16.0	1672.30	15.8
1687.30	19.9	1683.00	19.9	1680.00	20.6	1677.20	20.9	1675.20	23.0
1687.40	20.1	1683.10	20.1	1680.10	20.9	1677.30	21.2	1675.30	23.3
1688.80	22.8	1685.20	24.6	1682.50	26.7	1678.00	23.1	1676.70	28.2
1688.90	23.0	1685.30	24.8	1682.60	26.9	1678.10	23.4	1676.80	28.6
1690.00	25.5	1685.60	25.6	1683.60	30.1	1680.00	29.8	1677.50	31.3
1690.10	25.7	1685.70	25.9	1683.70	30.4	1680.10	30.1	1677.60	31.8
1691.80	30.1	1687.30	30.3	1683.90	31.0	1680.50	31.5	1677.90	32.9
1691.90	30.3	1687.40	30.6	1684.00	31.3	1680.60	32.0	1678.00	33.3
1694.50	38.0	1690.00	39.9	1686.50	40.5	1682.20	38.7	1679.30	39.0
1694.60	38.4	1690.10	40.3	1686.60	40.8	1682.30	39.2	1679.40	39.6
1695.40	41.2	1690.20	40.6	1688.30	49.8	1683.00	43.4	1680.50	45.4
1695.50	41.6	1690.30	40.9	1688.40	50.3	1683.10	43.9	1680.60	46.0
1698.10	53.0	1692.90	54.1	1689.00	53.4	1685.00	55.1	1682.00	55.1
1698.20	53.5	1693.00	54.8	1689.10	54.1	1685.10	55.9	1682.10	55.8
1700.00	62.7	1695.60	71.3	1691.50	70.0	1687.60	76.0	1684.50	76.6
1700.10	63.3	1695.70	71.9	1691.60	70.7	1687.70	77.1	1684.60	77.8

表 3.4 - 7　　随机模拟天然洪水，调洪后的上游水位结果表

备选 泄水建筑物	设计重现期 /年	水文随机 模拟上游水位/m	水文、水力随机 模拟上游水位/m
导流洞 (14m×18m)	20	1688.10	1685.40
	30	1692.60	1689.80
	50	1698.20	1695.40
导流洞 (15m×18m)	20	1683.40	1681.00
	30	1687.80	1685.20
	50	1692.60	1690.20
导流洞 (15m×19m)	20	1680.10	1677.80
	30	1684.00	1683.60
	50	1688.70	1688.30

续表

备选 泄水建筑物	设计重现期 /年	水文随机 模拟上游水位/m	水文、水力随机 模拟上游水位/m
导流洞 (16m×19m)	20	1676.90	1674.70
	30	1680.50	1678.00
	50	1684.70	1682.20
导流洞 (16m×20m)	20	1674.50	1672.20
	30	1677.60	1675.20
	50	1681.80	1679.30

以备选方案在设计频率与相应的设计洪水流量下的设计堰顶高程为致险因素，考虑水文随机因素和考虑水文、水力随机因素，进行风险计算，其成果见表3.4-8。

表 3.4-8　　　　　设计堰顶高程对应随机模拟洪水成果的综合风险表

备选 泄水建筑物	洪水 重现期 /年	堰顶高程 /m	水 文 随 机			水文、水力随机		
			当量重现期 /年	风险 R /%	P /%	当量重现期 /年	风险 R /%	P /%
导流洞 (14m×18m)	20	1690.00	23.9	4.184	95.816	25.5	3.922	96.078
	30	1694.50	35.8	2.793	97.207	38.0	2.632	97.368
	50	1700.60	62.2	1.608	98.392	66.4	1.506	98.494
导流洞 (15m×18m)	20	1685.60	24.5	4.082	95.918	25.6	3.906	96.094
	30	1690.00	38.1	2.625	97.375	39.9	2.506	97.494
	50	1695.60	67.0	1.493	98.507	70.8	1.412	98.588
导流洞 (15m×19m)	20	1682.50	25.6	3.906	96.094	26.7	3.745	96.255
	30	1686.50	38.9	2.571	97.429	40.5	2.469	97.531
	50	1691.50	66.8	1.497	98.503	70.0	1.429	98.571
导流洞 (16m×19m)	20	1680.00	28.5	3.509	96.491	29.8	3.356	96.644
	30	1683.00	40.4	2.475	97.525	43.4	2.304	97.696
	50	1687.60	69.7	1.435	98.565	76.0	1.316	98.684
导流洞 (16m×20m)	20	1677.50	29.6	3.378	96.62	31.3	3.195	96.805
	30	1680.50	43.2	2.315	97.685	45.4	2.203	97.797
	50	1684.50	74.3	1.346	98.654	76.6	1.305	98.695

风险分析结论如下：

备选导流洞洞径14m×18m方案，在考虑水文随机因素下，洪水设计重现期20年、30年和50年时，其上游水位超过上游围堰堰顶高程超过设计堰顶高程的风险率略高于设计洪水标准。

备选导流洞洞径15m×18m与15m×19m方案，在考虑水文随机因素下，洪水设计重现期20年和30年时，其上游水位超过上游围堰堰顶高程超过设计堰顶高程的风险率略高于设计洪水标准。

备选导流洞洞径 16m×19m 方案，在考虑水文随机因素下，洪水设计重现期 30 年时，其上游水位超过上游围堰堰顶高程超过设计堰顶高程的风险率略高于设计洪水标准。

备选导流洞洞径 14m×18m、15m×18m、15m×19m、16m×19m、16m×20m 方案，在考虑水文水力随机因素下，洪水设计重现期 20 年、30 年和 50 年时，其上游水位超过上游围堰堰顶高程超过设计堰顶高程的风险率低于相应的设计洪水标准，满足风险要求。

总体上，初期导流洞断面尺寸较大，施工期水位控制的风险相对较低。

3.4.4 初期导流时段与标准的多目标风险分析与决策

根据导流建筑物类型、级别以及河道的水文特性，按照一个枯水期可以完建高度 60m 左右的围堰，拟定了 14m×18m、15m×18m、15m×19m、16m×19m 和 16m×20m 共 5 种导流洞洞径，拟选重现期 20 年、30 年、50 年共 3 个初期导流设计标准，组合成 15 个备选方案，进行多目标风险分析决策。将各备选方案的风险率、费用、工期独立列出，依据决策人确定的费用与工期权重，采用效用决策方法将不同风险度下的费用和工期转化为等效费用和工期，进行最终决策，以其正隶属度极大原则为优，优选初期导流标准和导流洞洞径规模、时段。考虑到权重的主观影响，通过敏感性分析以求结果的客观、合理。

3.4.4.1 备选导流方案的动态综合风险

按照初期导流规划，围堰挡水时间为第 3 年 11 月底到第 6 年 9 月底，经历第 4、第 5、第 6 年三个汛期考验，15 个导流方案的动态综合风险见表 3.4-9。

表 3.4-9 以设计堰顶高程为致险因素的围堰运行综合风险率

方案	洞径	重现期/年	第 4 年综合风险/%	第 5 年综合风险/%	第 6 年综合风险/%
方案 1		20	3.92	7.69	11.31
方案 2	14m×18m	30	2.63	5.19	7.69
方案 3		50	1.51	2.99	4.45
方案 4		20	3.91	7.66	11.27
方案 5	15m×18m	30	2.51	4.95	7.33
方案 6		50	1.41	2.80	4.18
方案 7		20	3.75	7.35	10.82
方案 8	15m×19m	30	2.47	4.88	7.23
方案 9		50	1.43	2.84	4.22
方案 10		20	3.36	6.60	9.73
方案 11	16m×19m	30	2.30	4.56	6.75
方案 12		50	1.32	2.61	3.90
方案 13		20	3.19	6.29	9.28
方案 14	16m×20m	30	2.20	4.36	6.46
方案 15		50	1.31	2.59	3.87

3.4.4.2 备选导流方案确定性费用 C 估算

根据初拟的导流建筑物结构，备选方案的确定性费用见表 3.4-10。

表 3.4-10　　　　　　　　　　　备选导流方案的确定性费用 C

方案	洞径尺寸 /(m×m)	重现期 /年	上游围堰堰顶高程 /m	上堰造价 /万元	下游围堰堰顶高程 /m	下堰造价 /万元	导流隧洞造价 /万元	总计 /万元
方案 1		20	1688.00	7062	1655.00	1127	27972	36161
方案 2	14×18	30	1692.50	8034	1656.00	1186	27972	37192
方案 3		50	1698.60	9871	1657.00	1254	27972	39097
方案 4		20	1683.60	6075	1655.00	1127	28933	36135
方案 5	15×18	30	1688.00	7062	1656.00	1186	28933	37181
方案 6		50	1693.50	8363	1657.00	1254	28933	38550
方案 7		20	1680.50	5340	1655.00	1127	29749	36216
方案 8	15×19	30	1684.50	6266	1656.00	1186	29749	37201
方案 9		50	1689.50	7418	1657.00	1254	29749	38421
方案 10		20	1678.00	4969	1655.00	1127	30693	36789
方案 11	16×19	30	1681.00	5543	1656.00	1186	30693	37422
方案 12		50	1685.60	6530	1657.00	1254	30693	38477
方案 13		20	1675.50	4535	1655.00	1127	31366	37028
方案 14	16×20	30	1678.50	5066	1656.00	1186	31366	37618
方案 15		50	1682.50	5850	1957.00	1254	31366	38470

3.4.4.3 目标权重的确定

根据工程经验，初期导流期间施工期水流控制系统风险中，围堰施工强度 D 比围堰施工确定性费用 C 略重要，确定性费用 C 比不确定性费用 C_p 略重要，引入"1～9"比率标度法，构建的目标权重判断矩阵 A 为

$$A = \begin{array}{c|ccc} & C & C_p & D \\ \hline C & 1 & 2 & 1/2 \\ C_p & 1/2 & 1 & 1/4 \\ D & 2 & 4 & 1 \end{array}$$

采用求和法求得确定性费用、不确定性费用和围堰施工强度的权重分别为：$W_1 \approx 0.29$，$W_2 \approx 0.14$，$W_3 \approx 0.57$。

3.4.4.4 多目标决策计算

（1）方法一：按不同洞径分别计算。以设计堰顶高程为致险因素的各方案优选排序指标值计算结果见表 3.4-11。

表 3.4 - 11　　　以设计堰顶高程为致险因素的各方案优选排序指标值计算结果

方案	洞径尺寸/(m×m)	重现期/年	优选排序指标值	方案比较
方案 1		20	0.5095	
方案 2	14×18	30	0.6841	优
方案 3		50	0.4905	
方案 4		20	0.5317	
方案 5	15×18	30	0.5932	优
方案 6		50	0.4683	
方案 7		20	0.5377	
方案 8	15×19	30	0.6018	优
方案 9		50	0.4623	
方案 10		20	0.4720	
方案 11	16×19	30	0.6394	优
方案 12		50	0.5280	
方案 13		20	0.4789	
方案 14	16×20	30	0.6220	优
方案 15		50	0.5211	

（2）备选方案统一比较计算。以设计堰顶高程为致险因素的各方案优选排序指标值计算结果见表 3.4 - 12。

表 3.4 - 12　　　以设计堰顶高程为致险因素的各方案优选排序指标值计算结果

方案	洞径尺寸/(m×m)	重现期/年	优选排序指标值	排序
方案 1		20	0.4053	
方案 2	14×18	30	0.2683	
方案 3		50	0.1463	
方案 4		20	0.6495	
方案 5	15×18	30	0.5695	
方案 6		50	0.3465	
方案 7		20	0.7925	
方案 8	15×19	30	0.7893	
方案 9		50	0.5892	
方案 10		20	0.8681	
方案 11	16×19	30	0.9214	3
方案 12		50	0.8180	
方案 13		20	0.9054	
方案 14	16×20	30	0.9639	1
方案 15		50	0.9305	2

排在前 3 位的优选结果是方案 14（导流洞尺寸为 16m×20m，导流标准为重现期 30 年），方案 15（导流洞尺寸为 16m×20m，导流标准为重现期 50 年）和方案 11（导流洞尺寸为 16m×19m，导流标准为重现期 30 年）。

（3）多目标决策分析计算方法二：按不同频率分别比较计算。以设计堰顶高程为致险因素的各方案优选排序指标值计算结果见表 3.4 - 13。

表 3.4 - 13　　　以设计堰顶高程为致险因素的各方案优选排序指标值计算结果

方案	洞径尺寸/(m×m)	重现期/年	优选排序指标值	排序
方案 1	14×18	20	0.0006	
方案 2		30	0.0001	
方案 3		50	0.0000	
方案 4	15×18	20	0.2845	
方案 5		30	0.1951	
方案 6		50	0.2708	
方案 7	15×19	20	0.8292	
方案 8		30	0.6827	
方案 9		50	0.7173	
方案 10	16×19	20	0.9596	
方案 11		30	0.9654	
方案 12		50	0.9624	
方案 13	16×20	20	0.9994	3
方案 14		30	0.9998	2
方案 15		50	1.0000	1

以设计堰顶高程为致险因素，按不同频率分别比较计算，各设计导流标准下，拟定洞径方案中，16m×20m 方案最优。

3.4.4.5　目标权重对多目标决策结果的敏感性分析

目标权重影响到施工期水流控制多目标风险决策排序结果，为消除决策者客观认识偏差，假定目标权重的浮动范围进行敏感性分析，分析优选结果的稳定性。

目标权重的浮动变化假定两种方式：一是以围堰施工度汛安全为中心，认为备选导流方案的围堰施工工期比确定性费用重要，确定性费用比不确定性费用重要；二是认为在利用大型施工机械施工下，备选导流方案的围堰工程施工进度有保障，围堰施工工期强度不制约风险决策结果，确定性费用比不确定性费用重要，不确定性费用比围堰施工工期重要。

对备选导流方案进行多目标风险分析决策时，无论是按不同洞径分别计算还是按备选导流方案统一比较计算或按不同频率分别比较计算，最优选排序结果均具有良好的稳定性，不受目标权重浮动变化的影响。

3.4.4.6　结论

对初期导流标准进行风险分析，采用多目标决策技术综合分析导流系统的确定性费用、不确定性费用和围堰施工强度等指标，分析结果如下。

（1）按不同洞径计算的决策结果。导流洞尺寸为 14m×18m、15m×18m、15m×19m、16m×19m、16m×20m 的决策结果，不论计算方案的致险因素为设计挡水水位还是设计堰顶高程，优选结果都是导流标准为重现期 30 年。

（2）备选导流方案综合比较计算的决策结果。分别以致险因素为设计挡水水位和设计堰顶高程进行计算，排在前 3 位的优选结果是：导流洞尺寸为 16m×20m、导流标准为重现期 30 年的方案，导流洞尺寸为 16m×20m、导流标准为重现期 50 年的方案，导流洞尺寸为 16m×19m、导流标准为重现期 30 年的方案。

（3）按不同频率分别比较计算的决策结果。导流标准为重现期 20 年、30 年或 50 年的决策结果：不论计算方案的致险因素是设计挡水水位还是设计堰顶高程，排在前 3 位的优选结果都是导流洞尺寸为 16m×20m 方案、导流洞尺寸为 16m×19m 方案和导流洞尺寸为 15m×19m 方案。

（4）目标权重敏感性分析成果。在进行风险决策时，目标的权重与工程建设的环境、工程特性和决策者的偏好等因素有关，这些因素的改变往往会改变决策结果。因此，决策目标的权重选择对导流标准的确定非常重要。

对多目标风险分析决策目标权重进行敏感性分析，无论是按不同洞径分别计算还是按备选导流方案统一比较计算或按不同频率分别比较计算，最优选排序结果均具有良好的稳定性，不受目标权重浮动变化的影响。

（5）决策分析的综合结果。从不同计算方案的决策结果看出，导流洞尺寸为 16m×20m 和 16m×19m，导流标准为重现期 30 年的导流方案是较优方案。采用这两种尺寸的导流洞方案可以比其他三种尺寸的导流洞方案降低围堰施工的强度，为后期的坝体施工争取多一点的工期。

3.4.5　基于 Monte‐Carlo 法的坝体临时断面挡水度汛与初期蓄水期风险分析研究

根据可研阶段施工期导流规划，采用初期导流洞为 2‐15m×19m、导流底孔为 6‐5.5m×6m 的导流方案。第 6 年 5 月底，坝体最低浇筑高程达 1690.00m 超过围堰顶高程 1686.50m、坝体接缝灌浆顶高程为 1650.00m；第 6 年 9 月底，坝体的最低浇筑高程为 1703.00m、接缝灌浆顶高程为 1686.00m。从第 6 年 10 月初起，坝体施工不再需要围堰保护，坝体临时断面具备挡水度汛条件。进入由坝体临时断面挡水度汛直至坝体完建的阶段。

第 6 年 10 月至第 7 年 10 月期间，坝体最低浇筑高程为 1690.00～1790.00m，坝体接缝灌浆顶高程为 1662.00～1770.00m，由坝体临时断面挡水度汛、初期导流洞（2‐15m×19m‐1635.5m）宣泄来水流量，施工期水流控制拟选的坝体临时断面挡水度汛洪水设计标准为重现期 100 年，相应的设计洪水流量为 10900m³/s。

第 7 年 11 月至第 8 年 5 月，导流洞下闸断流封堵后，由坝体临时断面挡水度汛，导流底孔（6‐5.5m×6m‐1700.00m）、永久放空深孔（5‐5m×6m‐1790.00m）和提前发电机组（2 台）单独或联合泄流。第 8 年 6 月至第 8 年 7 月初期蓄水期间，坝体最低浇筑高程为 1837.00～1840.00m，坝体接缝灌浆顶高程 1800.00m，坝体施工期临时挡水度汛拟选设计标准为重现期 100 年或 200 年，相应的设计洪水流量分别为 10900m³/s、11700m³/s；第 8 年 8—10 月提前发电期间，坝体最低浇筑高程为 1849.00～1867.00m，坝体接缝灌浆顶高程 1830.00m，坝体施工期临时挡水度汛拟选设计标准为重现期 100 年或 200 年，相应的设计洪水流量分别为 10900m³/s、11700m³/s。

第 8 年 11 月至第 9 年 5 月，导流底孔下闸断流封堵后，由坝体临时断面挡水度汛，永久放空深孔、泄洪洞（1‐14m×12m‐1830.00m）和大坝溢流表孔（4‐11.5m×10m‐

1870.00m）单独或联合泄流。第 9 年 6—8 月坝体完建期间，坝体浇筑高程为 1885.00m，坝体接缝灌浆顶高程为 1870.00～1875.00m，坝体施工期临时挡水度汛拟选设计标准为重现期 200 年或 500 年，相应的设计洪水流量分别为 11700m³/s、12800m³/s。

3.4.5.1 风险模型

影响坝体临时断面挡水度汛期间施工期水流控制风险的因素，主要考虑水文和水力因素。以上游水位超过设计上游水位、坝体最低浇筑高程或坝体接缝灌浆顶高程为致险指标，建立风险模型。

3.4.5.2 风险分析计算参数

风险分析计算参数有：设计洪水成果、坝址处库容曲线、设计洪水过程线、施工期泄水建筑物泄流能力曲线。

初期导流期间，由左右岸初期导流洞联合宣泄来水。中期导流期间，由导流底孔、深孔及提前发电机组联合宣泄来水；后期导流期间，由深孔、泄洪洞、表孔联合宣泄来水。施工期泄水建筑物设计泄流能力曲线。

坝体临时断面挡水度汛期间，施工期泄水建筑物为初期导流洞、导流底孔、深孔、泄洪洞、溢流表孔和提前发电机组按不同的组合方式联合泄流，其泄流能力的随机性服从不对称三角形分布，参数取值为 $a=0.97Q$（下限），$b=1.0Q$（中值），$c=1.05Q$（上限），Q 为相应阶段的设计泄流流量值。

3.4.5.3 风险分析方案与成果

坝体临时断面挡水期间，不同阶段分别由初期导流洞、永久放空深孔、泄洪洞、大坝溢流表孔和提前发电机组单独或联合泄流，施工期设计标准频率与洪水流量成果见表 3.4 - 14。

表 3.4 - 14　　　　坝体挡水度汛期间施工期设计标准频率与洪水流量成果

重现期/年	100	200	500
洪峰流量/(m³/s)	10900	11700	12800
施工期泄水建筑物	初期导流洞	导流底孔、深孔、提前发电机组	深孔、泄洪洞、溢流表孔、提前发电机组

对于拟选的施工期洪水设计频率，考虑水文、水力随机因素随机模拟天然洪水，调洪后上游水位对应的风险见表 3.4 - 15，在设计频率下，调洪演算的上游水位成果见表 3.4 - 16。

表 3.4 - 15　　　　考虑水文、水力因素随机模拟洪水，调洪后上游水位
对应风险表（部分数据）

导流洞		导流底孔＋放空深孔		导流底孔＋放空深孔＋1 台提前发电机组		放空深孔＋泄洪洞＋溢流表孔＋3 台提前发电机组		放空深孔＋泄洪洞＋溢流表孔＋4 台提前发电机组	
上游水位/m	重现期/年	上游水位/m	重现期/年	上游水位/m	重现期/年	上游水位/m	重现期/年	上游水位/m	重现期/年
1695.8	113.6	1801.90	109.6	1803.60	152.2	1872.10	699.3	1871.40	917.4
1695.9	114.4	18020.00	110.9	1803.70	155.8	1872.20	714.3	1871.50	925.9
		1806.00	206.2	1806.00	246.3	1877.50	2439	1877.00	3030.3
		1806.10	207.9	1806.10	250	1877.60	2631.6	1877.20	3225.8

表 3.4 - 16　　　　　　　　　随机模拟天然洪水，调洪后的上游水位结果表

中后期 泄水建筑物	设计重现期 /年	水文随机 模拟上游水位/m	水文、水力随机 模拟上游水位/m
导流洞	100	1695.00	1694.50
导流底孔＋放空深孔	100	1801.60	1801.40
	200	1806.10	1805.80
导流底孔＋放空深孔＋ 1 台提前发电机组	100	1802.10	1801.90
	200	1805.00	1805.00
放空深孔＋泄洪洞＋溢流 表孔＋3 台提前发电机组	200	1865.80	1865.60
	500	1869.80	1869.40
放空深孔＋泄洪洞＋溢流 表孔＋4 台提前发电机组	200	1863.90	1863.20
	500	1687.60	1867.00

分别以设计频率与相应的设计洪水流量下的上游水位、坝体浇筑最低高程和最低接缝灌浆高程为致险因素，考虑水文随机因素和考虑水文、水力随机因素，进行风险计算，其成果见表 3.4 - 17～表 3.4 - 19。

表 3.4 - 17　　　　　　　　设计上游水位对应随机模拟洪水成果的综合风险表

中后期泄水建筑物	设计洪水 重现期 /年	设计上游 水位 /m	水　文　随　机			水文、水力随机		
			当量重 现期/年	风险 R /%	P /%	当量重 现期/年	风险 R /%	P /%
导流洞	100	1695.82	109.4	0.914	99.086	113.8	0.879	99.1210
导流底孔＋放空深孔	100	1801.90	104.4	0.9579	99.042	109.6	0.9124	99.0876
	200	1806.10	196.9	0.5079	99.4921	206.3	0.4847	99.5153
导流底孔＋放空深孔＋ 1 台提前发电机组	100	1803.34	149.4	0.6693	99.3307	154.7	0.6464	99.3536
	200	1804.70	241	0.4149	99.5851	246.3	0.4060	99.5940
放空深孔＋泄洪洞＋溢流 表孔＋3 台提前发电机组	200	1872.10	704.2	0.1420	99.8580	699.3	0.1430	99.8570
	500	1877.50	2500	0.0400	99.9600	2439	0.041	99.9590
放空深孔＋泄洪洞＋溢流 表孔＋4 台提前发电机组	200	1871.48	877.2	0.1140	99.8860	925.9	0.1080	99.8920
	500	1877.19	2702.7	0.0370	99.9630	3225.8	0.031	99.9670

表 3.4 - 18　　　　　　　　坝体最低浇筑高程对应随机模拟洪水成果的综合风险表

导流时段	中后期 泄水建筑物	设计洪水 重现期 /年	坝体最低 浇筑高程 /m	水　文　随　机			水文、水力随机		
				当量重 现期/年	风险 R /%	P /%	当量重 现期/年	风险 R /%	P /%
第 6 年 10 月初	导流洞	100	1703.00	223.2	0.448	99.5200	234.7	0.426	99.5740
第 7 年 5 月底	导流洞	100	1762.00	—	<0.2450	>99.7550	—	<0.2480	>99.7520
第 8 年 6 月初	导流底孔＋放空 深孔	100～200	1825.00	2531	0.0395	99.9605	3155	0.0317	99.9683
第 8 年 7 月底		100～200	1840.00	8702	0.0115	99.9885	8229	0.0122	99.9878

续表

导流时段	中后期泄水建筑物	设计洪水重现期/年	坝体最低浇筑高程/m	水文随机			水文、水力随机		
				当量重现期/年	风险R/%	P/%	当量重现期/年	风险R/%	P/%
第8年8月初	导流底孔+放空深孔+1台提前发电机组	100～200	1840.00	18857	0.0053	99.9947	12234	0.0082	99.92
第8年9月底		100～200	1858.00	>100000	<0.001	>99.999	>50000	<0.0020	>99.9980
第9年6月初至7月底	放空深孔+泄洪洞+溢流表孔+3台提前发电机组	200～500	1885.00	20667	0.0048	99.9952	25926	0.0039	99.91
第9年8月	放空深孔+泄洪洞+溢流表孔+4台提前发电机组	200～500	1885.00	—	<0.0180	>99.982	—	<0.0180	>99.982

表 3.4-19　　　　坝体接缝灌浆顶高程对应随机模拟洪水成果的综合风险表

导流时段	中后期泄水建筑物	设计洪水重现期/年	坝体最低接缝灌浆高程/m	水文随机			水文、水力随机		
				当量重现期/年	风险R/%	P/%	当量重现期/年	风险R/%	P/%
第6年9月底	导流洞	100	1686.00	37.2	2.6882	97.3118	38.5	2.5974	97.4026
第7年5月底	导流洞	100	1722.00	—	<0.2450	>99.755	—	<0.2480	>99.7520
第8年6月初至7月底	导流底孔+放空深孔	100～200	1800.00	82.1	1.2180	98.7820	86.1	1.1614	98.8386
第8年8月初	导流底孔+放空深孔+1台提前发电机组	100～200	1800.00	—	<1.2180	>98.7820	—	<1.1614	>98.8386
第8年9月底		100～200	1815.00	873	0.1145	99.8855	805	0.1242	99.8758
第9年6月初至7月底	放空深孔+泄洪洞+溢流表孔+3台提前发电机组	200～500	1870.00	512.8	0.1950	99.8050	533	0.1876	99.8124
第9年8月	放空深孔+泄洪洞+溢流表孔+4台提前发电机组	200～500	1870.00	662.3	0.1510	99.8490	735	0.1361	99.8639

3.4.5.4　风险分析结论

第6年9月底坝体的最低浇筑高程为 1703.00m、接缝灌浆顶高程为 1686.00m，具备坝体临时断面挡水度汛条件，坝体施工不再需要围堰保护。从第6年10月初起至坝体完建期间，不同导流时段有各自的施工期泄水建筑物组合，其坝体临时断面挡水度汛设计拟选洪水标准分别为重现期 100 年、100～200 年、200～500 年，采用综合考虑水文和水力随机因数的方式模拟天然来水，调洪后上游水位均低于相应标准的设计洪水位，施工期水流控制的风险度能满足要求。

第6年10月初至第7年10月底，由左右岸初期导流洞联合过流，坝体临时断面挡水度汛，坝体临时挡水度汛拟选设计标准重现期 100 年，设计水位对应的施工期综合风险为 0.879%，坝体最低浇筑高程对应的施工期综合风险为 0.426%～小于 0.248%，坝体接缝灌浆顶高程对应的施工期综合风险为 2.60%～小于 0.248%。

第 8 年 6 月初至 7 月底，由导流底孔和放空深孔联合过流，坝体临时断面挡水度汛，坝体临时挡水度汛拟选设计标准重现期 100 年，设计水位对应的导流风险为 0.912%，拟选设计标准重现期 200 年，设计水位对应的导流风险为 0.485%，坝体最低浇筑高程对应的施工期综合风险为 0.032%～0.012%，坝体接缝灌浆顶高程对应的施工期综合风险为 1.161%～小于 1.161%。

第 8 年 8 月初至 9 月底，由导流底孔、放空深孔和一台提前发电机组联合过流，坝体临时断面挡水度汛，坝体临时挡水度汛拟选设计标准重现期 100 年，设计水位对应的导流风险为 0.646%，拟选设计标准重现期 200 年，设计水位对应的导流风险为 0.406%，坝体最低浇筑高程对应的施工期综合风险为 0.008%～小于 0.002%，坝体接缝灌浆顶高程对应的施工期综合风险为小于 1.161%～0.124%。

第 9 年 6 月初至 7 月底，由放空深孔、泄洪洞、溢流表孔和 3 台机组提前发电联合过流，坝体临时断面挡水度汛，坝体临时挡水度汛拟选设计标准重现期 200 年，设计水位对应的导流风险为 0.143%，坝体临时挡水度汛拟选设计标准重现期 500 年，设计水位对应的导流风险为 0.041%，坝体最低浇筑高程对应的施工期综合风险为 0.004%，坝体接缝灌浆顶高程对应的施工期综合风险为小于 0.188%。

第 9 年 8 月，由放空深孔、泄洪洞、溢流表孔和 4 台机组提前发电联合过流，坝体临时断面挡水度汛，坝体临时挡水度汛拟选设计标准重现期 200 年，设计水位对应的导流风险为 0.108%，坝体临时挡水度汛拟选设计标准重现期 500 年，设计水位对应的导流风险为 0.031%，坝体最低浇筑高程对应的施工期综合风险为 0.018%，坝体接缝灌浆顶高程对应的施工期综合风险为小于 0.136%。

根据施工规划的坝体施工形象面貌，坝体临时断面挡水度汛期间根据坝型、拦蓄库容，以及施工期导流泄水建筑物封堵后永久泄水建筑物尚未具备设计泄流能力，对不同导流时段拟选的坝体临时断面挡水度汛设计洪水标准进行风险分析，拟选设计标准所对应的度汛水位和风险度均能满足要求。但第 8 年 6—7 月初期蓄水期间，坝体接缝灌浆顶高程为 1800.00m 略低于设计标准所对应的度汛水位，存在坝体悬臂挡水的可能，坝体悬臂挡水的最大高度为 6.04m，所对应的风险为 1.161%。第 9 年 6—8 月坝体完建期间，坝体接缝灌浆顶高程为 1870.00m 低于拟选设计标准所对应的度汛水位，为减少接缝灌浆施工克服压缝影响措施的实施难度，推荐坝体临时断面挡水度汛设计标准为重现期 200 年，坝体悬臂挡水高度为 2.1～1.48m，所对应的风险为 0.136%～0.188%。

3.4.6　基于 Monte - Carlo 法的导流建筑物封堵风险分析研究

根据可研阶段施工期导流规划，第 7 年 11 月上旬，初期导流洞下闸断流进行封堵，至第 8 年 5 月底完成导流洞封堵堵头施工。第 8 年 11 月上旬，导流底孔下闸断流进行封堵，至第 9 年 5 月底完成导流底孔封堵堵头施工，拟选导流洞封堵期施工进出口临时挡水设计标准为重现期 10 年或 20 年。

天然来水的随机分布和导流建筑物下闸封堵期泄水建筑物泄流能力的随机性，给导流建筑物下闸封堵施工带来安全隐患。因导流建筑物下闸是在预定时段内，根据设计下闸水位择机进行，短暂的下闸过程对天然来水和泄水建筑物的随机性变化不敏感，因此，需要研究导流建筑物封堵期的风险。基于 Monte-Carlo 抽样方法模拟封堵期洪水流量和泄水建筑物的泄流能力，用统计分析模型确定封堵期上游水位分布和系统的风险率，可对天然来水和施工期泄流能力随机性产生的风险进行分析、评估，选择可接受风险下的设计标准，实现封堵期水流控制风险可控。

导流底孔下闸断流封堵期间，提前发电机组处于运行中，通过调节施工期泄水建筑物运行方式，上游水位控制在提前发电最低运行水位 1800.00m，该水位也为导流底孔下闸设计水位和封堵闸门设计挡水水位。由于施工期泄水建筑物具备的泄流能力远远超过天然来水流量，调控后的提前发电最低运行水位不受天然来水和施工期泄水建筑物泄流能力的随机性变化的影响，因此，导流建筑物封堵风险分析研究对象是初期导流洞下闸封堵时段。

3.4.6.1 风险模型

研究初期导流洞封堵期的风险时，主要考虑水文和水力因素。以上游水位超过设计上游水位即封堵闸门挡水设计水位为致险指标，建立风险模型。

3.4.6.2 风险分析计算参数

（1）分期设计洪水成果。

（2）水文统计参数。导流建筑物下闸为 11 月，模拟天然洪水的水文统计参数如下：11 月洪水平均值为 1090m³/s，变差系数 $C_v=0.22$，偏态系数 $C_s/C_v=5.0$。

封堵施工期为 11 月至次年 5 月，其中次年 5 月流量最大，为封堵闸门设计挡水水头的控制流量，模拟天然洪水的水文统计参数为：5 月洪水平均值为 1110m³/s，变差系数 $C_v=0.36$，偏态系数 $C_s/C_v=2.0$。

（3）泄水建筑物泄流能力曲线。初期导流洞下闸断流封堵期间，先由初期导流洞宣泄来水，待其断流后由高高程的导流底孔恢复过流。

初期导流洞下闸封堵期间，泄水建筑物的泄流能力随机性服从不对称三角形分布，参数取值为 $a=0.97Q$（下限），$b=1.0Q$（中值），$c=1.05Q$（上限），Q 为相应阶段的设计泄流流量值。

3.4.6.3 风险分析方案与成果

导流建筑物下闸封堵期间，分别由不同的施工期泄水建筑物单独或联合宣泄来水，下闸封堵期拟选设计标准频率与洪水流量成果见表 3.4-20。

表 3.4-20   导流建筑物下闸封堵期间分期洪水设计标准及流量

导 流 时 段		设 计 标 准		泄水建筑物
		重现期/年	洪水流量/(m³/s)	
第 7 年 11 月上旬	初期导流洞下闸断流	10（11 月上旬）	1230	初期导流洞
		20（11 月上旬）	1330	
第 7 年 11 月至 第 8 年 5 月	初期导流洞封堵	10	1640	导流底孔
		20	1840	
第 8 年 11 月上旬	导流底孔下闸断流	10（11 月上旬）	1230	导流底孔、深孔、3 台 提前发电机组
第 8 年 11 月至 第 9 年 5 月	导流底孔封堵	20	1840	深孔、3 台提前发电机组

对于拟选的施工期洪水设计频率，考虑水文和水力随机因素随机模拟天然洪水，上游水位对应的风险见表 3.4-21，在设计频率下的上游水位成果见表 3.4-22。

表 3.4-21　　　随机模拟洪水，导流洞封堵时段上游水位对应风险（部分数据）

导流时段	水 文 随 机		水文、水力随机	
	上游水位/m	重现期/年	上游水位/m	重现期/年
第 7 年 11 月	1708.80	8.4	1708.80	8.7
	1708.90	9.5	1708.90	9.8
	1709.60	23	1709.60	23.4
	1709.70	25.6	1709.70	26.3
第 8 年 5 月	1710.80	14.8	1710.80	15.6
	1710.90	15.4	1710.90	16.2
	1711.00	15.9	1711.00	16.8
	1711.80	19.9	1711.60	19.9

表 3.4-22　　　随机模拟天然洪水，导流洞封堵时段上游水位结果表

导流时段	设计重现期/年	水文随机模拟上游水位/m	水文、水力随机模拟上游水位/m
第 7 年 11 月	10	1708.90	1708.90
	20	1709.50	1709.50
第 8 年 5 月	10	1710.00	1710.00
	20	1711.80	1711.60

以拟选设计频率与相应的设计洪水流量下的上游水位为致险因素，考虑水文随机因素和考虑水文与水力随机因素，进行风险计算，其成果见表 3.4-23。

表 3.4-23　导流洞封堵时段，设计上游水位对应随机模拟洪水成果的综合风险表

导流时段	设计洪水重现期/年	设计上游水位/m	水 文 随 机			水文、水力随机		
			当量重现期/年	风险 R /%	P /%	当量重现期/年	风险 R /%	P /%
第 7 年 11 月	10	1709.13	12.58	7.9491	92.0509	12.91	7.7459	92.2541
	20	1709.68	25.08	3.9872	96.0128	25.72	3.8880	96.1120
第 8 年 5 月	10	1710.10	10.7	9.3458	90.6542	11.2	8.9286	91.0714
	20	1710.90	15.4	6.4935	93.5065	16.2	6.1728	93.8272

3.4.6.4　风险分析结论

根据工程的特点，基于 Monte-Carlo 法进行初期导流洞封堵时段风险分析研究。

拟选封堵期挡水设计标准为重现期 10 年，不考虑系统随机因素下设计挡水水位为 1710.10m，考虑水文和水力随机综合因素时的上游水位为 1710.00m，封堵期设计挡水水位对应的综合风险为 8.93%。

拟选封堵期挡水设计标准为重现期 20 年，不考虑系统随机因素下设计挡水水位为

1710.90m，考虑水文和水力随机综合因素时的上游水位为1711.60m，封堵期设计挡水水位对应的综合风险为6.17%。

拟选封堵期挡水设计标准重现期10年、20年，设计计算的上游水位和随机模拟的上游水位数值相差不大，设计水位对应的风险率均在可接受范围内。选择重现期20年，封堵挡水水头值增加1.07%，但综合风险率由8.93%降至6.17%，降低百分比为30.9%，效果显著。从安全角度出发，初期导流洞封堵期进出口设计挡水标准选择重现期20年更为妥当。

第4章 高陡狭窄深切河谷卸荷松弛岩体工程边坡治理技术

4.1 岩质高陡工程边坡稳定分析方法综述

工程边坡变形破坏的基本类型有崩塌、滑动、倾倒、溃屈、拉裂、流动。其中倾倒、溃屈和拉裂的最终破坏形式是滑动或流动、崩塌。一般来说，滑动破坏仍是主要破坏类型，规模较小时常表现为崩塌，遇有水的作用则转化为流动，甚至形成泥石流或碎石流。

岩质高陡工程边坡稳定分析仅研究滑动破坏类型。倾倒和溃屈破坏时都会形成岩层的折断，倾倒岩体不一定伴随滑动，溃屈岩体一般伴随有滑动或崩塌。对于倾倒和溃屈破坏尚未有成熟的分析计算方法。

岩质高陡工程边坡稳定分析常用的岩石力学分析方法包括解析方法和数值方法，前者以极限平衡分析方法为理论基础，包括从土力学方法中演变过来的一些具体方法如 Bishop 法、Sarma 法和针对岩体不连续特性的刚体极限平衡分析方法；后者包括以连续介质力学理论为基础的有限元法和 FLAC 法以及建立在非连续力学介质基础上的一些分析方法如离散单元法和块体稳定分析方法。

4.1.1 Bishop 法

Bishop 法是极限平衡法下限解的一种简化计算方法，假定滑裂面为圆弧形，按垂直方向划分条块，在确定条块底部法向力时，考虑了条间作用力在法向方向的贡献。

Bishop 法是比较适用于由强度比较低的软岩或破碎岩体组成的岩质边坡，侧重解决了边坡应力导致边坡介质产生剪切破坏的情形，这种破坏在土体边坡中比较常见。

岩质边坡中能够导致岩体发生剪切破坏的范围一般在边坡坡脚一带，所以，采用 Bishop 法计算分析整个高陡边坡的稳定性，可能存在没有全面考虑潜在破坏面组成的问题。高陡岩质边坡破坏时，潜在破坏面的下部是因为高应力导致岩体发生剪切破坏产生的，但上部一般由存在某些控制结构面产生的。如果对于这些控制结构面仍然按岩体的强度特征去搜索和评价边坡的稳定性，因高估了潜在破坏面的强度，将可能会高估工程边坡实际的稳定状态。

4.1.2 Sarma 法

Sarma 法是极限平衡法上限解的一种简化计算方法，采用斜条分法，将滑体离散为一组具有倾斜界面块体，假定条块倾斜界面之间也达到极限平衡，是一种既满足力的平衡又满足力矩平衡的分析方法。

Sarma法可分析具有各种结构特征的滑坡稳定性，是一种分析高陡岩质边坡稳定较合理的方法。针对高陡岩质边坡岩体内部通常都存在着一组或多组陡倾角的结构面的特点，在发生滑动破坏时，除沿底滑面滑动，同时也沿这些陡倾角结构面错动，Sarma法采用倾斜条块进行分析，较全面客观反映了滑坡体的实际情况，计算结果较符合客观实际。

4.1.3 刚体极限平衡法

刚体极限平衡法，假定岩体为不变形的刚体，计算中以力而不是应力作为荷载计算单位，适用于岩体坚硬、变形很小、应力重分布可以忽略的情形，可用来评价规模不大的高陡岩质边坡表层结构面切割块体的滑动破坏，不适合于进行大型边坡的整体稳定性计算。

高陡岩质边坡表层岩体处于卸荷区，块体自重为主要荷载组成，在这种低应力水平下，岩块本身的变形也可以忽略不计，满足刚体极限平衡方法对介质和对荷载条件的假设。

在高陡岩质边坡中，一些关键部位高应力引起的岩石变形不能忽略，甚至可能是破坏的主导性因素，边坡体中强烈的应力重分布，导致潜在破坏面上应力分布变化很大，与破坏体重量（力）导致的效果差别显著，则岩体不能按刚体处理。

4.1.4 连续力学数值分析方法

连续力学数值分析方法包括有限元法、有限差分法和边界元法，是随数值计算理论和计算机技术进步发展起来的，强调了连续体的应力和变形特征，同时一般又可以考虑少数不连续面的变形和破坏。采用有限元法的计算软件程序有 ANSYS、MARC、ABAQUS、ADINA、NASTRON、PHASE^2 等；采用有限差分法的计算软件程序有 FLAC、FLAC - 3D。其中 FLAC 是针对土木工程问题开发，它可很方便地模拟各种几何形态的土木结构，界面单元可以很方便地帮助用户模拟和研究岩土工程问题中的介质分界和滑动面等问题，对解决岩土体工程的连续大变形问题具备独到的优势。

连续力学数值分析方法在原理上侧重于应力问题，即应力可能引起的边坡岩体变形和破坏，而对结构面的考虑存在先天不足，可利用该方法来研究高陡岩质边坡整体的稳定特征、应力引起的潜在危险区的位置等，对高应力条件下的数值处理方法如本构模型的设定、地下水和动力等问题的处理方式则视具体软件的功能而定。

连续力学数值分析方法不足以研究由多条结构面控制、特别是追踪大量不同结构面产生的边坡岩体破坏问题，当为模拟结构面而设置的界面单元很多时，不仅不方便，还会出现模拟大变形和收敛性能方面的问题。

（1）有限元法 FEM。有限元法 FEM（Finite Element Method），是用有限个单元体所构成的离散化结构代替原来的连续体结构来分析岩土的应力和变形，这些单元体只在节点处有力的联系。利用有限单元法，考虑土的非线性应力-应变关系，通过计算得到的每一个计算单元的应力和变形，依据不同强度指标确定破坏区的位置及破坏范围的扩展情况，进而求得临界滑面位置，根据力的平衡关系推得安全系数，就能将边坡稳定问题与应力分析结合起来。或者求出在各种工作状态下边坡内部的应力分布状况，由边坡土的性质确定一个破坏标准，以此来衡量边坡的安全程度。

有限元法发展至今已经相当成熟，具有很强计算能力，处理材料的不均匀性、非线性及边界条件时非常灵活，可以用来求解弹性、塑性、黏弹塑性、黏塑性等问题，是岩土工程中分析岩体应力应变应用最广泛、最成熟的数值方法。虽然很多学者提出了专门处理岩体结构面的特殊单元，如 Goodman 的"节理单元"等，但有限元在本质上仍是一种连续介质数值分析方法，其模拟岩体中存在的断层、节理、裂隙等结构面并考虑其非连续性的能力相对不足。

（2）有限差分法 FDM。有限差分法 FDM（Finite Difference Method），是对偏微分方程的一种直接近似，它是在求解域上划分规则的网格，以差商代替偏导数。这样，就把原来的偏微分方程转化网格点上一系列待求的代数方程，加上必要的初始条件与边界条件，就可以获得系统的方程的解。这种方法是数值方法家族中最古老的成员，是求解偏微分方程最直接、最直观的方法。但是由于它一般采用规则网格，在处理裂隙、复杂的边界条件与材料的不均匀性方面很不灵活，这就使得标准的有限差分法通常不适于模拟实际的岩体力学问题。为此，一些学者（如 Perrone 与 Kao，Brighi 等）做了相关工作，提出了一些不规则网格，这些不规则网格提高了有限差分法在岩体力学问题中的应用能力。

（3）边界元法 BEM。边界元法 BEM（Boundary Element Method），只需要对求解区域的边界进行离散，将偏微分方程变换成求解对象边界上的积分方程式并将其离散化求解。由于计算模型的维数减少一维，与有限单元法相比，边界元法大大简化了输入要求，缩短了计算时间，在同样的离散条件下，边界元法具有更高的精度，但对奇异边界较难处理。

4.1.5　非连续数值分析方法

数值模拟计算分析的合理性与可靠性，是建立在合理的岩土工程地质模型及力学性态本构模型的基础上。随着计算机和岩土工程数值分析方法的发展，使得边坡岩体这一个由结构面切割的不连续介质应用严格的应力应变分析方法分析其变形和稳定性成为可能。

非连续数值计算分析方法包括离散单元法、界面元法、非连续变形分析法 DDA、流形元法、无单元法。这类方法的特点是可以处理大量结构切割问题，其中的块体可以是成刚体，也可以是变形体，具有强大的处理非连续介质和大变形的能力，不仅能够比较真实模拟结构加荷破坏的全过程的应力变形性状，而且还可以动画形式提供边坡破坏以后的塌落、崩解过程。基于建立在这种理论基础上的具体程序能否实现这些功能以及可靠度如何，则取决于各个程序的开发程度，也取决于使用者的专业水平和工程经验与使用者对程序的操纵能力。

高陡岩质边坡中结构面和高应力两个基本因素存在于一个统一体中，选择非连续数值分析方法，可同时考虑岩石连续非线性变形和结构面的非连续非线性变形，可以帮助分析绝大部分复杂工程问题，是一个分析成果的更接近真实情况的方法，丰富了研究手段。

（1）离散单元法。1970 年，由 Cundall 首次提出离散单元 DEM（Distinct Element Method）分析方法。这一方法已在数值模拟理论与工程应用方面取得了很大的进展，二维与三维可变形离散单元法亦已问世，并在岩石工程与岩石力学中得到日益广泛的应用。在离散元法中，一般将所研究的岩体假定为离散块体的集合体，而节理、裂隙和断层等结构面被当作是这些离散体之间相互作用的接触面。块体之间相互作用的力可以根据力和位移的关系求出，而单个块体的运动则完全根据该块体所受的不平衡力和不平衡力矩的大小，按牛顿运动定律确定。离散单元法假定介质为离散块体的集合体，块体与块体之间没有变形协调的约束，但需满足平衡方程。对块体之间的接触应用位移-力的关系定律（即物理方程），对所有块体应用牛顿第二定律（即运动方程），按照时步迭代计算，直至每一个块体都不再出现不平衡力和不平衡力矩为止。

（2）界面元法。界面元法是一种求解非均匀不连续介质的静动力学问题的数值解法，是在源于日本东京大学 Kawai 教授用于求解均质、线性静力学问题提出的刚体——弹簧元模型基础上，卓家寿等学者基于刚体弹簧元模型提出的一种新型的数值方法。界面元离散模型是由有限多块体元和界面元组合而成的离散体。该方法假定单元变形累积于界面层，块体元将只有刚体位移，故可以用块体单元的形心位移为基本未知量，以分片的刚体位移模式逼近真实的结构位移场。界面上任意一点相对位移可视为是垂直该界面、跨越相邻单元的一条具有特征长度、截面尺寸很小的微分条累积变形的结果，可由几何微分方程求出界面上任意一点的应变；再借助材料的本构关系和相邻单元在界面处微元保持平衡的关系，获得界面上任意一点的应力表达式，进而根据计算力学原理建立按位移求解的支配方程。

该方法吸收了刚体弹簧元模型的基本思想，并对其进行改进和扩充，以虚功原理为基础，用反映弹、黏、塑等各类变形特性的界面元取代弹簧元，将单元的变形等效在界面上，最终形成以各单元形心的 6 个位移分量为基本未知量的支配方程，形成了相对完善的理论体系，既适合弹性体也适合弹塑性体。

（3）非连续变形分析法 DDA。非连续变形分析法 DDA（Discontinuous Deformation Analysis），是由美籍华人石根华博士和 Goodman 在完全的运动理论和能量极小化的基础上，提出并发展的一个计算块体系统应变与位移的新数值方法。

DDA 法以研究非连续块体系统不连续位移和变形为目的，将块体理论与岩土体的应力、应变分析相结合，认为以自然存在的节理面（断层）切割岩体形成不同的块体单元，以各个块体的位移为基本未知量，通过块体之间的接触形成块体系统。在假定的位移模式下，由弹性理论位移变分法建立总体平衡方程式，通过施加或去掉块体界面刚性弹簧，使得块体单元界面之间不存在嵌入和张拉现象，应用最小势能原理使整个系统能量最小化，从而保证在静力和动力荷载下包含离散和不连续块体的地质系统大位移破坏分析得到唯一解。该方法具有离散元法的大多数特点，特别适合于非连续体的位移模拟。

DDA 法严格遵循经典力学规则，它可用来分析块体系统的力和位移的相互作用。对各块体允许有位移、变形和应变，对整个块体系统允许滑动和块体界面间张开或闭合，可以模拟出岩石块体的移动、转动、张开、闭合等过程。如果知道每个块体的几何形状、荷载及材料特性常数，以及块体接触的摩擦角、黏着力和阻尼特征，DDA 法即可计算出应力、应变、滑动、块体接触力和块体位移。据此，可以判定出岩体的破坏程度、破坏范围，从而对岩体的整体和局部的稳定性作出评价。

DDA 法自提出以后，由于这一数值模拟方法所得结果非常接近实际，能够很好地模拟块体间的滑动、张开和闭合，已日益广泛地应用于滑坡、隧洞坍塌等许多工程领域。

（4）流形元法 MEM。流形元法 MEM（Manifold Element Method）是美籍华人石根华博士 1993 年提出的一种求解非连续介质问题的数值分析方法。这种方法采用有限覆盖体系（一套数学覆盖，一套物理覆盖，两者相互独立定义，但又有一定的依赖关系），特别适合模拟断续介质材料的变形和物体的大位移运动，可计算块体和裂缝中明显可见的变形和位移，应用前景广阔。

流形元刚度矩阵的积分域是流形元。与有限元相比，它可能只是有限单元的一部分。在流形元域内，应力和应变之间的关系与有限元一样。数值流形元法中系统控制方程的建立仍然依据系统的最小势能原理。总势能中除了弹性能外，还包括体荷载势能、点荷载势能、惯性力势能、接触弹簧的应变势能和摩擦力势能等，求解整个系统势能的极值，与一般的有限单元法的数值实施过程基本相同。有限元方法（FEM）及非连续变形分析方法（DDA），可以作为数值流形元法的特殊情况。

4.1.6　边坡爆破振动动力稳定性计算方法

爆破源与潜在滑体的相对位置不同，其爆破振动对边坡的动力稳定影响也不同。当爆破源在边坡体上时，爆炸荷载近似作为内力施加于边坡体上，对边坡的整体稳定性不会构成影响，但在爆破源附近的坡面岩石，往往会发生局部崩落和掉块；当爆破源在边坡潜在滑体外时，坡体承受爆破地震波的作用，一旦地震波引起的地震惯性力达到某一强度，就有可能导致边坡潜在滑体的动力失稳。

岩石高边坡在爆破振动动力作用下的稳定性计算，目前广泛使用的研究方法有基于静力等效的极限平衡分析方法、不连续变形分析方法、离散单元法以及动力有限元法等。对于高陡岩质边坡，在计算爆破振动荷载时必须考虑地震波的频谱特性和相位差因素，并且需考虑地震波波长与滑体特征的尺寸效应，需开展爆破振动跟踪监测，以获取爆破振动实测曲线。

（1）基于静力等效的极限平衡分析方法。基于静力等效的极限平衡分析方法，是采用实测的地面爆破振动加速度，以某一折减系数转化为拟静力，其爆破地震波的频谱结构差异、相位差等因素均包含在折减系数中，用极限平衡理论计算其稳定性。该方法原理简单，便于操作，在工程实践中应用得最为普遍。但是由于对爆破振动的地震惯性力计算作了过多的简化，在简化过程中引入的诸多不确定因素，使该法的可信度受影响。

（2）混合法。混合法是采用时程法和拟静力法相结合的方法，研究边坡施工期的爆破振动动力稳定性。该方法通过爆破振动监测获得爆破振动时程曲线，利用频谱分析等手段，获得爆破地震波的频率、幅值和相位分布，计算边坡上任一条块任一时刻的地震惯性力，采用边坡稳定分析中的 Sarma 法，计算出爆破地震惯性力作用下边坡动力稳定安全系数。

该法将边坡岩体划分为若干条块，根据爆破振动荷载特性，确定各条块上某一时刻的瞬态爆破振动加速度，据此确定施加在条块上的爆破振动惯性力，进而参与到边坡岩体的动力稳定极限平衡分析中去。以某一时间步长进行整个爆破过程的计算，即可求得该边坡岩体开挖过程的稳定安全系数时程曲线和最小稳定安全系数。

不同爆破开挖程序和爆破方式诱发不同的爆破振动传播规律，可按照是否存在预裂缝进行区分。高陡岩石边坡开挖轮廓面，常采用预裂爆破或光面爆破方案，其对应的起爆顺序分别为预裂孔—主爆孔—缓冲孔和主爆孔—缓冲孔—光面爆破孔，该两种爆破方式具有不同的爆破振动衰减规律。对开挖厚度较大的部位，采用预裂爆破方案，其开挖程序一般为外侧岩体爆破起爆开挖，内侧剩余岩体预裂孔—主爆孔—缓冲孔起爆开挖，此方式下，外侧岩体开挖也为不存在预裂缝条件下的梯段爆破。

4.2 基于多源知识综合集成的高陡狭窄深切河谷卸荷松弛岩体工程边坡治理技术

西南山区超高坝、特高坝建设是在由强烈侵蚀作用下形成的狭窄深切河谷中进行的。这里两岸自然岸坡高陡、基岩裸露、岩壁耸立、岸坡岩体卸荷强烈、地应力水平高、局部应力集中，边坡岩体的形成与改造过程异常复杂，天然条件下自然岸坡基本稳定、安全富裕度不大。

由于所处的特殊地形及构造环境，岸坡岩体中较发育的优势裂隙如断层、层间挤压带、卸荷裂隙等相互组合，构成了控制岸坡稳定的地质结构面，坡脚一带局部集中的高应力所引起的岩体变形和破坏，对边坡稳定的影响也是非常突出，形成了地质结构面与河谷边坡岩体高应力共同控制边坡稳定性的格局。在这样特殊的环境中进行工程建设极为艰难，具有工程边坡开挖高、坡度陡、体量大、安全控制难的特点，衍生出的导流泄水建筑物布置、工程边坡稳定诸多技术问题，许多技术难题均超出了按常规应力条件下积累的工程经验，一旦出现问题，哪怕是潜在的问题，对超高坝、特高坝工程安全影响的严重程度，对社会、经济、环境影响的严重程度，以及工程处理的难度，可能都是难以接受的。

尤其在特定的高岸坡地形、地质构造、高地应力环境和岩性组合条件下，伴随河谷的快速下切过程，岸坡将产生的强烈侧向卸荷，导致岸坡应力释放。在这一释放过程传递到由硬质岩体构成的坡体深部过程中，岸坡内原有的结构面产生强烈卸荷变形，导致产生拉张，形成一系列规模不等的张开裂缝或裂隙松弛带，统称为"深部裂缝"。在锦屏一级水电站首次揭露的"深部裂缝"这一特殊地质现象甚为稀罕，空间分布具有显著的不均一性，岸坡岩体总体表现为在岸坡浅表卸荷带以里岩体相对紧密完整，深部又陆续出现的一系列规模不等张开裂缝或裂隙松弛带，在其分布深度上大大超出人们工程经验中边坡岩体卸荷带的分布范围。

在复杂的岩体工程和环境系统中，不确定性极强。而工程边坡稳定性的每一种分析方法都有其特定的使用条件和针对性，也就是说哪一种方法更针对哪一类问题，很难说哪一种方法适用而哪一种方法不适用。

极限平衡分析方法是边坡稳定分析的基本方法，适用于滑动破坏类型，具有计算方法简单、概念明确、所需计算参数少且易于获得的优点，但方法假定的一个完全塑性区对大多数边坡并不存在、不能提供边坡应力和变形的信息，也有其固有的局限性。

对于地质条件异常复杂的高陡边坡，应进行专门的应力变形分析或仿真分析，研究其失稳破坏机理、破坏类型和有效的加固处理措施，必要时还可开展地质力学模型试验等工作。

应用数值分析方法，通过应力、应变分析求解边坡极限荷载的方法虽然在理论体系上十分严格，但是，在实际应用中仍会因自身的局限性，受到以下限制：

　　（1）计算参数的取值成为应用于工程实际的瓶颈，分析计算需预先确定有关材料的力学性能参数，其中某些参数目前还难以通过试验确定。

　　（2）计算成果缺乏唯一性，不同程序对于岩体进入弹塑性阶段后的处理方式不一，在塑性力学全量定理尚未很好解决以前，只要某一单元在某一迭代步的处理方案和迭代精度有所不同，不同程序给出的成果有时会产生很大的差异。

　　（3）计算成果的可靠性缺乏有效考核手段，复杂结构的弹塑性分析尚无闭合解的算例，缺乏考核弹塑性分析有限元程序可靠性的有效手段，难以成为工程决策的真正依据。

　　（4）评判分析成果的标准尚无公认的方法，工程界现广泛使用的安全系数来评价结构的安全性，如何将结构分析提供的应力和应变与安全系数挂钩，尚无公认的方法。强度折减的有限元法，以数字分析方法不收敛作为边坡失稳的判据，对一些具有简单体型的边坡，成功取得了与边坡稳定传统的极限平衡方法分析相同结果，但在更大范围实际应用，尚需一定的时间。

　　高陡狭窄深切河谷卸荷松弛岩体工程边坡环境恶劣且脆弱，治理工程极为艰难，风险度极高。

　　为克服边坡稳定岩石力学分析方法各自的局限性，应用基于多源知识综合集成的方法分析深切河谷卸荷松弛岩体的稳定性就非常必要。高陡岩质边坡稳定性，绝不是简单的极限平衡法所能解决的，需要引入数值分析方法模拟复杂的边坡结构、力学参数和边界条件，研究其应力、应变等力与位移的空间分布信息，把握边坡破坏机理与过程。为此，高陡岩质边坡的稳定性分析，除了开展二维、三维刚体极限平衡分析方法分析研究，进行加固效果评价以外，还需建立边坡数值仿真模型，结合施工期监测成果，以边坡开挖过程中的安全状态为研究目标，通过反演分析边坡开挖过程中的岩体力学参数，进一步研究边坡施工期的变形特征和稳定性分析。最终需要基于多源知识集合方式，对边坡施工期和运行期稳定性进行综合评价。当多源知识结论一致时，决策的可靠度较高。当多源知识互斥时，应分别自检，并互相反馈信息，以期得到一致的结论。

　　大型商用软件作为一种高级专业工具，可以帮助分析绝大部分的复杂工程问题，可靠性和成熟性一般不存疑问；不同大型商用软件分析同一个工程问题，尽管计算成果不会完全一致，但可以在一定程度上弥补各种方法计算成果唯一性问题的缺陷；联合国内外具有行业优势科研院校，共同研究，利用各自的技术优势和经验积累为论证工作提供可靠的技术支持，可以将使用者的专业水平、工程经验和使用者对程序的操纵能力，对分析成果的可靠性、客观性的影响减至最小。

　　基于多源知识综合集合和基于多种技术手段运用（如：大吨位无黏结预应力锚索技术的运用，按强度储备理论进行锚索布置和锚索体复合张拉控制技术的运用，限制边坡变形技术的运用，大型工程边坡施工技术的运用，原位监测技术的运用等）的综合集成，两者的综合分析判断运用，是高陡狭窄深切河谷卸荷松弛岩体工程边坡治理的最佳选择。

　　水电工程中高陡岩质边坡采用直立坡面的工程不多。鲁布革水电站溢洪道边坡岩体为白云岩和灰岩地层，最大坡高约 75m，是我国首次采用了直立的坡面。东风水电站溢洪道

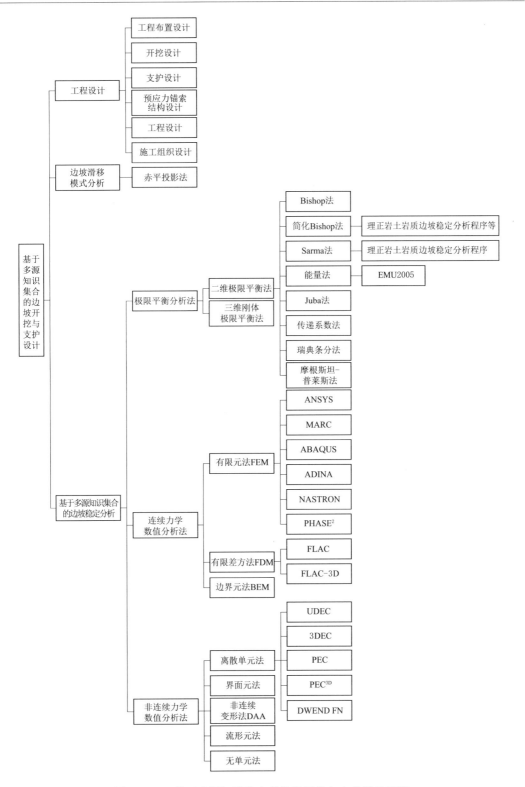

图 4.2-1 基于多源知识集合的边坡开挖与支护设计流程

边坡岩体为灰岩地层，最大坡高110m，基本上没使用大规模的加固措施。三峡船闸边坡岩体为花岗岩地层，边坡总高度175m，其中直立边坡为60m。但类似锦屏一级左岸导流洞进口直立边坡位于高陡松弛卸荷岩体中，坡高102.5m，出口直立边坡位于高陡松弛卸荷岩体中，深部裂缝发育，坡高42.5m，尤其稀少罕见。锦屏一级左岸导流洞工程高陡狭窄深切河谷卸荷松弛岩体边坡处理技术，围绕限制深部裂缝发展、限制边坡岩体变形的设计思想，采用了"斜向出洞、垂直开挖、强支护"的布置方式，实施"先锚后挖、直立开挖、边挖边锚、锚索分期张拉"施工程序，按强度储备方式布置强支护的预应力锚索，边坡稳定和加固措施效果分析采用基于多源知识综合集成的方法，应用工程类比，二维极限平衡法，二维及三维动、静力有限元和离散元法，三维刚体极限平衡法、三维有限差分法和三维离散元法等数值分析方法，研究工程边坡稳定状态，研究出口段洞身开挖对深部裂缝的影响，研究出口开挖对Ⅳ～Ⅵ山梁变形拉裂体的影响，综合决策分析所采取的工程措施有效，设计方案可行。

基于多源知识集合的边坡开挖与支护设计流程如图4.2-1所示。

4.3　工程案例

锦屏一级水电站305m特高坝布置在典型的深切河谷中，枢纽区河道顺直、狭窄，两岸基岩裸露，岩壁耸立，为相对高差近千米的高陡边坡，坡度50°～90°，左岸为反向坡，右岸为顺向坡；坝址区出露地层主要为：中上部的三叠统杂谷脑组变质砂岩、板岩，下部的大理岩。组成高陡边坡的岩石以砂板岩和大理岩等中等坚硬和相对软弱的岩石为主，高边坡形成过程中的局部应力集中现象和岩体强度之间的矛盾表现得比较突出。坝址区左岸存在 $f_5(f_8)$ 断层、煌斑岩脉、深部拉裂缝以及低波速拉裂隙松弛带等不良地质条件；坝址区右岸存在 f_{13} 断层、裂隙密集带涌水带等不良地质条件。枢纽布置时采取"先避让、后布置、再处理"原则，大坝布置尽量回避规模较大的Ⅰ级、Ⅱ级裂缝，位于深部裂缝发育较微弱的A区；为减少对左岸岩体扰动，为左岸拱坝基础处理提供便利，避免施工干扰等，引水发电系统及泄洪洞布置在右岸；对左岸的不良地质条件采取工程措施进行加固处理。

虽然枢纽建筑物布置采取"趋利避害"的布置方案，但是枢纽建设所需的临时建筑物其工程布置、工程边坡设计与施工过程则不能完全避让特殊复杂的地质条件下，需要引入以限制诱发深部裂缝的发展、避免诱发边坡失稳的治理设计新思路。

锦屏一级水电站初期施工导流推荐采用左、右岸共两条导流隧洞过流方案，其中左岸导流洞出口段洞身下穿深部裂缝底部岩体，洞顶距深部裂缝底部约60m，洞室出口位于Ⅳ～Ⅵ山梁变形拉裂体坡脚。左岸导流洞出口边坡如采用传统的开挖削坡方式，出口靠山侧边坡最大开挖高度为113.00m，出口洞脸边坡最大开挖高度为172.80m，将挖除Ⅳ山梁中下部锁固段岩体，对安全裕度不大的Ⅳ～Ⅵ山梁变形拉裂体的稳定极为不利，将影响到山体的稳定。为尽量保留Ⅳ山梁中下部锁固段岩体，控制出口边坡的开挖高度，设计采用了"早进洞、晚出洞、斜向出洞、垂直开挖、强支护"的布置方式，按主动限制施工期边坡开挖影响范围内岩体变形的原则，采取"先锚后挖、边挖边锚、锚索分期张拉"的精细施工程序，辅以监测、反馈评价与支护措施调整的动态设计流程，按直立坡面每 20～30m 高度布置一层 5m 宽马道，左岸导流洞出口靠山侧边坡最大垂直开挖高度约 35.5m，减少开挖高度约 57.5m；出口洞脸边坡最大垂直开挖高度约 57.8m，减少开挖高度约 115m。运用这种复杂岩体中的垂直开挖技术，左岸导流洞进口边坡最大垂直开挖高度约 102.5m，减少开挖高度约 36.5m，进口洞脸边坡最大垂直开挖高度 59.5m，减少开挖高度约 32.0m；右岸导流洞进口靠山侧边坡最大垂直开挖高度约 86.5m，减少约 6.5m；右岸导流洞出口靠山侧边坡最大垂直开挖高度约 80.5m，减少开挖高度约 137.5m，出口洞脸边坡最大垂直开挖高度约 73m，减少开挖高度约 9.5m。左右岸导流洞进出口减少土石方开挖量分别约为 17.2 万 m^3、23.4 万 m^3。

左岸导流洞出口段布置区域内的高应力集中卸荷岩体非常脆弱，对来自外界的扰动十分敏感，出口段下穿深部裂缝底部岩体、出口卸荷松弛岩体边坡垂直开挖的布置方案是否可行，采取限制变位的强支护措施是否有效，必须进行科学论证、决策，涉及改变边坡下部岩体状态的每一项决策都应该有足够的科学依据，该段边坡稳定一旦出现问题，哪怕是潜在的问题，对工程安全的严重程度和工程处理的难度可能都是难以接受的。

4.3.1 锦屏一级水电站左岸导流洞出口直立边坡的开挖与支护设计

锦屏一级水电站左岸导流洞为城门洞型，断面尺寸为 15m×19m（宽×高），出口区位于大坝下游约 600m，属于枢纽泄洪雾化的激溅暴雨区，自然边坡陡峻，坡度约 70°，为反向坡。出露的岩性为 $T_{2-3}z^{2(6)}$ 层薄—中厚层角砾状大理岩。区内发育 f_2 断层，边坡强卸荷水平深度 10～15m，弱卸荷水平深度 40～50m。卸荷带内第②、③组裂隙松弛张开明显。导流洞出口开挖边坡位于强卸荷带内，岩体破碎，结构松弛，以镶嵌—碎裂结构为主，属Ⅳ类岩体，稳定性差。出口区及其上部岸坡为Ⅵ～Ⅳ线山梁变形拉裂岩体，天然状态下现状整体稳定，但安全裕度不大。按传统的削坡方式，出口靠山侧边坡最大开挖高度 113.00m，出口洞脸边坡最大开挖高度 172.80m，并挖除Ⅳ山梁中下部锁固段岩体，影响到山体的稳定。为此，应用基于多源知识综合集成的高陡狭窄深切河谷卸荷松弛岩体工程边坡治理技术，进行工程边坡开挖与支护设计，出口靠山侧边坡最大高度减少约 57.5m；出口洞脸边坡最大高度减少约 115m，有效降低了狭窄河谷高陡卸荷松弛岩体工程边坡的支护设计难度，确保施工安全和开挖过程中山体上部拉裂岩体的稳定。

（1）工程布置。采用了"斜向出洞、垂直开挖、强支护"的布置方式，为最大可能程度控制出口边坡的开挖高度，保留Ⅳ山梁中下部锁固段岩体，出洞点位于地形中的陡坎下，出口洞脸与洞轴线夹角 55°，斜向洞口尺寸为 18.31m×19m（宽×高）。

（2）开挖设计。在Ⅳ₁类变形拉裂岩体中采用垂直开挖、先洞后坡的方式，仅在高程 1664.00m 设置一级马道，马道宽度为 5.0m，最大直立开挖坡面梯段高度约 42.5m。

（3）支护设计。采取"先锚后挖、边挖边锚、逐层开挖、逐层支护"的精细施工支护程序，浅层加固与深层强支护相结合的支护方式。对开口线外影响区高程 1740.00～1700.00m 区间坡面岩石采用 266 束压力分散型预应力锚索（2000kN，$L=60$m，间距 6m）、随机锚杆、挂网喷钢纤维混凝土（C25，厚 10cm，$\phi8$ 钢筋网格 20cm×20cm）、排水孔（深 3m，间排距 5m）等措施进行加固，加固完成后再进行直立坡面分层开挖。直立开挖坡面采用 46 束压力分散型预应力锚索（1500kN，$L=50$m，或 1500kN、$L=40$m，或 1000kN，$L=30$m，间距 5m）、系统锚杆（$\phi25$、$L=4$m 和 $\phi32$、$L=8$m 梅花形相间布置，间距 2m）、挂网喷钢纤维混凝土（C25，厚 10cm，$\phi8$ 钢筋网格 20cm×20cm）、排水孔（深 3m，间排距 5m）等措施进行加固。

利用喷混凝土封闭表面裂隙，与排水孔、截排水沟等相结合降低地下水位，减小支护难度，以增加边坡的稳定。

左岸导流洞出口边坡开挖与支护参数汇总见表 4.3-1。出口边坡支护方式如图 4.3-1 所示。

表 4.3-1　　　　　　　　　左岸导流洞出口边坡开挖与支护参数汇总

项　目	规　格
挂网喷混凝土（C25）	厚 10cm，$\phi8$ 钢筋网格，间距 20cm×20cm
锚杆（$\phi25$，$L=4$m）	间排距 4m×2m
锚杆（$\phi32$，$L=8$m）	间排距 4m×2m
压力分散型预应力锚索（$K=1000$kN）	$L=30$m，间距 5m，排距 5m、7.5m
压力分散型预应力锚索（$K=1500$kN）	$L=40$m、50m，间距 5m，排距 5m、7.5m
压力分散型预应力锚索（$K=2000$kN）	$L=60$m，间距 6m，排距 3m
排水孔（$\phi48$）	$L=3$m，间、排距 5m
排水沟	20cm×20cm

（4）预应力锚索设计。按强度储备原则进行预应力锚索布置和初期张拉。

导流洞出口洞脸开口线以上高程 1740.00～1700.00m 区间，266 束压力分散型预应力锚索（2000kN，$L=60$m，间距 6m，排距 3m）垂直岸坡，与水平面呈 30°俯角布置，初期张拉吨位为设计吨位的 80%；出口洞脸高程 1685.00～1664.00m 开挖区间，10 束压力分散型预应力锚索（1500kN，$L=50$m，间距 5m，排距 5m）、5 束压力分散型预应力锚索（1500kN，$L=40$m，间距 5m）垂直开挖坡面，与水平面呈 10°俯角，初期张拉吨位为设计吨位的 80%。上述进行强度储备的锚索需待开挖结束后，再二次张拉锁定至 100%设计锚固力。

高程 1664.00m 至出口洞顶开挖区间，5 束压力分散型预应力锚索（1000kN，$L=30$m，间距 5m）垂直开挖坡面，与水平面呈 10°仰角，按设计吨位的 100%进行张拉。高程 1664.00m 以下出口洞脸两侧开挖区间，11 束压力分散型预应力锚索（1000kN，$L=30$m，间距 5m，排距 5m、7.5m）垂直开挖坡面，与水平面呈 10°俯角，按设计吨位的 100%进行张拉。

（5）监测设计。在出口边坡沿导流洞轴线布置一个监测断面，布置了四点位移计（孔深 45m）、三点式锚杆测力计和锚索测力计，分别监测开挖边坡岩体深层位移、应力变化情况。

在左岸导流洞出口开挖边坡附近的自然边坡，根据其地质特点，布置了外部变形测点、四点位移计（孔深 45m）、三点式锚杆测力计、锚索测力计和渗压计，分别监测自然边坡岩体表层水平及垂直位移，深层位移、应力及地下水变化情况。

监测设备布置如图 4.3-2 所示。

（6）施工组织设计。利用高程 1664.00m 设置的 5.0m 宽马道，便于大型施工机械作业

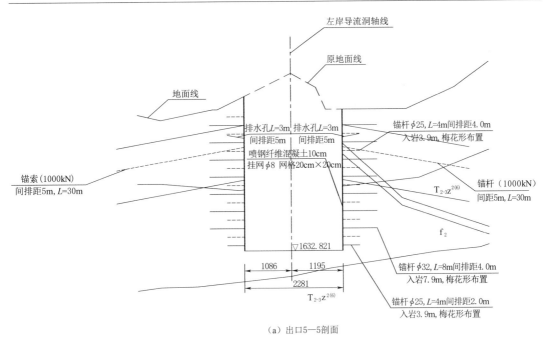

（a）出口5—5剖面

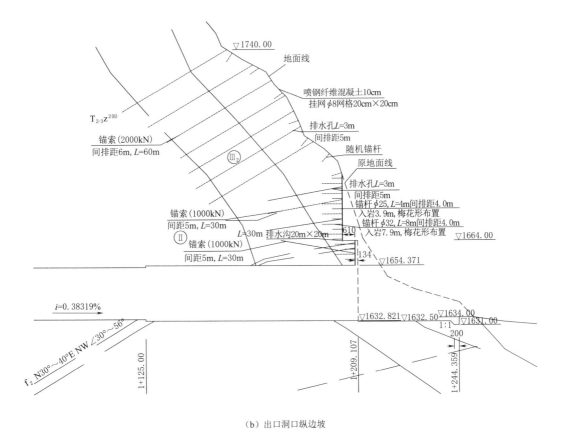

（b）出口洞口纵边坡

图 4.3-1 出口边坡支护图

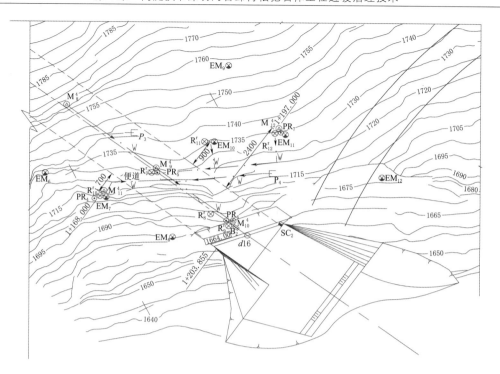

（a）平面图

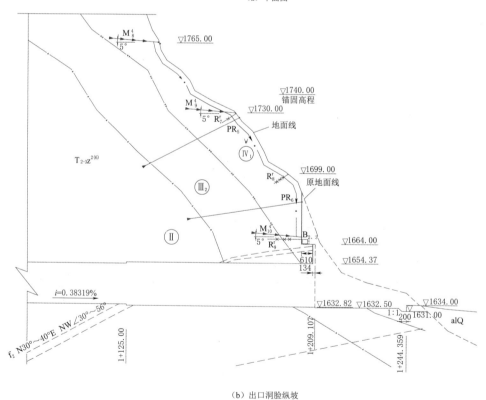

（b）出口洞脸纵坡

图 4.3-2　出口边坡监测设施布置图

高强度、高质量、加固直立开挖坡面，高程 1664.00m 以下施工能连续、均衡作业。

采用预裂爆破、光面爆破、减振爆破等控制爆破技术，减少对岸坡变形拉裂岩体的扰动，利于边坡稳定。

4.3.2 基于多源知识集合的垂直开挖直立边坡稳定分析

4.3.2.1 基于工程地质条件的滑移模式分析

左岸导流洞出口区岸坡为反向坡，岸坡整体基本稳定。出口区及上游侧岸坡为 Ⅳ～Ⅵ 线山梁变形拉裂岩体，岸坡内深部裂缝发育，自然岸坡现状整体基本稳定，但安全裕度不高。开挖边坡采用垂直开挖方式，主要控制性结构面为 f_2 断层，层间挤压错动带、层面裂隙，卸荷裂隙，左岸导流洞出口开挖工程边坡可能失稳模式为受顺坡卸荷裂隙控制的滑移—拉裂破坏。左岸导流洞出口边坡主要结构面见表 4.3－2，可能滑动模式见表 4.3－3，可能变形失稳模式及块体组合见图 4.3－3。

表 4.3－2　　　　　　　左岸导流洞出口开挖边坡主要结构面

编　号		产　状	强　度　指　标
层面裂隙		N20°～30°E，NW∠30°～45°	卸荷带内取：$f'=0.51$，$c'=0.15$MPa 卸荷带以里取：$f'=0.7$，$c'=0.2$MPa
强卸荷	NE 向陡倾卸荷裂隙	N50°～70°E，SE∠65°～75°	70%取：$f'=0.45$，$c'=0.10$MPa， 30%取潜在滑移面
强卸荷	NE 向中缓倾卸荷裂隙	N50°～70°E，SE∠45°～50°	通过各类岩体指标的综合加权值
弱卸荷	NE 向陡倾卸荷裂隙	N50°～70°E，SE∠65°～75°	50%取：$f'=0.51$，$c'=0.15$MPa， 50%取潜在滑移面
弱卸荷	NE 向中缓倾卸荷裂隙	N50°～70°E，SE∠45°～50°	通过各类岩体指标的综合加权值

表 4.3－3　　　　　　　左岸导流洞出口开挖工程边坡可能滑动模式表

部位	滑面编号	滑　块　组　合
下游外侧坡	Zc1	中上部沿陡倾顺坡卸荷裂隙、下部沿中缓倾顺坡卸荷裂隙发生的滑移-拉裂破坏
下游外侧坡	Zc2	f_2 断层为后缘拉裂面，中缓倾顺坡卸荷裂隙为底滑面的平面滑动组合
洞脸边坡	Zc3	无不利组合，存在局部崩塌破坏的可能

4.3.2.2 基于二维极限平衡法的出口工程边坡稳定计算分析

采用 Sarma 法的计算程序——理正岩质边坡稳定分析程序研究出口工程边坡的稳定性，其稳定分析计算成果见表 4.3－4。

表 4.3－4　　　　　　　左岸导流洞出口工程边坡稳定计算成果表

部位	滑面编号	正常运行	降雨工况		地震荷载
			裂隙水 20%	裂隙水 60%	7 度地震
洞脸边坡	Zc3	1.654	1.631	1.603	1.590
下游外侧边坡	Zc2	1.911	1.858	1.753	1.856

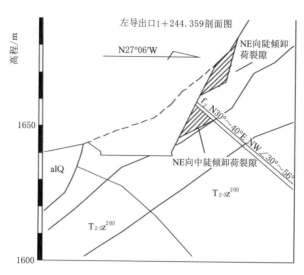

图 4.3-3　左岸导流洞出口开挖边坡下游坡可能变形失稳模式及块体组合示意图

采用能量法的计算程序——EMU2005 岩质边坡稳定分析程序研究出口轴线纵剖面边坡的稳定性，其稳定分析计算结果见表 4.3-5。

表 4.3-5　　　　　　　　　导流洞出口轴线纵剖面边坡稳定分析成果表

滑　动　模　式		正常运行	降　雨　工　况		地震荷载
			孔压系数 0.1	孔压系数 0.2	孔压系数 0.1 ＋7 度地震
沿 SL_{41}（Ⅰ）滑动	深部裂缝未延长	1.8	1.621		
	深部裂缝延长至 1650m	1.178	1.112	1.093	1.099
弱卸荷线以上岩体		1.993	1.821	1.649	1.758
强卸荷线以上岩体		2.157	2.033	1.907	1.98

用 Sarma 法、剩余推力法和摩根斯坦法进行边坡稳定分析，综合评判左岸导流洞出口轴线纵剖面边坡的稳定性，根据可能的控制性结构面组合了 2 个可能滑动模式，极限平衡计算条块剖分如图 4.3-4 所示，其成果见表 4.3-6。

表 4.3-6　　　　　　　　　出口轴线纵剖面二维极限平衡计算成果表

滑　动　模　式	计算方法	正常运行	降　雨　工　况		地震荷载
			地下水压力系数 0.2	地下水压力系数 0.5	正常运行 ＋7 度地震
模式①：岩层界面（$T_{2-3}z^{2(7)}$/ $T_{2-3}z^{2(8)}$）＋优势卸荷裂隙＋剪断 Ⅵ$_1$ 类岩体	Sarma 法	1.592	1.523	1.420	1.411
	剩余推力法	1.525	1.495	1.452	1.352
	摩根斯坦法	1.526	1.495	1.453	1.353
	平均	1.548	1.504	1.442	1.372

滑 动 模 式	计算方法	正常运行	降 雨 工 况		地震荷载
			地下水压力系数0.2	地下水压力系数0.5	正常运行＋7度地震
模式②：岩层界面（$T_{2-3}z^{2(7)}$/$T_{2-3}z^{2(8)}$）＋优势卸荷裂隙＋剪断VI_1类岩体	Sarma法	1.640	1.569	1.462	1.450
	剩余推力法	1.504	1.475	1.433	1.331
	摩根斯坦法	1.504	1.475	1.433	1.331
	平均	1.549	1.506	1.443	1.371

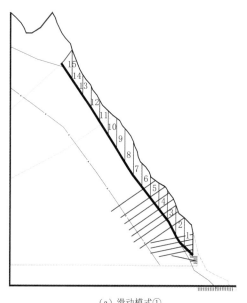

（a）滑动模式①　　　　　　　　　　（b）滑动模式②

图 4.3-4　左岸导流洞出口轴线纵剖面条块剖分图

　　用 Sarma 法、剩余推力法和摩根斯坦法进行边坡稳定分析，综合评判左岸导流洞出口下游外侧坡 2—2 剖面边坡的稳定性，根据可能的控制性结构面组合了 2 个可能滑动模式，出口 2—2 剖面位置如图 4.3-5 所示，极限平衡计算条块剖分如图 4.3-6 所示，其成果见表 4.3-7。

表 4.3-7　　　　　　　　　　出口 2—2 剖面二维极限平衡计算成果表

滑 动 模 式	计算方法	正常运行	降 雨 工 况		地震荷载
			地下水压力系数0.2	地下水压力系数0.5	正常运行＋7度地震
模式①：$T_{2-3}z^{2(6)}$/$T_{2-3}z^{2(7)}$岩层界面＋强卸荷裂隙界线＋缓倾坡外裂隙，从1632.00m高程附近覆盖层滑出（开挖底线滑出）	Sarma法	1.752	1.603	1.544	1.521
	剩余推力法	1.767	1.739	1.700	1.533
	摩根斯坦法	1.761	1.733	1.694	1.528
	平均	1.76	1.692	1.646	1.527

滑　动　模　式	计算方法	正常运行	降雨工况		地震荷载
			地下水压力系数0.2	地下水压力系数0.5	正常运行＋7度地震
模式②：高程1700.00m沿陡倾角裂隙＋强卸荷缓倾角裂隙＋缓倾角坡外裂隙，从1633.00m高程附近覆盖层滑出（开挖底线滑出）	Sarma法	2.990	2.906	2.791	2.713
	剩余推力法	2.246	2.205	2.145	1.986
	摩根斯坦法	2.294	2.251	2.188	2.064
	平均	2.32	2.28	2.217	2.019

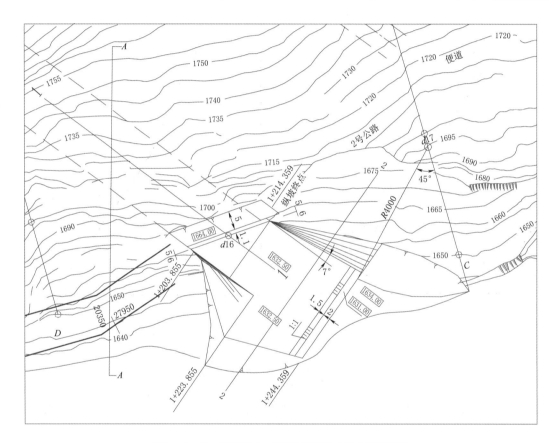

图 4.3-5　导流洞出口附近边坡稳定性计算剖面

从二维极限平衡计算结果看，在不同荷载组合时，出口边坡正常运行时计算的安全系数为1.55，降雨工况时计算的安全系数为1.50~1.44，地震荷载时计算的安全系数为1.37，边坡的稳定性较好。在考虑到深部裂缝延长至1650m时这种极端因素时，出口边坡的安全系数有所下有降，但仍可满足规范二级边坡的下限值。

4.3.2.3　基于二维极限平衡法的出口 A—A 剖面天然边坡稳定计算分析

采用Sarma法的计算程序——理正岩质边坡稳定分析程序研究出口 A—A 剖面天然边坡的稳定性，导流洞出口 A—A 剖面的稳定性分析成果见表4.3-8。

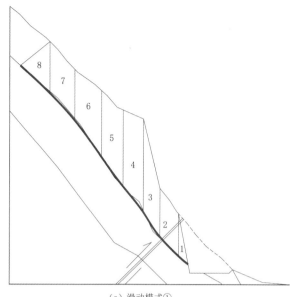

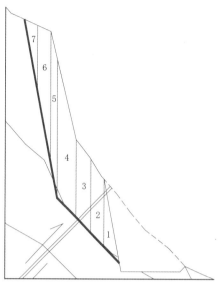

（a）滑动模式①　　　　　　　　　　　　　　（b）滑动模式②

图 4.3 - 6　导流洞出口下游外侧坡 2—2 剖面条块剖分图

表 4.3 - 8 　　　　　　　　出口 *A—A* 剖面天然边坡二维极限平衡计算成果表 1

滑 面 组 合	正常运行	降　雨		地震
		裂隙水 20%	裂隙水 60%	正常运行＋ 7 度地震
F_1＋推测段＋SL_{33}（Ⅰ）＋推测段＋1690.00m 高程剪出	1.229	1.176	1.141	1.178
陡倾裂隙＋推测段＋SL_{33}（Ⅰ）＋推测段＋1690.00m 高程剪出	1.102	1.048	1.021	1.062
推测段＋SL_{29}（Ⅱ）＋推测段＋1690.00m 高程剪出	1.077	1.045	1.024	1.048
卸荷裂隙＋强卸荷底线＋推测段＋1785.00m 高程剪出	1.748	1.656	1.607	1.658
推测段＋SL_{29}（Ⅱ）＋推测段＋SL_{27}（Ⅲ）＋推测段 1720.00m 高程剪出推测段	1.319	1.242	1.201	1.266

　　利用 Sarma 法、剩余推力法和摩根斯坦法进行边坡稳定分析，综合评判 *A—A* 剖面天然边坡的稳定性，成果见表 4.3 - 9，极限平衡计算条块剖分如图 4.3 - 7 所示。

表 4.3 - 9 　　　　　　　　出口 *A—A* 剖面天然边坡二维极限平衡计算成果表 2

滑 面 组 合	计算方法	正常运行	降　雨		地震
			地下水压力 系数 20%	地下水压力 系数 50%	7 度地震
模式①：（2003.00m 高程）拉裂Ⅳ₁ 类岩体＋剪Ⅲ₂ 类岩体＋沿 SL_{33}＋剪Ⅳ₂ 类岩体＋在 1685.00m 高程附近剪Ⅳ₁ 滑出	Sarma 法	1.119	1.029	0.938	0.999
	剩余推力法	0.943	0.926	0.904	0.800
	摩根斯坦法	0.963	0.946	0.923	0.819
	平均值	1.008	0.967	0.922	0.873

续表

滑　面　组　合	计算方法	正常运行	降　雨		地震
			地下水压力系数 20%	地下水压力系数 50%	7 度地震
模式②：岩层界面（$T_{2-3}z^{2(7)}/T_{2-3}z^{2(8)}$）+优势卸荷裂隙+剪断Ⅵ₁类岩体	Sarma 法	2.767	2.476	2.161	2.241
	剩余推力法	2.856	2.813	2.756	2.374
	摩根斯坦法	2.587	2.547	2.494	2.172
	平均值	2.737	2.612	2.47	2.262
模式③：（高程 1970.00m 附近）拉裂Ⅳ₁类岩体+剪断Ⅲ₂类岩体+SL_{29}+剪断Ⅳ₂类岩体+剪断Ⅳ₁Ⅳ₂类岩体（高程 1695.00m 附近滑出）	Sarma 法	1.294	1.223	1.119	1.148
	剩余推力法	1.155	1.134	1.106	1.015
	摩根斯坦法	1.127	1.107	1.079	0.991
	平均值	1.192	1.155	1.101	1.051

采用能量法的计算程序——EMU2005 岩质边坡稳定分析程序研究出口 A—A 剖面天然边坡的稳定性，计算条块间的界面强度考虑了岩体的抗剪强度参数和倾坡外陡倾裂隙参数两种指标，其成果见表 4.3-10 和表 4.3-11。

表 4.3-10　　　　　出口 A—A 剖面天然边坡二维极限平衡计算成果表 3
（条块界面取岩体强度指标）

滑　面　组　合	正常运行	降　雨		地震
		孔压系数 0.1	孔压系数 0.2	孔压系数 0.1 +7 度地震
Ⅳ₁类岩体	1.444	1.301	1.157	1.255
沿Ⅳ₂和 V₁类岩体，弧形滑动	1.219	1.157	0.989	1.088
沿 SL_{33}（Ⅰ）深部裂隙滑动	1.089	1.003	0.93	0.968
沿 SL_{33}（Ⅱ）深部裂隙与 F_1 断层组合滑动	1.053	0.939	0.909	0.928
沿 SL_{29}（Ⅱ）深部裂隙滑动	1.079	1.005	0.912	0.996

表 4.3-11　　　　　出口 A—A 剖面天然边坡二维极限平衡计算成果表 4
（条块界面取裂隙强度指标）

滑　面　组　合	正常运行	降　雨		地震
		孔压系数 0.1	孔压系数 0.2	孔压系数 0.1 +7 度地震
Ⅳ₁类岩体	1.398	1.254	1.107	1.210
沿Ⅳ₂和 V₁类岩体，弧形滑动	1.137	0.995	0.839	0.955
沿 SL_{33}（Ⅰ）深部裂隙滑动	0.831	0.776		
沿 SL_{33}（Ⅰ）深部裂隙与 F_1 断层组合滑动	0.850	0.84		0.826
沿 SL_{29}（Ⅱ）深部裂隙滑动	0.771			

二维极限平衡法计算结果表明，A—A 剖面天然边坡正常运行时计算的安全系数为 1.08～0.771；降雨时计算的安全系数为 1.05～0.78；地震时计算的安全系数为 1.048～

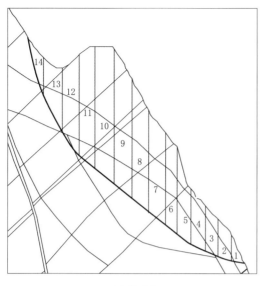

（a）模式①

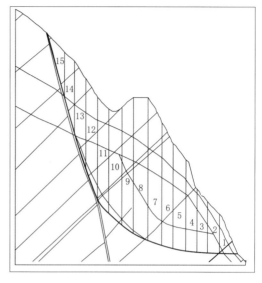

（b）模式②

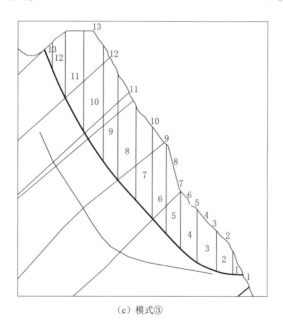

（c）模式③

图 4.3 - 7 A—A 剖面天然边坡极限平衡计算条块剖分图

0.83。计算结果表明，边坡的稳定性不高，与规范要求的二级边坡的安全系数要求有一定的差距，必须进行加固处理。

A—A 剖面天然边坡的安全系数不高，但在天然状态下该边坡目前是稳定的。

4.3.2.4 基于三维极限平衡法的出口边坡稳定计算分析

为研究导流洞出口边坡潜在滑裂面的三维特征对稳定性的影响，采用武汉大学自主研制开发的边坡稳定性分析可视化软件 3D - SLOPE 进行三维分析计算。

导流洞出口边坡区域出露的确定性结构面有 f_2、f_9、SL_{29}、SL_{30}，不确定性结构面有：优势

节理 J_1（295°∠40°），优势节理 J_2（117°∠77°），优势节理 J_3（150°∠65°）、J_4（195°∠82°），层间挤压带 g（300°∠40°）。其中，深部裂缝 SL_{29}、SL_{30} 由于所处的位置在较深的部位，不易参与坡面上的块体切割，SL_{29} 的产状与 J_2、J_3 较为接近，SL_{30} 的产状与 J_3 接近，因此在分析结构面组合及可移动块体类型时，可以 J_2、J_3 为代表；断层 f_2 及优势节理 J_1 与层间挤压带 g 的产状相近，因此以优势节理 g 为代表。基于根据结构面出露位置、产状，在进行块体可移动性分析时，考虑 g、J_2、J_3、J_4 之间的组合，层间挤压带 g 与 J_2、J_4 形成的块体更为普遍。

将导流洞出口下游内侧坡、上游外侧坡简化为直立坡，与 3 条结构面进行组合，进行全空间赤平投影分析。下游内侧坡、上游外侧坡、洞脸坡上可出现的可移动块体类型及其失稳模式见表 4.3－12。

表 4.3－12　　　　　　　　　　结构面可能的组合及可移动块体类型

组合情况		出露位置	可移动块体类型（失稳模式）
组合 1	g，J_2，J_3	下游内侧坡	110（2，3）
		上游外侧坡	001（超稳）
		洞脸坡	001（超稳）
组合 2	g，J_2，J_4	下游内侧坡	100（2，3）
		上游外侧坡	011（1）
		洞脸坡	无
组合 3	g，J_3，J_4	下游内侧坡	100（2）
		上游外侧坡	011（1）
		洞脸坡	101（2，3）
组合 4	J_2，J_3，J_4	下游内侧坡	010（1，3）
		上游外侧坡	101（超稳）
		洞脸坡	无

当存在节理等长度有限的不定位结构面参与块体切割时，块体的空间位置、大小及形态是不确定的。在进行不定位块体稳定性及支护分析前，需要确定块体的大小。工程调查资料显示，节理延伸长度一般小于 10m。并参照类似工程分析及一般经验，设定与 J_2、J_3、J_4 有关的块体边长不超出 14m，以此确定块体的大小。需进行稳定性分析的块体形态如图 4.3－8 所示。

块体稳定性分析时，结构面抗剪强度参数取值见表 4.3－13，计算的块体安全系数见表 4.3－14。

表 4.3－13　　　　　　　　　结构面抗剪强度参数取值

参数	节理（$J_1 \sim J_4$）	层面挤压带（g）
f	0.51	0.30
c/MPa	0.15	0.02

PROJECTIVE DIRECTION:
0.5 −0.4 0.16
COORDINATES OF VERTICES
NO   X=   Y=   Z=
1   0   0   0
2   −2.24   −4.47   −0.12
3   −9.89   −8.19   −4.61
4   −0.13   −3.44   −6.24

VOLUME=31.6

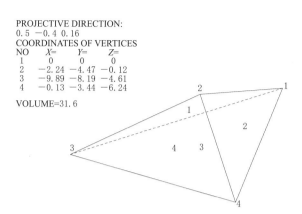

（a）下游内侧坡组合1结构面锥110形成的块体（体积31.6m³）

PROJECTIVE DIRECTION:
0.5 −0.4 0.16
COORDINATES OF VERTICES
NO   X=   Y=   Z=
1   0   0   0
2   −1.78   −3.54   −0.1
3   4.19   0.63   3.41
4   1.62   −1.88   −9.95

VOLUME=31.45

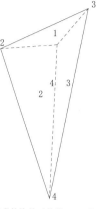

（b）下游内侧坡组合2结构面锥100形成的块体（体积31.5m³）

PROJECTIVE DIRECTION:
0.5 −0.4 0.16
COORDINATES OF VERTICES
NO   X=   Y=   Z=
1   0   0   0
2   −7.21   −5.98   −3.37
3   3.86   −0.58   3.14
4   2.3   −1.34   −4.95

VOLUME=32.55

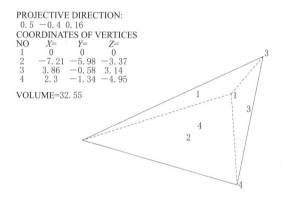

（c）下游内侧坡组合3结构面锥100形成的块体（体积32.6m³）

PROJECTIVE DIRECTION:
−0.2 0.7 0.16
COORDINATES OF VERTICES
NO   X=   Y=   Z=
1   0   0   0
2   1.78   3.54   0.1
3   −4.19   0.63   −3.41
4   −1.62   1.88   9.95

VOLUME=31.45

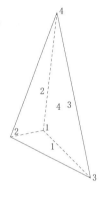

（d）上游外侧坡组合2结构面锥011形成的块体（体积31.5m³）

PROJECTIVE DIRECTION:
−0.2 0.7 0.16
COORDINATES OF VERTICES
NO   X=   Y=   Z=
1   0   0   0
2   7.21   5.98   3.37
3   −3.86   0.58   −3.14
4   −2.3   1.34   4.95

VOLUME=32.55

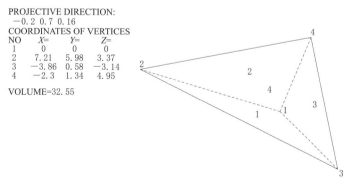

（e）上游外侧坡组合3结构面锥011形成的块体（体积32.6m³）

图 4.3-8　稳定性分析的块体形态图

表 4.3 - 14　　　　　　　　　　　　组合 2 形成的块体的稳定性

组 合 块 体	失稳模式	块体体积/m³	安全系数
下游内侧坡组合 1 的 110 块体	双面滑动（2，3）	31.6	11.68
下游内侧坡组合 2 的 100 块体	双面滑动（2，3）	31.5	8.32
下游内侧坡组合 3 的 100 块体	单面滑动（2）	32.6	5.44
上游外侧坡组合 2 的 011 块体	单面滑动（1）	31.5	0.74
上游外侧坡组合 3 的 011 块体	单面滑动（1）	32.6	0.99

由计算结果可知，洞脸坡基本上不会出现较大的块体，计算得到块体主要在下游内侧坡与上游外侧坡。其中，下游内侧坡块体的安全系数较高，边坡开挖后，在重力作用下一般不会出现较大的失稳块体；受沿着层间挤压带发生顺层的单面滑动模式影响，上游外侧坡块体的安全系数较低，需要进行工程支护。

若上游外侧坡组合 2 的 011 块体、组合 3 的 011 块体，其稳定性安全系数达到 1.3，需要施加主动锚固力分别为 320kN、210kN。

组合 2 的 011 块体位于临空面上的面积为 28m²，若按照锚杆支护（锚杆 ϕ32、L = 8m、间排距 4.0m，锚杆 ϕ25、L = 4m、间排距 4.0m）考虑，每个块体上可以布置约 3 根锚杆，每根锚杆需提供约 10t 阻滑力（抗剪力），对于 ϕ32 与 ϕ25 相间布置的锚杆系统，难以达到块体稳定的设计要求。考虑锚索（按间距 6m 梅花形布置）加固后，每个块体上可以至少布置 1 根锚索，可以达到块体稳定的设计要求。

组合 3 的 011 块体位于临空面上的面积为 37m²，若按照锚杆支护（锚杆 ϕ32、L = 8m、间排距 4.0m，锚杆 ϕ25、L = 4m、间排距 4.0m）考虑，每个块体上可以布置约 4 根锚杆，每根锚杆需提供约 4.5t 阻滑力（抗剪力），对于 ϕ32 与 ϕ25 相间布置的锚杆系统，可以达到块体稳定的设计要求。若采用锚索（按间距 6m 梅花形布置）加固后，每个块体上可以布置 2 根锚索，也可以达到块体稳定的设计要求。

4.3.2.5　基于连续力学数值分析方法的导流洞出口天然边坡稳定安全系数计算分析

基于连续力学数值分析方法，采用有限差分法的计算程序 FLAC - 3D 进行三维弹塑性有限元模型研究，通过分析工程开挖边坡的应力应变、塑性屈服区的范围，研究导流洞出口边坡的稳定安全系数。

利用 FLAC - 3D 程序建立了导流洞出口区的三维模型进行数值分析，如图 4.3 - 9 所示。模型中，采用 FLAC - 3D 软件里的 Ubiquitous Joint（遍布节理）模型模拟了导流洞出口区域里的 F_1、f_5 和 f_9 断层，将深部裂隙带的岩体概化为 IV_2 类岩体。采用表 4.3 - 15 中的岩体力学参数，利用强度折减的方法，对导流洞出口处上下游 150m 范围内岩体进行降强处理，求解边坡的稳定安全系数，分析边坡加固效果。

表 4.3 - 15　　　　　　　　　　　　岩体力学计算参数表

岩体质量分级	内聚力 c /MPa	内摩擦角 ϕ/(°)	抗拉强度 Σ_t/MPa	弹性模量 E/GPa	泊松比 ν
II	2.00	53.47	8.43	27	0.225
III_1	1.50	46.94	8.43	12.5	0.25

续表

岩体质量分级	内聚力 c /MPa	内摩擦角 $\phi/(°)$	抗拉强度 $\sum_t$/MPa	弹性模量 E/GPa	泊松比 ν
III₂	0.90	45.57	4.69	6.0	0.275
IV₁	0.80	38.66	0.80	3.0	0.3
IV₂（深部裂隙带）	0.50	33	0.50	1.8	0.3
V （断层带）	0.02	11.3	0	1.1	0.35

边坡进行应力应变分析时，采用强度储备法（或参数折减法）求解边坡稳定安全系数的步骤如下：

（1）假定一安全系数值（通常小于安全系数真值），对岩体的抗剪强度参数按 $\tan\phi_e=\tan\phi/F$ 和 $c_e=c/F$ 进行折减。

（2）应用折减后的强度参数对边坡进行应力变形分析。

（3）如果出现塑性区贯通，形成可能的滑移路径，或者迭代计算时的边坡表面某点的位移不收敛时，可以认为边坡已经失稳，此时的安全系数就是边坡稳定安全系数。

（4）如果没有出现上述情况，则逐渐增加安全系数，重复步骤（1）～步骤（3）。

当安全系数 $F=1.13$ 时，边坡内部未发现塑性区贯通的滑移路径，边坡总体上

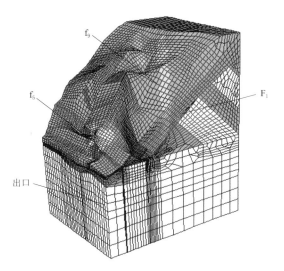

图 4.3－9　导流洞出口边坡三维数值
分析计算网格图

是稳定的。随着强度折减系数（安全系数 F）的增大，岩体的抗剪强度参数不断降低，边坡内的塑性区由导流洞出口处逐渐沿深部裂隙带向坡顶延伸。

当 $F=1.15$ 时，深部裂隙带的塑性区在 $A—A$ 剖面和导流洞出口剖面相交于 F_1 断层的塑性区，塑性滑移区完全贯通的，形成了以 F_1 断层为后缘面，III₂ 类岩体和深部裂隙为底滑面，并在坡脚处剪断 IV₁ 类岩体形成的滑移模式；在 $IV—IV$ 剖面形成了以 f_9 为后缘面，以深部裂隙带为底滑面，以剪断 IV₁ 类岩体形成滑出面的塑性通道；可以认为 $F=1.15$ 时，边坡已形成了由贯通的塑性区形成的滑移通道，即将失稳。因此认为在自重条件下，天然边坡的稳定安全系数大致为 $F=1.13$ 左右。

从数值分析看，自重应力下导流洞出口区天然边坡的稳定安全系数为 1.13，低于规范要求下限值，需采取工程措施加固。

4.3.2.6　导流洞出口边坡开挖对 IV～VI 山梁稳定影响的数值计算分析

根据枢纽布置，左岸导流洞在 IV～VI 山梁变形拉裂体的坡脚穿出。尽管导流洞按"浅开挖、低开口、强锁头"原则，采用垂直开挖、斜向出洞方式以减少对低高程"阻抗岩体"的扰动。由于导流洞是通过了 IV～VI 山梁的关键部位，其自身稳定安全裕度不大，施工期开挖扰动有可能造成山体失稳，为此开展了三维数值分析工作。

（1）基于非连续数值分析方法的3DEC程序研究计算。非连续数值计算分析方法，采用了离散单元法的计算软件程序3DEC进行分析研究，通过导流洞开挖引起的围岩应力变化，分析导流洞洞身和出口边坡开挖对Ⅳ～Ⅵ山梁变形拉裂体稳定的影响。

3DEC模型中，考虑的主要结构面包括f_2、f_5、f_9断层、层面和深部裂缝（用深部裂缝发育区顶部和底部两个位置上的两条断裂代表），按均匀分布模拟了走向N50°～70°E、倾SE倾角50°～80°和走向N30°～50°W、倾NE、倾角60°～80°两组节理，对节理间距进行概化处理。为便于研究，模型中将导流洞简化成一个断面为正方形的洞室。

由于高地应力存在和河谷发育历史特征不确定性，对地应力场的模拟考虑了原始地形与地应力、河谷发育特征、岩石力学特征变化参数等因素，用五步开挖剥蚀法模拟河谷的形成过程，相对合理地反映了河谷发育过程中岩体强度特征的变化、卸荷带和深部裂缝形成机制、河床附近高应力分布等。

3DEC模型计算采用的力学参数指标见表4.3-16和表4.3-17。

表4.3-16　　　　　　　不同类型岩体的力学参数取值表

岩体类型	强度条件	c/MPa	φ/(°)	抗拉强度/MPa	弹性模量/GPa
大理岩	峰值	4.6	37.9	−0.8	24.9
	残余值	3.6	33.9	0	17.4
砂板岩	峰值	3	32.5	−0.2	9.9
	残余值	2.3	26.9	0	7
粉砂质板岩	峰值	1.8	27	−0.1	5.3
	残余值	1.1	26	0	3.7

表4.3-17　　　　　　　岩体结构面抗剪断强度参数取值表

结构面类型	摩擦角/(°)	黏结力/MPa	抗拉强度/MPa	剪胀角/(°)
层面	39	0.3	0	0
断层与深部裂缝	25	0	0	0
节理	35	0.15	0	0

由于高地应力的存在，导流洞开挖对Ⅳ～Ⅵ梁边坡稳定性的影响直接与应力变化相关。

图4.3-10表示了导流洞相对于边坡的位置和沿线目前的初始地应力条件。在Ⅳ～Ⅵ梁地段，导流洞所在位置上的最大初始主应力在20～30MPa的水平，与岩石单轴抗压强度之比为0.3左右，属于中等应力水平；该段的导流洞不会出现比较普遍的应力问题，导流洞开挖引起的潜在问题主要仅限于对隧洞本身的影响。在导流洞从上游进入Ⅵ山梁之前，导流洞所在部位的初始应力水平较高，导流洞开挖以后在靠坡面一侧的边墙顶部一带可能出现比较强烈的应力集中现象和一定程度的应力型破坏。该地段最大初始主应力与岩石单轴抗压强度之比可以达到0.4以上，在岩体相对完整的地段，围岩可能发生中等程度的应力型破坏（如片帮等），当顺坡节理处于优势位置时，强烈的应力破坏如岩爆也有可能产生。这种应力破坏型的直接破坏深度一般不大，常见数十厘米。考虑到该地段导流洞的埋深条件，这种破坏不会直接涉及边坡的稳定安全问题。

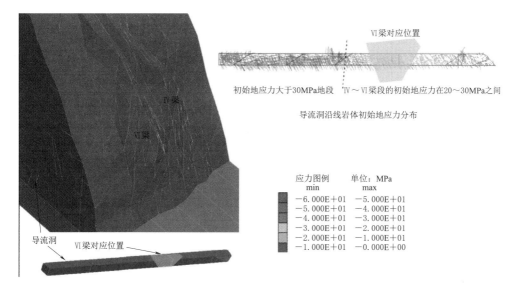

图 4.3-10　导流洞及边坡位置与沿线初始地应力分布图

图 4.3-11 表示导流洞开挖对周边围岩应力状态的影响，显示了导流洞开挖对边坡岩体稳定性的影响程度。导流洞开挖引起的最主要问题将是其右上角对与之对应的左下角（面向下游）的围岩应力型破坏问题。这种应力型破坏除可以直接影响到洞室围岩的稳定特征（片帮乃至岩爆破坏），如这种破坏程度比较强烈，特别是诱发了断裂的破坏时，可能对山体内存在的深部裂缝造成影响。导流洞开挖对边坡潜在稳定问题不会导致明显的

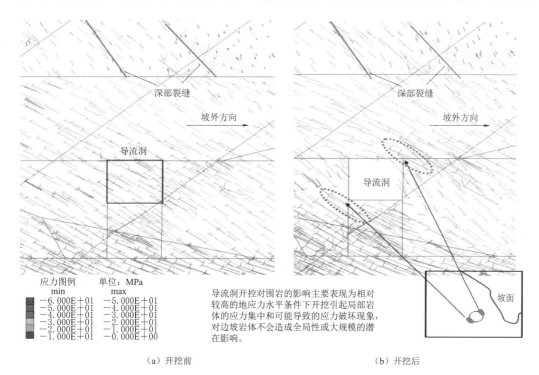

（a）开挖前　　　　　　　　　　　　　（b）开挖后

图 4.3-11　导流洞洞周岩体应力分布特征图

直接影响，但导流洞开挖几乎不可避免的应力型破坏可能会在弱到中等程度上影响到深部裂缝的发展。优化导流洞的开挖方式和降低应力扰动程度，是最有效的防治措施。

虽然导流洞的尺寸相对边坡岩体关键部位的规模仍然很小，导流洞的合理开挖一般不会涉及边坡的整体稳定。从导流洞开挖引起应力变化的角度看，导流洞开挖对边坡稳定的影响远比对导流洞本身稳定的影响要小得多，导流洞开挖对周边围岩应力场的改造对已经存在的具备向下延伸趋势的深部裂缝的影响则需特别关注。

（2）基于连续数值分析方法的 FLAC-3D 程序研究计算。利用 FLAC-3D 程序建立左岸导流洞出口区边坡三维弹塑性有限元模型进行数值分析计算，定性研究在无支护条件下导流洞出口边坡开挖时对Ⅳ～Ⅵ山梁稳定的影响。模型中，采用 Ubiquitous Joint（遍布节理）模型模拟本区域里的 F_1、f_5 和 f_9 断层，将整个深部裂隙带的岩体定为Ⅳ$_2$ 类岩体。

1）导流洞及其出口边坡开挖对Ⅳ～Ⅵ山梁岩体屈服状态的影响。开挖前、后Ⅳ～Ⅵ山梁典型断面的屈服区分布变化如图 4.3-12 和图 4.3-13 所示。

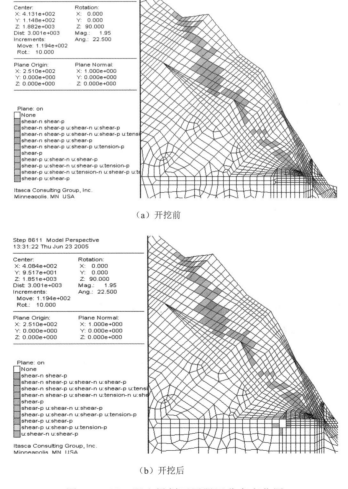

（a）开挖前

（b）开挖后

图 4.3-12　Ⅳ山梁剖面屈服区分布变化图

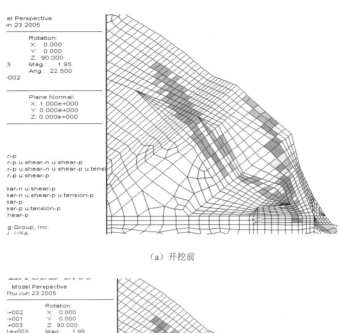

（a）开挖前

（b）开挖后

图 4.3-13　Ⅵ山梁剖面屈服区分布变化图

2）导流洞及其出口边坡开挖对Ⅳ～Ⅵ山梁岩体应力状态的影响。导流洞及其出口边坡开挖后，Ⅳ～Ⅵ山梁变形如图 4.3-14～图 4.3-17 所示。

可以看出，开挖后除洞周附近有局部的应力集中外，并未引起Ⅳ～Ⅵ山梁应力分布规律的变化。

3）导流洞及其出口边坡开挖对Ⅳ～Ⅵ山梁变形的影响。开挖后尽管洞周局部地方有10mm 左右的位移，但引起Ⅳ～Ⅵ山梁的总体位移很小，为 1mm 左右。

4）小结。综合分析开挖前、后Ⅳ～Ⅵ山梁典型断面的屈服区、应力与位移变化，导流隧洞及其出口边坡开挖后，对Ⅳ～Ⅵ山梁岩体的屈服状态影响很小；除洞周附近有局部的应力集中外，导流洞及其出口边坡的开挖并未引起Ⅳ～Ⅵ山梁应力分布规律的变化；除洞周局部地方有 10mm 左右的位移外，导流洞及其出口边坡的开挖引起Ⅳ、Ⅵ山梁的总体位移很小，为 1mm 左右。可以认为，导流隧洞及其出口边坡的开挖是属于局部开挖，对Ⅳ～Ⅵ山梁本身的稳定性影响较小。

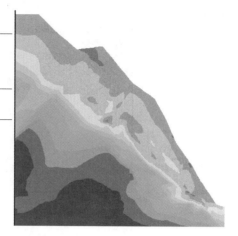

（a）开挖前

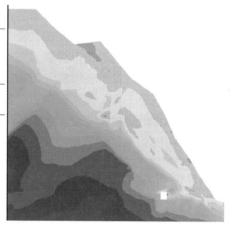

（b）开挖后

图 4.3 - 14　Ⅳ山梁剖面 σ_1 等值域图

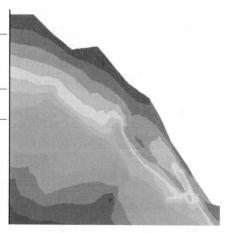

（a）开挖前

图 4.3 - 15（一）　Ⅳ山梁剖面 σ_3 等值域图

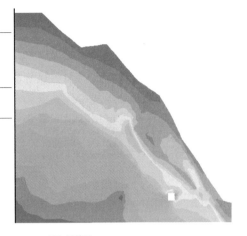

（b）开挖后

图 4.3 - 15（二）　Ⅳ山梁剖面 σ_3 等值域图

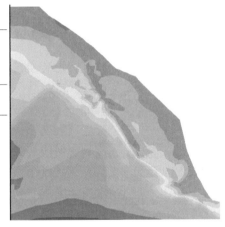

（a）开挖前

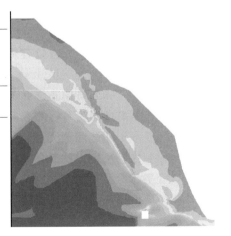

（b）开挖后

图 4.3 - 16　Ⅵ山梁剖面 σ_1 等值域图

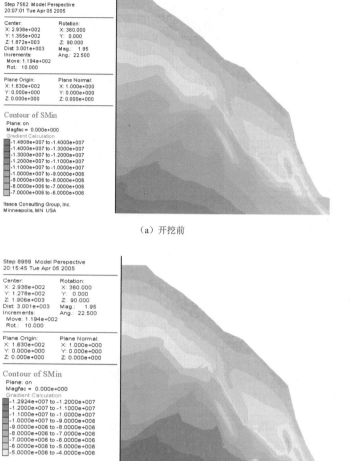

（a）开挖前

（b）开挖后

图 4.3-17 Ⅵ山梁剖面 σ_3 等值域图

（3）基于连续数值分析方法的施工期开挖过程模拟研究。结合野外现场调查与地质判断，对左岸导流洞出口部位地质条件进行概化，建立 3D-σ 和 FLAC-3D 三维数值计算模型模拟开挖过程，对左岸导流洞出口Ⅳ～Ⅳ、A_1—A_1 典型剖面进行数值分析研究，研究初始应力场，研究未考虑开挖支护与洞身进程条件下岩石的应力、变形，以进一步判断左岸导流洞出口开挖对Ⅳ～Ⅵ山梁稳定性影响。

模型中，考虑了强风化带、弱风化带和深部卸荷带和 f_2、f_5、f_9 主要断层。其中 f_5 被 f_2 在地下深部错断，由于 f_5 在 f_2 断层下面的部分离导流洞相对较远，而且深埋较大，所以模型中只考虑了 f_5 在 f_2 以上的部分。对于高高程出露的 F_1 断层，因离施工区较远，在模型中未考虑；左岸坡体Ⅳ、Ⅵ山梁深部存在相当数量的深拉裂缝，概化为强度较低的岩性带。

三维数值分析计算模型如图 4.3-18 所示，典型剖面位置如图 4.3-19 所示，计算模型采用的材料参数见表 4.3-18。

表 4.3-18   计算模型材料参数表

岩级与断层	变形模量 E/MPa	泊松比 μ	重度 /(N/cm³)	抗剪断强度		拉伸强度 /MPa	备注
				c/MPa	ϕ/(°)		
II	26000	0.25	0.0276	2	53.47	2	
III$_1$	11500	0.25	0.0273	1.5	46.94	1.5	
III$_2$	6500	0.3	0.0270	1.02	45.57	1.02	
IV$_1$	3000	0.35	0.0267	0.8	38.66	0.8	
IV$_2$	2000	0.35	0.0264	0.5	33.02	0.5	
f$_2$	500	0.35	0.02	0.1	26	0.1	
f$_5$	375	0.35	0.02	0.02	16.7	0.02	参照 V$_1$ 类岩体
f$_9$	375	0.35	0.02	0.02	16.7	0.02	
SL	1250	0.35	0.0232	0.4	25	0.4	

1）基于连续数值分析方法的 3D-σ 程序边坡应力场计算分析。

初始应力场分析：考虑边坡坡面附近构造应力基本释放，计算时只考虑自重应力的情况。

a. 坡体内应力场分布符合河谷边坡应力场分布的一般规律，但由于岩性差异和断层存在，应力场分布很不均匀。硬岩层内应力较高，软岩层内（包括断层带）应力较低，软弱岩层界面附近剪应力较大。

b. 坡体中下部应力集中较强烈，应力梯度较大，应力最大量值在 5MPa 左右。

c. 在高程 1630.00m 导流洞开挖范围内，最大应力量值在 7MPa 左右。

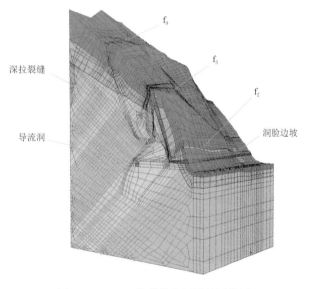

图 4.3-18 三维数值分析计算网格图

d. 在深拉裂缝两端的 IV$_2$ 类岩体、f$_2$ 断层、强风化带内和坡表凸出部位都不同程度地分布有拉应力，量值一般小于 0.5MPa，在 f$_2$ 断层深部尖灭处拉应力集中，最大量值在 1.5MPa 左右。在 A_1 剖面强风化带内拉应力区相对分布较多，但量值较小，小于 0.5MPa。

e. 坡面的拉应力深度一般分布在坡表 15m 左右，这个分布深度与坡体强卸荷深度基本一致。

导流洞及洞脸开挖对边坡应力场的影响分析：

对导流洞及洞脸边坡的开挖过程简化为两步骤。第一步（kw1），导流洞开挖；第二步（kw2），洞脸边坡开挖。

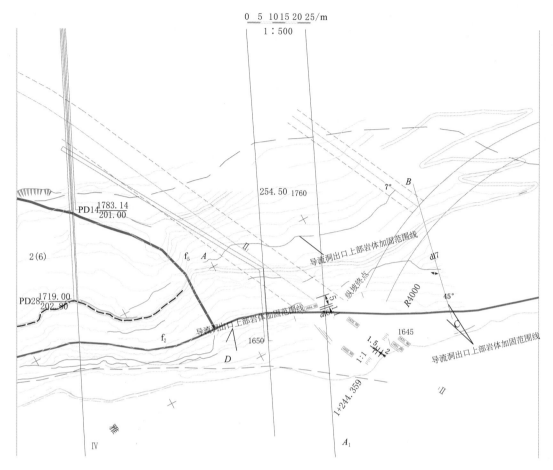

图 4.3－19　左岸导流洞出口段典型剖面平面布置图

（A_1 剖面为经过左导洞出口轴线与 A—A 平行之剖面）

a. 导流洞开挖，在隧洞周围 40～50m 为应力变化明显影响范围。

b. 洞脸边坡的开挖后，开挖处出现局部拉应力集中，最大量值在 1MPa 左右；在洞脸边坡开口线附近 60m 左右的范围内，拉应力分布范围有所扩大，量值上没有太大变化，小于 0.5MPa。洞脸边坡的开挖对Ⅳ—Ⅳ、Ⅵ—Ⅵ剖面应力分布未见明显影响。

c. 在导流洞出口洞轴线方向上，在隧洞顶板上部、坡表附近有拉应力集中现象，最大量值在 1MPa 左右，影响范围在导流洞出口顶板上方 50～60m 范围内，对导流洞出口轴线上部边坡稳定性不利。

2）基于连续数值分析方法的 FLAC－3D 边坡变形计算分析。按照导流洞开挖（kw1）、洞脸边坡开挖（kw2）的程序模拟开挖施工过程。

a. 导流洞及洞脸边坡开挖后，坡体位移量值相对较小，一般在毫米级。位移变形较大部位主要集中在导流洞出口与 f_2 断层斜交顶板以上处，该处岩体最大位移近 5cm。

b. 从剖面上看，洞脸边坡的开挖后，位移的影响范围在开口线以上 60m 左右，大致在高程 1750.00m，影响深度主要在强卸荷表部，变形值为毫米级。导流洞及洞脸边坡为向下、向山外变形；坡脚表现为垂向卸荷回弹。

c. 从 1720.00m、1750.00m 高程平切图看，洞脸两侧有向开挖临空方向位移的趋势（相向位移）；从位移的角度分析，开挖对坡体整体稳定影响不大。

d. 导流洞及洞脸边坡在深拉裂缝带处引起的位移很小，量值为 1mm 左右。

e. 各部位特征点的位移-时步曲线，除洞顶板的个别特征点位移不收敛外，一般均呈明显的收敛趋势。

3）小结。通过分析坡体应力和变形认为，导流洞开挖后坡体总体位移量较小，开挖后应力调整对Ⅳ～Ⅵ梁应力分布影响不明显，总体基本稳定。开挖后，开口线附近拉应力增加值小于 0.5MPa；开口线以上强风化岩体内存在的拉应力区有局部失稳可能；导流洞出口顶板 50～60m 范围内局部应力集中最大值为 1MPa，不利于洞脸上部边坡的稳定；f_2 断层在出口附近洞顶出露、部分岩体变形约 5cm，稳定性较差。可认为左岸导流洞出口及洞脸边坡为局部开挖，对Ⅳ～Ⅵ梁边坡的稳定影响很小，不会影响到Ⅳ～Ⅵ梁边坡的整体稳定性，但应重视局部失稳的可能。

4.3.2.7 基于多源知识集合的边坡稳定分析综合评判

左岸导流洞为三级建筑物，导流洞出口垂直开挖直立边坡最大坡高 42.5m。根据《水电枢纽等级划分及设计安全标准》（DL 5180—2003），导流洞出口边坡级别为 2 级。

（1）基于左岸导流洞出口区工程地质条件分析，出口区及上游侧岸坡为Ⅳ～Ⅵ山梁变形拉裂岩体，岸坡内深部裂缝发育，自然岸坡现状整体基本稳定，但安全裕度不高；出口垂直开挖直立开挖边坡可能失稳模式为受顺坡卸荷裂隙控制的滑移-拉裂破坏。

（2）基于二维极限平衡法的出口垂直开挖直立边坡稳定计算分析，采用 Sarma 法、能量法、剩余推力法和摩根斯坦法等进行边坡稳定分析，综合评判出口垂直开挖直立边坡整体稳定性较好。正常运行时安全系数为 1.55，降雨工况时安全系数为 1.50～1.44，地震荷载时安全系数为 1.37。在考虑到深部裂缝延长至 1650m 时这种极端因素时，出口边坡的安全系数有所下有降，但仍可满足规范二级边坡的下限值。

（3）基于二维极限平衡法的出口 A—A 剖面天然边坡稳定计算分析，采用 Sarma 法、能量法、剩余推力法和摩根斯坦法等进行边坡稳定分析，正常运行时安全系数为 1.08～0.771；降雨时安全系数为 1.05～0.78；地震时安全系数为 1.048～0.83，综合评判边坡的稳定性不高，与规范要求的二级边坡的安全系数要求有一定的差距，必须进行加固处理。虽然出口 A—A 剖面天然边坡计算的稳定系数不高，但在天然状态下该边坡目前是稳定的。

（4）基于三维极限平衡法的出口边坡稳定计算分析，洞脸坡基本上不会出现较大的块体，计算得到块体主要在下游内侧坡与上游外侧坡。边坡开挖后，在重力作用下一般不会出现较大的失稳块体；受沿着层间挤压带发生顺层的单面滑动模式影响，上游外侧坡块体的安全系数较低，需要采用锚索支护，才能达到块体稳定。

（5）基于连续力学数值分析方法的导流洞出口天然边坡稳定安全系数计算分析，自重应力下导流洞出口区天然边坡的稳定安全系数为 1.13，低于规范要求下限值，需采取工程措施加固。

（6）导流洞出口边坡开挖对Ⅳ～Ⅵ山梁稳定影响的数值计算分析。

1）基于非连续数值计算分析方法，研究高地应力下导流洞洞身和出口边坡开挖引起应力调整对Ⅳ～Ⅵ山梁变形拉裂体稳定的影响，采用开挖剥蚀法模拟河谷的形成过程，相对合理地反映了河谷发育过程中岩体强度特征的变化、卸荷带和深部裂缝形成机制、河床附近高应力分布等。导流洞的尺寸相对边坡岩体关键部位的规模仍然很小，导流洞的合理开挖一般不会涉及边坡的整体稳定。从导流洞开挖引起应力变化的角度看，导流洞开挖对边坡稳定的影响远比对导流洞本身稳定的影响要小得多，导流洞开挖对周边围岩应力场的改造对已经存在的具备向下延伸趋势的深部裂缝的影响则需特别关注。

2）基于连续数值计算分析方法，采用三维弹塑性有限元模型，通过开挖前、后Ⅳ～Ⅵ山梁典型断面的屈服区、应力与位移变化，定性研究无支护条件下导流洞开挖对Ⅳ～Ⅵ山梁稳定的影响。导流隧洞及其出口边坡开挖后，对Ⅳ～Ⅵ山梁岩体的屈服状态影响很小；除洞周附近有局部的应力集中外，导流洞及其出口边坡的开挖并未引起Ⅳ～Ⅵ山梁应力分布规律的变化；除洞周局部地方有 10mm 左右的位移外，导流洞及其出口边坡的开挖引起Ⅳ～Ⅵ山梁的总体位移很小，为 1mm 左右。可以认为，导流隧洞及其出口边坡的开挖是属于局部开挖，对Ⅳ～Ⅵ山梁本身的稳定性影响较小。导流隧洞及其出口边坡的开挖是属于局部开挖，对Ⅳ～Ⅵ山梁本身的稳定性影响较小。

3）基于连续数值计算分析方法，采用导流洞开挖、出口洞脸边坡开挖两步骤方式模拟施工期开挖进程，通过自重应力条件下岩石的应力、变形的变化，研究未考虑开挖支护与洞身进程条件下，导流洞出口开挖对Ⅳ～Ⅵ山梁稳定性影响。通过数值分析认为，导流洞开挖后坡体总体位移量较小，开挖后应力调整对Ⅳ～Ⅵ梁应力分布影响不明显，总体基本稳定。开挖后，开口线附近拉应力增加值小于 0.5MPa；开口线以上强风化岩体内存在的拉应力区有局部失稳可能；导流洞出口顶板 50～60m 范围内局部应力集中最大值为 1MPa，不利于洞脸上部边坡的稳定；f_2 断层在出口附近洞顶出露、部分岩体变形约 5cm，稳定性较差。可认为左岸导流洞出口及洞脸边坡为局部开挖，对Ⅳ～Ⅵ梁边坡的稳定影响很小，不会影响到Ⅳ～Ⅵ梁边坡的整体稳定性，但应重视局部失稳的可能。

基于多源知识集合的左岸导流洞出口垂直开挖直立边坡稳定分析，综合评判为左岸导流洞出口所处部位的天然岸坡安全裕度不高，开挖后工程边坡安全系数有所降低，出口工程边坡总体稳定性较好，为达到二级边坡稳定需要的安全系数，需进行加固处理。左岸导流洞出口及洞脸边坡为局部开挖，不会影响到Ⅳ～Ⅵ梁边坡的整体稳定性，但应重视由于洞室开挖引起的应力变化有可能造成深部裂缝向下延伸的问题。

4.3.3　基于多源知识集合的出口工程边坡加固措施效果研究

4.3.3.1　工程边坡加固后稳定分析

（1）基于二维极限平衡法的加固后出口工程边坡稳定计算分析。采用 Sarma 法的计算程序——理正岩质边坡稳定分析程序研究加固后出口开挖边坡典型断面的稳定性，分析计算成果见表 4.3-19。

表 4.3-19　　　　　　　　　　加固后出口工程边坡稳定计算成果表

部位	滑面编号	正常运行	降雨工况		地震荷载
			裂隙水 20%	裂隙水 60%	7 度地震
洞脸边坡	③	1.726	1.703	1.687	1.659
下游外侧边坡	②	2.073	2.017	1.862	2.013

采用能量法的计算程序——EMU2005 岩质边坡稳定分析程序研究加固后出口边坡典型剖面的稳定性，分析计算成果见表 4.3-20。

表 4.3-20　　　　　　　　　加固后导流洞出口纵剖面工程边坡稳定分析成果表

滑 动 模 式		正常运行	降雨工况	
			孔压系数 0.1	孔压系数 0.2
沿 SL_{41}（I）滑动	深部裂缝延长至 1650m		1.113	1.099
	弱卸荷线以上岩体	2.014	1.84	1.667
	强卸荷线以上岩体			1.995

用 Sarma 法、剩余推力法和摩根斯坦法进行边坡稳定分析，综合评判加固后左岸导流洞出口下游外侧坡 2—2 剖面工程边坡的稳定性，分析计算成果见表 4.3-21。

表 4.3-21　　　　　　　　　　加固后 2—2 剖面工程边坡稳定分析成果表

滑 动 模 式	计算方法	正常运行	降雨工况		地震荷载
			地下水压力系数 0.2	地下水压力系数 0.5	孔压系数 0.1 ＋7 度地震
模式①：$T_{2-3}\,z^{2(6)}/T_{2-3}\,z^{2(7)}$ 岩层界线＋强卸荷裂隙界线＋缓倾坡外裂隙，从 1632.00m 高程附近覆盖层滑出（开挖底线滑出）	Sarma 法	2.029	1.864	1.817	1.746
	剩余推力法	2.062	2.025	1.976	1.770
	摩根斯坦法	2.061	2.024	1.975	1.770
	平均值	2.051	1.971	1.923	1.762
模式②：高程 1700.00m 沿陡倾角裂隙＋强卸荷缓倾角裂隙＋缓倾角坡外裂隙，从 1633.00m 高程附近覆盖层滑出（开挖底线滑出）	Sarma 法	3.535	3.441	3.311	3.201
	剩余推力法	2.868	2.808	2.722	2.506
	摩根斯坦法	2.814	2.756	2.673	2.515
	平均值	2.888	2.829	2.746	2.537

通过极限平衡法分析，左岸导流洞出口洞脸、上下游侧向开挖边坡稳定性较好。采用设计锚固方案后，利用对左岸导流洞出口边坡典型断面，在不同工况和滑移模式下进行稳定分析计算，边坡的安全系数可提高到 0.07 以上，开挖边坡整体稳定性更好。在考虑深部裂缝向下延伸情况下，因锚索未能穿过深部裂缝，当边坡按设计预锚方案加固，开挖边坡的安全系数变化不大。

（2）基于二维极限平衡法的加固后出口 A—A 剖面边坡稳定计算分析。采用 Sarma 法的计算程序——理正岩质边坡稳定分析程序研究加固后出口 A—A 剖面边坡的稳定性，分析计算成果见表 4.3-22。

表 4.3 − 22　　　　　　　　　加固后 A—A 剖面工程边坡稳定分析成果表 1

滑　面　组　合	正常运行	降　雨		地震
		裂隙水 20%	裂隙水 60%	7 度地震
F_1＋推测段＋SL_{33}（I）＋推测段＋1690.00m 高程剪出	1.24	1.187	1.052	1.199
陡倾裂隙＋推测段＋SL_{33}（I）＋推测段＋1690.00m 高程剪出	1.113	1.06	0.961	1.075
推测段＋SL_{29}（II）＋推测段＋1690.00m 高程剪出	1.088	1.057	0.974	1.061
推测段＋SL_{29}（II）＋推测段＋SL_{27}（III）＋推测段 1720.00 高程剪出推测段	1.452	1.376	1.205	1.398

采用能量法的计算程序——《EMU2005 岩质边坡稳定分析程序》研究加固后出口 A—A 剖面边坡的稳定性，计算条块间的界面强度考虑了岩体的抗剪强度参数和倾坡外陡倾裂隙参数两种指标，分析计算成果见表 4.3 − 23 和表 4.3 − 24。

表 4.3 − 23　加固后 A—A 剖面工程边坡稳定分析成果表 2（条块界面取岩体强度指标）

滑　面　组　合	正常运行	降　雨		地震
		孔压系数 0.1	孔压系数 0.2	孔压系数 0.1＋7 度地震
沿 SL_{33}（I）深部裂隙滑动	1.19	1.099	1.012	1.099
沿 SL_{33}（I）深部裂隙与 F_1 断层组合滑动	1.168	1.082	1.005	1.042
沿 SL_{29}（II）深部裂隙滑动	1.173	1.064	1.004	1.047

表 4.3 − 24　加固后 A—A 剖面工程边坡稳定分析成果表 3（条块界面取裂隙强度指标）

滑　面　组　合	正常运行	降　雨		地震
		孔压系数 0.1	孔压系数 0.2	孔压系数 0.1＋7 度地震
沿 SL_{33}（I）深部裂隙滑动	0.919	0.84		0.816
沿 SL_{33}（I）深部裂隙与 F_1 断层组合滑动	0.938	0.901	0.872	0.885
沿 SL_{29}（II）深部裂隙滑动	0.87	0.781		0.76

利用 Sarma 法、剩余推力法和摩根斯坦法进行边坡稳定分析，综合评判采用预应力锚索和排水洞加固后 A—A 剖面工程边坡的稳定性，分析计算成果见表 4.3 − 25，加固方案如图 4.3 − 20 所示。

表 4.3 − 25　　　　　　　　加固后 A—A 剖面工程边坡稳定分析成果表表 4

滑　面　组　合	计算方法	正常运行	降　雨		地震
			地下水压力系数 20%	地下水压力系数 50%	7 度地震
模式①：（2003.00m 高程）拉裂IV$_1$ 类岩体＋剪III$_2$ 类岩体＋沿 SL_{33}＋剪 IV$_2$ 类岩体＋在 1685.00m 高程附近剪 IV$_1$ 滑出	Sarma 法	1.323	1.221	1.160	1.131
	剩余推力法	1.125	1.105	1.077	0.952
	摩根斯坦法	1.176	1.155	1.125	0.998
	平均值	1.208	1.16	1.121	1.027

续表

滑 面 组 合	计算方法	正常运行	降 雨		地震
			地下水压力 系数 20%	地下水压力 系数 50%	7 度地震
模式③：（高程 1970.00m 附近）拉裂Ⅳ₁ 类岩体＋剪断Ⅲ₂ 类岩体＋SL₂₉＋剪断Ⅳ₂ 类岩体＋剪断Ⅳ₁Ⅳ₂ 类岩体（高程 1695.00m 附近滑出）	Sarma 法	1.517	1.460	1.379	1.371
	剩余推力法	1.431	1.405	1.367	1.255
	摩根斯坦法	1.426	1.400	1.362	1.251
	平均值	1.458	1.422	1.369	1.292

由于导流洞出口上游侧天然岸坡安全系数偏小，当按设计预锚方案进行加固后，对于条块界面取岩体强度指标的情况时，出口 $A-A$ 典型剖面岸坡安全系数可提高到 $1.064\sim1.099$；对于条块界面取 B2 类裂隙强度指标的情况，锚固后岸坡安全系数提高到 0.8 左右，相对提高 $0.05\sim0.1$。虽该岸坡的安全系数不高，但在天然状态下岸坡目前是稳定的，在二维计算条件下，对该岸坡稳定性的评价可用相对安全系数的改变为依据。

综合不同分析方法成果，导流洞出口上游侧天然岸坡虽然安全裕度不高，在天然状态下岸坡目前是稳定的。当按设计预锚固方案加固后，边坡安全系数相对提高 $0.05\sim$ 0.1，总体也是稳定的。

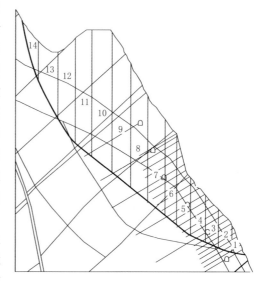

图 4.3-20　A—A 剖面工程边坡采用预应力锚索和排水洞加固示意图

导流洞出口区岸坡在泄洪雾化区范围内，按设计预锚方案加固后，边坡的安全裕度不高，其永久加固方案将按泄洪雾化区边坡加固处理方案实施。

（3）基于连续力学数值分析方法的加固后导流洞出口工程边坡稳定安全系数计算分析。基于连续力学数值分析方法，采用有限差分法的计算程序 FLAC-3D 进行三维弹塑性有限元模型研究，通过分析加固后工程开挖边坡的应力应变、塑性屈服区的范围，采用强度储备法（或参数折减法）求解边坡稳定安全系数。

当安全系数 $F=1.15$ 时，边坡内未发现塑性区贯通的滑移路径，边坡总体上是稳定的。随着强度折减系数（安全系数 F）的增大，岩体的抗剪强度参数不断降低，坡内的塑性区由导流洞出口处逐渐沿深部裂隙带向坡顶延伸。当 $F=1.18$ 时：深部裂隙带的塑性区在 $A-A$ 剖面和导流洞出口轴线纵剖面相交于 F_1 断层的塑性区，塑性滑移区完全贯通的，形成了以 F_1 断层为后缘面，Ⅲ₂ 类岩体和深部裂隙为底滑面，并在坡脚处剪断Ⅳ₁ 类岩体形成的滑移模式；在Ⅳ—Ⅳ 剖面形成了以 f_9 为后缘面，以深部裂隙带为底滑面，以剪断Ⅳ₁ 类岩体形成滑出面的塑性通道；由此，可以认为 $F=1.18$ 时，边坡已形成了由贯通的塑性区形成的滑移通道，即将失稳。所以可认为采用锚索加固后，导流洞出口工程边坡的稳定安全系数大致为 $F=1.15$。

（4）基于连续力学数值分析方法的导流洞出口垂直开挖直立边坡的应力应变分析。采用了武汉大学自主开发的弹黏塑性有限元软件 EVP3D 模拟施工过程，研究加固后导流洞出口边坡的位移场、应力场、塑性区、拉应力区分布规律，评价支护效果和边坡的稳定性。该程序可进行初始地应力场分析、结构应力场分析、节理岩体参数等效、各种加固措施模拟和开挖过程模拟等，并通过大量考题，在工程中得到检验和应用。

为合理评价锚杆和锚索等支护措施对边坡岩体的支护效果，采用加锚节理岩体的弹黏塑性等效本构模型，并研究初始地应力场对边坡施工开挖效应的影响。考虑到缺乏可靠的、必要的试验资料，计算时将弹黏塑性作为一种计算手段，仅考虑其弹塑性效应，岩体及支护材料的黏性系数可取任意值，并采用地质概化参数方式，将结构面法向刚度和切向刚度效应隐含在岩体概化参数中。

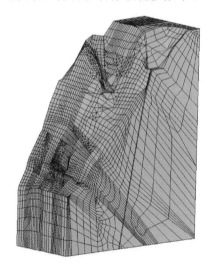

加锚节理岩体本构模型，假定岩体为优势裂隙切割形成层状或块状结构，锚杆或锚索等支护结构穿过岩体层面，层间应力一致、应变叠加，层内变形协调、应力分担，且允许岩体在层面发生错动，穿越层面的支护结构发生屈服时可形成塑性铰。优势结构面切割形成的岩块采用 Drucker - Prager 屈服准则；结构面采用 Mohr - Coulomb 屈服准则，并可根据其胶结和连通情况作抗拉或不抗拉处理；锚杆或锚索等支护结构采用 Von Mises 屈服准则。

计算模型考虑的主要控制性结构面有 f_5、f_9、F_1、f_2、卸荷及风化界线、岩层界线等，考虑到支护措施对岩体的加固作用和支护措施的产状效应，划分 48 种材料进行模拟，如图 4.3 - 21 所示。

计算假定：考虑到左岸导流洞出口边坡开挖量较小，且处于边坡浅表卸荷松弛区，认为边坡浅表构造

图 4.3 - 21　左岸导流洞出口
边坡有限元模型

应力已基本释放，边坡浅表开挖范围内岩体的应力场以自重应力场为主。因此，分析时，采用自重应力场作为初始地应力场。

计算工况如下：

工况一：自然状态（初始地应力场即自重应力场）。

工况二：施工过程（开挖荷载及加固支护）。根据预应力锚索的张拉吨位分两个子工况分别进行计算，研究施工过程中锚杆、锚索的应力变化规律。

子工况一：1664.00m 高程以上锚索按设计吨位 80% 进行初张拉。

子工况二：1664.00m 高程以上锚索按设计吨位 100% 进行补偿张拉。

工况三：地震条件（拟静力荷载）。

计算荷载及施工过程模拟如下：

计算荷载包括岩体自重应力场、预应力锚索荷载和地震荷载等。对于预应力锚索荷

载，按先锚后挖（1740.00～1700.00m 高程边坡）及逐层开挖逐层支护（导流洞洞脸边坡）的施工程序，对主要支护措施分以下 7 个步骤进行计算模拟，相应的开挖及支护范围如图 4.3－22 所示。

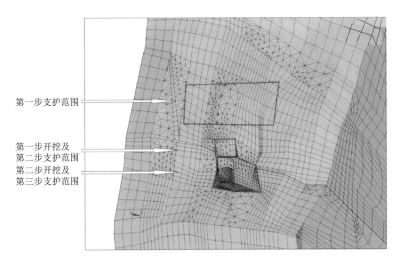

图 4.3－22　左岸导流洞出口边坡开挖及锚固范围示意图

1）第一步支护：1740.00～1700.00m 高程，2000kN 级预应力锚索支护。

2）第一步开挖：1690.00～1664.00m 高程，导流洞出口马道以上直立开挖坡面的开挖。

3）第二步支护：1690.00～1664.00m 高程，出口马道以上直立开挖坡面的 1500kN 级预应力锚索，以及 C32 及 C25 系统锚杆支护。

4）第二步开挖：1634.00～1664.00m 高程，导流洞出口马道以下部位的开挖。

5）第三步支护：1634.00～1664.00m 高程，出口马道以下的 1000kN 级预应力锚索支护，以及 C32 及 C25 系统锚杆支护。

6）第三步开挖：导流洞出口洞段的开挖。

7）运行期：Ⅶ级地震荷载作用。

计算成果如下：

位移计算成果：施工过程中及运行期地震荷载作用下，开挖边坡关键点的变形过程如图 4.3－23 所示。开挖及地震条件下最大变形出现的位置及量值见表 4.3－26。

表 4.3－26　　　　　　　　　边坡支护及开挖过程中最大变形出现位置及量值表

开挖或支护步	最大变形发生位置	总位移量值 /mm	垂直向位移分量 /mm	横河向位移分量 /mm
第一步支护	1740.00～1701.00m 高程锚索群中心	0.8	－0.4	0.7
第一步开挖	1664.00m 高程开挖平台中部	9.4	7.8	4.6
第二步开挖	下游侧渐变段	7.0	－6.1	－3.7
导流洞贯穿	导流洞洞顶与断层 f_2 相交处	24.5	－20.2	－11.6
地震作用	断层 f_9 以上地表部位	50.3	－12.1	－48.8

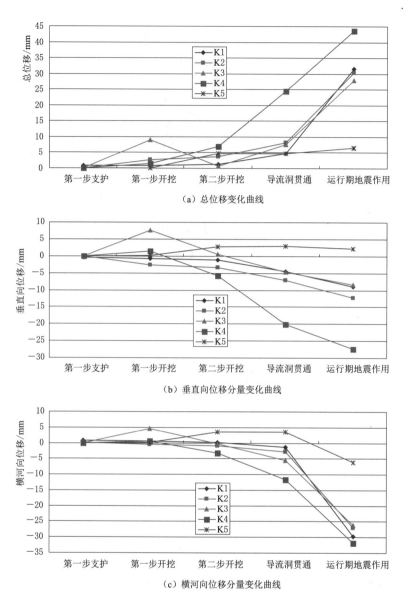

（a）总位移变化曲线

（b）垂直向位移分量变化曲线

（c）横河向位移分量变化曲线

图4.3-23　左岸导流洞出口边坡开挖过程中关键点位移变化曲线

预应力锚索群在边坡表面产生0.8mm左右的压缩变形，这个变形提高了边坡表层岩体的密实度和整体性，有利于限制边坡开挖变形并改善边坡的稳定性。

边坡在开挖过程中产生的变形以卸荷回弹变形和向临空面的变形为主。第一步开挖（1690.00～1664.00m高程）开挖量虽小，但由于边坡较陡且应力状态复杂，因而产生的回弹变形较大，最大回弹变形约9.4mm。因此开挖之后，应严格按照施工程序在开挖面支护全部完成之后进行下一步开挖；第二步开挖之后，洞脸边坡由回弹变形转变为向临空面的变形（垂直向分量和横河向分量均随开挖步逐渐由正值转变为负值），最大变形约7mm。

出口边坡在导流洞贯通后在洞顶部位产生较大的下沉变形，最大变形量约为 24.5mm，发生在导流洞洞顶与 f_2 断层交汇部分，需加强支护，避免 f_2 断层发生较大的错动变形或发生洞顶坍塌从而影响到边坡的稳定。

反倾向断层 f_2 切割左岸导流洞出口边坡，控制了出口洞段的洞顶施工期稳定。洞顶和洞底部位的 f_2 断层在导流洞贯通后上下盘之间均发生明显错动，洞顶处错动量达 $2\sim3$mm、f_2 下盘位移明显增大，洞底处 f_2 上盘位移较大、表现为向临空方向的回弹变形。可在垂直于 f_2 层面方向上，从洞顶向上施加一定的预应力随机锚杆或锚索，防止洞顶坍塌或掉块并维持洞脸边坡的局部稳定性。

应力计算成果：深部裂缝区岩体第一主应力较两侧完整岩体低，基本上处于零应力或低拉应力状态（量值约为 0.03MPa），但第三主应力较两侧岩体略高，由此形成的应力偏量使深部裂缝区岩体应力进入塑性屈服状态。

边坡表层岩体第一主应力处于零应力或低拉应力状态，拉应力区基本上沿断层在地表的出露区域分布或分布在陡峭部位。通过采用先锚后挖及逐层开挖逐层支护的施工程序，边坡表层岩体应力状态得到一定程度的改善。在逐级开挖过程中，边坡岩体通常在开挖面上缘形成小范围拉应力区，但随即进行的预应力锚索支护可消除或改善岩体受拉状态。在施工过程中，边坡表层岩体最大拉应力约为 0.2MPa，在地震条件下，最大拉应力不超过 0.6MPa。

开挖完成后，洞脸直立坡坡脚部位形成压应力集中，量值约为 6.0MPa，使得坡脚岩体进入塑性状态。

出口边坡在施工过程中第三主应力均处于受压状态，有利于边坡岩体稳定。

地震荷载作用下，Ⅳ～Ⅳ线山梁高程 1940.00～2000.00m 处冲沟外侧岩体出现较大范围的拉应力区，可能在发生局部失稳，需进行加固。

锚杆及锚索应力计算成果：在导流洞贯通后，锚杆最大拉应力约为 65MPa，最大剪应力约为 35MPa，出现在开挖过程中位移变化较为剧烈的洞脸直立坡部位。当锚杆选用Ⅱ级螺纹钢时（取屈服应力 310MPa），边坡范围内没有锚杆发生屈服现象。

在地震条件下，引起锚杆应力调整，锚杆应力有所增大，既可能是压应力增大，也可能是拉应力增大，最大变幅可达 80MPa。当选用Ⅱ级螺纹钢时，在地震情况下，锚杆应力也不屈服。

锚杆应力分布受预应力锚索施工期分期张拉对的影响甚微，其大小基本一致。

2000kN 级锚索 80% 初张拉应力按 952MPa 计算，100% 张拉则按 1190MPa 计算；1500kN 级锚索 80% 初张拉应力按 857MPa 计算，100% 张拉则按 1071MPa 计算；1000kN 级锚索初张拉应力按 1020MPa 计算。

锚索应力在施工过程中的变化主要发生在导流洞贯通阶段，前期施工对锚索应力的影响较小。在导流洞贯通开挖过程中，布置于不同位置的锚索对开挖的响应是不同的，高程 1740.00～1701.00m 锚索应力基本保持不变，导流洞洞脸高程 1659.50m 锚索在开挖过程中发生较大应力松弛现象（应力松弛量值达 115MPa），而其他部位锚索均有不同程度增大，最大增幅约为 70MPa。计算中，锚索屈服应力取 1670MPa，边坡开挖后锚索应力远未达屈服状态。

此外，在地震条件下，锚索应力有较大波动，总体上表现为应力增大，个别应力松弛，最大变幅达 120MPa，但锚索应力仍未达到锚索屈服应力（计算取 1670MPa）。

塑性区分布计算成果：导流洞出口边坡的塑性区主要出现在 f_2 断层、洞脸直立边坡坡脚、洞周岩体和深部裂缝发育区。由于 f_2 断层是倾向坡内，沿 f_2 断层的剪应力基本指向边坡内部，所以除洞顶部位外，f_2 断层的屈服区对边坡稳定性不起控制作用。

将深部裂缝区岩体概化为 $Ⅳ_2$ 类岩体进行分析，虽深部裂缝区的岩体处于屈服状态，但其两侧的完整岩体不屈服。由于深部裂缝区岩体的屈服会导致高应力向两侧完整岩体调整，因此施工过程中，有必要控制对其两侧完整岩体的扰动，满足左岸导流洞出口边坡的稳定。在地震荷载作用下，深部裂缝区岩体进一步沿其产状屈服，并向外侧完整岩体扩展，但深裂区下部完整岩体未屈服。

（5）小结。按照先锚后挖，逐层开挖逐层支护的原则进行左岸导流洞出口高陡卸荷松弛岩体直立剖面的开挖施工，施工过程中边坡岩体第三主应力均处于受压状态，有利于边坡岩体稳定；预应力锚索和锚杆有效改善了开挖面上缘边坡表层岩体应力状态，主动限制边坡开挖变形，确保了垂直开挖直立坡面的稳定性。

反倾向断层 f_2 切割左岸导流洞出口边坡，控制出口段洞顶的稳定性，应从洞顶向上施加一定的预应力锚杆或锚索，限制 f_2 断层的错动和洞顶变形，可防止洞顶坍塌或掉块并维持洞脸边坡的局部稳定性。

施工期间出口边坡表层岩体最大拉应力约为 0.2MPa，洞脸直立坡脚压应力集中，量值约 6.0MPa，锚杆最大拉应力约为 65MPa、最大剪应力约为 35MPa，除洞脸 1659.50m 高程预应力锚索应力松弛量值约 115MPa，其余部位预应力锚索应力不同程度增大，最大增幅约为 70MPa。考虑到施工期锚索应力增加幅度不大，为充分发挥预应力锚索预加固效用，可适当减小锚索强度储备值，预应力锚索初期张拉可按设计值 90% 控制。

4.3.3.2　基于多源知识集合的加固效果评价

导流洞出口开挖边坡按照先锚后挖，逐层开挖逐层支护的原则进行施工，利用极限平衡法和有限元法进行安全系数计算，采用弹黏塑性有限元模拟施工过程研究边坡的应力应变规律，综合评判导流洞出口开挖边坡的加固效果，主要结论如下：

在采用设计锚固方案加固处理后进行开挖，左岸导流洞出口边坡的安全系数进一步提高，整体稳定性更好。但在考虑沿深部裂缝向下延伸滑动模式下，边坡的抗滑稳定安全系数的裕度不大，但其稳定性能够满足设计要求。

导流洞出口上游侧 $A—A$ 剖面的稳定性受深部裂隙和 F_1 断层控制，其安全系数不高，天然状态下该边坡目前是稳定的，表明该部位边坡的稳定性主要受岩体的侧向摩阻力控制，空间三维效应对其稳定起到了决定性作用。采用设计锚索加固方案后，安全系数较加固前提高了 0.05～0.1，永久加固将按泄洪雾化区边坡加固处理方案实施。

导流洞出口上部边坡采用锚索预加固方案后，改善了边坡的应力状态、限制了开挖边坡的位移和抑制其塑性区扩展等，边坡安全系数提高了 0.02，在一定程度上提高了天然边坡的整体稳定性。

导流洞出口边坡的开挖对导流洞出口区域边坡稳定有一定影响，但并没有产生实质的破坏性影响。

4.3.4 施工期爆破振动对左岸导流洞出口边坡稳定性影响分析

施工期爆破振动除爆破振动荷载反复作用导致岩体结构面抗剪强度参数降低外，还会因爆破振动本身引起的地震惯性力可能导致坡体整体下滑力加大，进而导致整个滑体的动力失稳。

爆源在所分析的边坡体上时，爆炸荷载近似作为内力施加于边坡体上，对边坡的整体稳定性不会构成影响，但会引起爆源附近坡面上岩石发生局部崩落和掉块。爆源在潜在滑体外，潜在滑体承受爆破地震波的作用，有可能导致边坡的动力失稳。

4.3.4.1 边坡爆破振动荷载计算

采用时程法和拟静力法相结合的混合方法进行边坡施工期的爆破动力稳定分析与评价。通过爆破振动监测获得爆破振动时程曲线，然后利用频谱分析等手段，获得爆破地震波的频率、幅值和相位分布，并由之计算边坡上任一条块任一时刻的地震惯性力，最后结合边坡稳定分析中的 Sarma 法（图 4.3 - 24），计算爆破地震惯性力作用下边坡动力稳定安全系数。

混合法将边坡岩体划分为若干条块，根据爆破振动荷载特性，确定各条块上某一时刻的瞬态爆破振动加速度，据此确定施加在条块上的爆破振动惯性力，进而参与到边坡岩体的动力稳定极限平衡分析中去。以某一时间步长进行整个爆破过程的计算，即

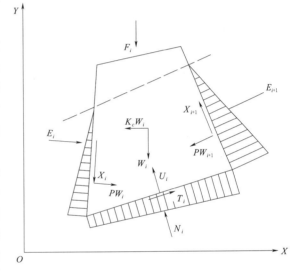

图 4.3 - 24　Sarma 法中的边坡静力计算示意图

可求得该边坡岩体开挖过程的稳定安全系数时程曲线和最小稳定安全系数。

按照开挖区域（爆源）在潜在滑体外部的原则，采用二维极限平衡分析方法，逐个校核潜在滑体的爆破动力稳定性。

计算中，对每一部位均按照实际开挖和支护加固程序，判断是否存在支护力，并确定滑动范围及支护力大小。考虑到边坡岩体开挖中采用自上而下的程序，当潜在滑体在开挖部位以下，认为不存在支护力的作用；当潜在滑体在开挖部位以上，则计入按照设计方案施加的支护力。

岩石高边坡开挖常采用预裂爆破或光面爆破方式，起爆顺序分别为预裂孔—主爆孔—缓冲孔和主爆孔—缓冲孔—光面爆破孔，具有不同的爆破振动衰减规律，可按是否存在预裂缝，区分不同爆破开挖程序和爆破方式诱发的爆破振动传播规律。

对爆破振动频率，按照类似工程的实测资料，考虑的频率范围为 10～80Hz。

计算过程中，对各潜在滑体，其邻近部位的爆破开挖首先按不存在预裂缝、单响药量

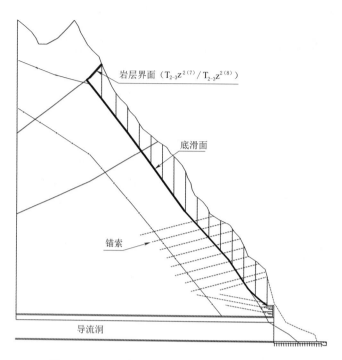

图 4.3 - 25　左岸导流洞出口 1—1 断面滑动模式

为 100kg 的工况进行校核；若计算得到的边坡动力稳定安全系数较低，则需降低单响药量或者按照存在预裂缝条件（采用预裂爆破方法）进一步校核。

4.3.4.2　潜在滑体的爆破动力分析成果

（1）滑动模式①。左岸导流洞出口轴线纵剖面的滑动模式为①：岩层界面（$T_{2-3}z^{2(7)}$/ $T_{2-3}z^{2(8)}$）＋优势卸荷裂隙＋剪断 VI_1 类岩体，如图 4.3 - 25 所示，极限平衡法计算得到的安全稳定系数较低，需严格控制施工期的爆破振动荷载。

1）不存在预裂缝。单响药量分别为 20kg 和 10kg 条件下，计算得到的边坡爆破动力稳定安全系数见表 4.3 - 27 和表 4.3 - 28。

表 4.3 - 27　　爆破开挖对潜在滑体稳定性的影响（不存在预裂缝、药量 20kg）

工况	时程法/频率/Hz								自重	自重＋地震
	10	20	30	40	50	60	70	80		
$W_{0.0}$	1.331	1.301	1.274	1.250	1.232	1.204	1.182	1.150	1.378	1.205
$W_{0.2}$	1.257	1.226	1.201	1.174	1.160	1.131	1.101	1.074	1.304	1.136
$W_{0.5}$	1.150	1.120	1.091	1.065	1.051	1.022	0.992	0.960	1.194	1.035
$W_{0.0}$＋锚固	1.510	1.480	1.450	1.420	1.402	1.366	1.348	1.309	1.556	1.351
$W_{0.2}$＋锚固	1.424	1.394	1.364	1.341	1.312	1.281	1.253	1.226	1.473	1.275
$W_{0.5}$＋锚固	1.300	1.270	1.240	1.212	1.187	1.155	1.127	1.100	1.349	1.162

表 4.3 - 28　爆破开挖对潜在滑体稳定性的影响（不存在预裂缝、药量 10kg）

工况	时程法/频率/Hz								自重	自重+地震
	10	20	30	40	50	60	70	80		
$W_{0.0}$	1.350	1.324	1.305	1.290	1.275	1.262	1.242	1.221	1.378	1.205
$W_{0.2}$	1.271	1.250	1.230	1.213	1.200	1.180	1.161	1.148	1.304	1.136
$W_{0.5}$	1.161	1.140	1.120	1.102	1.089	1.071	1.050	1.031	1.194	1.035
$W_{0.0}$+锚固	1.522	1.500	1.480	1.462	1.448	1.422	1.409	1.381	1.556	1.351
$W_{0.2}$+锚固	1.440	1.420	1.400	1.381	1.360	1.341	1.322	1.297	1.473	1.275
$W_{0.5}$+锚固	1.315	1.294	1.272	1.253	1.240	1.213	1.199	1.171	1.349	1.162

对于不存在预裂缝条件下，当开挖爆破单段药量达到 20kg 时，滑体在某些工况组合下仍有可能失稳；只有当药量降低到 10kg 时，在各种工况组合下，滑体才基本能处于稳定状态，并且施工期的荷载工况也基本上不成为最不利的荷载组合。

2）存在预裂缝。计算得到的边坡爆破动力稳定安全系数见表 4.3 - 29～表 4.3 - 31。

表 4.3 - 29　爆破开挖对潜在滑体稳定性的影响（存在预裂缝、药量 30kg）

工况	时程法/频率/Hz								自重	自重+地震
	10	20	30	40	50	60	70	80		
$W_{0.0}$	1.335	1.310	1.290	1.262	1.249	1.226	1.202	1.181	1.378	1.205
$W_{0.2}$	1.261	1.234	1.210	1.190	1.174	1.150	1.126	1.103	1.304	1.136
$W_{0.5}$	1.150	1.123	1.100	1.080	1.064	1.038	1.016	0.995	1.194	1.035
$W_{0.0}$+锚固	1.512	1.490	1.460	1.433	1.421	1.389	1.363	1.341	1.556	1.351
$W_{0.2}$+锚固	1.428	1.404	1.381	1.350	1.332	1.313	1.287	1.253	1.473	1.275
$W_{0.5}$+锚固	1.308	1.280	1.260	1.231	1.212	1.185	1.157	1.131	1.349	1.162

表 4.3 - 30　爆破开挖对潜在滑体稳定性的影响（存在预裂缝、药量 20kg）

工况	时程法/频率/Hz								自重	自重+地震
	10	20	30	40	50	60	70	80		
$W_{0.0}$	1.342	1.320	1.301	1.279	1.269	1.249	1.229	1.215	1.378	1.205
$W_{0.2}$	1.270	1.245	1.225	1.205	1.194	1.174	1.161	1.138	1.304	1.136
$W_{0.5}$	1.160	1.134	1.114	1.094	1.083	1.062	1.041	1.029	1.194	1.035
$W_{0.0}$+锚固	1.520	1.499	1.478	1.455	1.437	1.414	1.392	1.371	1.556	1.351
$W_{0.2}$+锚固	1.440	1.413	1.391	1.370	1.353	1.330	1.308	1.292	1.473	1.275
$W_{0.5}$+锚固	1.312	1.291	1.270	1.247	1.236	1.214	1.189	1.163	1.349	1.162

表 4.3-31　爆破开挖对潜在滑体稳定性的影响（存在预裂缝、药量 10kg）

工况	时程法/频率/Hz								自重	自重＋地震
	10	20	30	40	50	60	70	80		
$W_{0.0}$	1.351	1.334	1.320	1.303	1.295	1.280	1.270	1.250	1.378	1.205
$W_{0.2}$	1.280	1.260	1.244	1.230	1.221	1.205	1.192	1.183	1.304	1.136
$W_{0.5}$	1.170	1.150	1.134	1.119	1.114	1.095	1.082	1.064	1.194	1.035
$W_{0.0}$＋锚固	1.530	1.511	1.494	1.480	1.470	1.451	1.432	1.422	1.556	1.351
$W_{0.2}$＋锚固	1.444	1.430	1.411	1.394	1.382	1.372	1.351	1.332	1.473	1.275
$W_{0.5}$＋锚固	1.321	1.305	1.290	1.272	1.261	1.247	1.226	1.215	1.349	1.162

对于存在预裂缝条件下，当开挖爆破单响药量达到 30kg 时，滑体在某些工况组合下仍有可能失稳；单响药量降低到 20kg 及以下，在各种工况组合下，滑体基本能处于稳定状态，除了单响药量为 20kg、爆破振动频率为 80Hz 的情况，施工爆破开挖期的荷载组合不成为最不利荷载工况。

（2）滑动模式②。左岸导流洞出口轴线纵剖面的滑动模式②为：岩层界面（$T_{2-3}z^{2(6)}$/$T_{2-3}z^{2(7)}$）＋优势卸荷裂隙＋剪断 $Ⅵ_1$ 类岩体，如图 4.3-26 所示。

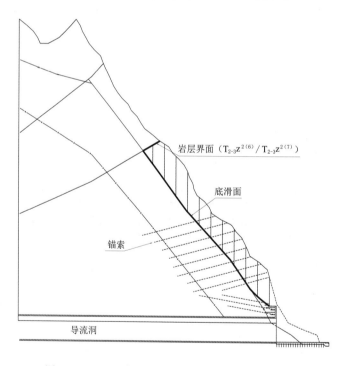

图 4.3-26　左岸导流洞出口 1—1 断面滑动模式②

1）不存在预裂缝。单响药量分别为 20kg 和 10kg 条件下，计算得到的边坡爆破动力稳定安全系数见表 4.3-32 和表 4.3-33。

表 4.3-32 爆破开挖对潜在滑体稳定性的影响（不存在预裂缝、药量20kg）

工况	时程法/频率/Hz								自重	自重+地震
	10	20	30	40	50	60	70	80		
$W_{0.0}$	1.480	1.441	1.401	1.361	1.341	1.300	1.261	1.224	1.545	1.354
$W_{0.2}$	1.400	1.360	1.320	1.282	1.260	1.220	1.181	1.143	1.467	1.282
$W_{0.5}$	1.283	1.241	1.203	1.171	1.142	1.101	1.061	1.022	1.351	1.175
$W_{0.0}$＋锚固	1.770	1.721	1.681	1.632	1.602	1.562	1.513	1.471	1.837	1.593
$W_{0.2}$＋锚固	1.673	1.630	1.584	1.541	1.514	1.464	1.420	1.382	1.745	1.509
$W_{0.5}$＋锚固	1.534	1.490	1.452	1.403	1.370	1.324	1.287	1.237	1.608	1.384

表 4.3-33 爆破开挖对潜在滑体稳定性的影响（不存在预裂缝、药量10kg）

工况	时程法/频率/Hz								自重	自重+地震
	10	20	30	40	50	60	70	80		
$W_{0.0}$	1.500	1.470	1.442	1.415	1.400	1.373	1.352	1.320	1.545	1.354
$W_{0.2}$	1.420	1.390	1.363	1.341	1.321	1.293	1.272	1.240	1.467	1.282
$W_{0.5}$	1.303	1.273	1.250	1.220	1.204	1.182	1.151	1.121	1.351	1.175
$W_{0.0}$＋锚固	1.790	1.761	1.724	1.692	1.672	1.640	1.611	1.586	1.837	1.593
$W_{0.2}$＋锚固	1.694	1.663	1.632	1.601	1.581	1.552	1.522	1.489	1.745	1.509
$W_{0.5}$＋锚固	1.560	1.525	1.494	1.463	1.440	1.411	1.382	1.352	1.608	1.384

对于不存在预裂缝条件下，只有当开挖爆破单段药量达到20kg以下时，在各种工况组合下，滑体才基本能处于稳定状态。

2）存在预裂缝下。计算得到的边坡爆破动力稳定安全系数见表4.3-34～表4.3-36。

表 4.3-34 爆破开挖对潜在滑体稳定性的影响（存在预裂缝、药量30kg）

工况	时程法/频率/Hz								自重	自重+地震
	10	20	30	40	50	60	70	80		
$W_{0.0}$	1.482	1.450	1.414	1.381	1.363	1.330	1.302	1.264	1.545	1.354
$W_{0.2}$	1.403	1.370	1.340	1.301	1.284	1.251	1.217	1.184	1.467	1.282
$W_{0.5}$	1.290	1.252	1.221	1.182	1.172	1.132	1.102	1.064	1.351	1.175
$W_{0.0}$＋锚固	1.775	1.735	1.698	1.653	1.631	1.592	1.554	1.523	1.837	1.593
$W_{0.2}$＋锚固	1.680	1.642	1.603	1.561	1.545	1.499	1.460	1.423	1.745	1.509
$W_{0.5}$＋锚固	1.540	1.503	1.465	1.422	1.401	1.361	1.320	1.282	1.608	1.384

表 4.3-35 爆破开挖对潜在滑体稳定性的影响（存在预裂缝、药量20kg）

工况	时程法/频率/Hz								自重	自重+地震
	10	20	30	40	50	60	70	80		
$W_{0.0}$	1.491	1.462	1.434	1.403	1.390	1.363	1.334	1.312	1.545	1.354
$W_{0.2}$	1.413	1.384	1.361	1.324	1.312	1.284	1.259	1.227	1.467	1.282

续表

工况	时程法/频率/Hz								自重	自重 +地震
	10	20	30	40	50	60	70	80		
$W_{0.5}$	1.300	1.270	1.241	1.211	1.195	1.172	1.142	1.111	1.351	1.175
$W_{0.0}$+锚固	1.780	1.750	1.722	1.680	1.662	1.631	1.599	1.572	1.837	1.593
$W_{0.2}$+锚固	1.690	1.660	1.624	1.591	1.570	1.542	1.503	1.472	1.745	1.509
$W_{0.5}$+锚固	1.554	1.521	1.492	1.450	1.431	1.402	1.364	1.336	1.608	1.384

表 4.3-36　　爆破开挖对潜在滑体稳定性的影响（存在预裂缝、药量 10kg）

工况	时程法/频率/Hz								自重	自重 +地震
	10	20	30	40	50	60	70	80		
$W_{0.0}$	1.504	1.483	1.461	1.441	1.431	1.412	1.392	1.372	1.545	1.354
$W_{0.2}$	1.430	1.404	1.383	1.359	13.50	1.337	1.315	1.292	1.467	1.282
$W_{0.5}$	1.310	1.290	1.270	1.243	1.233	1.211	1.191	1.171	1.351	1.175
$W_{0.0}$+锚固	1.794	1.771	1.750	1.720	1.705	1.680	1.662	1.632	1.837	1.593
$W_{0.2}$+锚固	1.701	1.680	1.653	1.630	1.612	1.592	1.563	1.541	1.745	1.509
$W_{0.5}$+锚固	1.563	1.541	1.520	1.491	1.478	1.448	1.424	1.400	1.608	1.384

对于存在预裂缝条件下，当开挖爆破单响药量为 20～30kg 时，虽然滑体基本能处于稳定状态，但当爆源较近、爆破振动频率较高时，施工爆破开挖期的荷载组合仍可能成为最不利荷载工况。只有当爆破单响药量降至 10kg 时，施工爆破开挖期的荷载组合才基本上不成为最不利荷载工况。

（3）小结。由滑动模式①和②的分析可知，对该潜在滑体下部岩体的爆破开挖，除了需做好已开挖边坡岩体的预加固、采用预裂爆破开挖方案及严格控制单响药量以外，保证施工期边坡岩体的排水效果是非常必要的；根据类似工程的经验，在强降雨后的一定时间内，应限制一次爆破的规模、甚至禁止邻近部位的爆破作业。

4.3.5　基于多源知识集合的边坡开挖与支护设计综合评判

左岸导流洞为三级建筑物，导流洞出口垂直开挖直立边坡最大坡高 42.5m，边坡级别为 2 级。

为最大可能程度控制出口边坡的开挖高度，采用了"斜向出洞、垂直开挖、强支护"的布置方式。为利于工程边坡的稳定，采取"先锚后挖、边挖边锚、逐层开挖、逐层支护"的精细施工支护程序，采用浅层加固与深层强支护相结合的支护方式，采用强度储备原则法方式布置预应力锚索，采用预裂爆破、光面爆破、减振爆破等控制爆破技术，结合监测设计，通过"箍头、束腰、锁脚"方式限制坡面岩体变形，减少对岸坡变形拉裂岩体的扰动，确保施工期安全和运行安全。

基于多源知识集合进行导流洞出口垂直开挖直立边坡稳定性综合评判，认为：

通过二维、三维极限平衡法分析，左岸导流洞出口洞脸、上下游侧向开挖边坡稳定性较好。

从左岸导流洞出口上游 A—A 剖面极限平衡法的成果看，左岸导流洞出口区天然岸坡的安全系数在 1.1 左右；通过三维有限元法行分析，受深拉裂缝控制，左岸导流洞出口天然岸坡的安全系数在 1.13 左右。表明，左岸导流洞出口所处部位的天然岸坡现状虽然是稳定的，但其安全裕度不高，离二级边坡稳定需要的安全系数有一定的差距，需进行加固处理。

导流洞出口开挖边坡按照先锚后挖，逐层开挖逐层支护的原则进行施工，在采用预应力锚索加固处理后进行再开挖，改善了边坡的应力状态、限制了开挖边坡的位移和抑制其塑性区扩展等，左岸导流洞出口垂直开挖直立边坡的安全系数提高了 0.05～0.1，整体稳定性更好，在一定程度上提高了出口上部天然边坡的整体稳定性。但在考虑沿深部裂缝向下延伸滑动模式下，边坡的抗滑稳定安全系数的裕度不大，但其稳定性能够满足设计要求。

设计的预应力锚索加固方案对导流洞出口工程边坡的安全系数提高有限，需进一步结合泄洪雾化区边坡加固处理方案进行永久加固。

边坡开挖过程中，除了需做好已开挖边坡岩体的预加固、采用预裂爆破开挖方案及严格控制单响药量以外，保证施工期边坡岩体的排水效果是非常必要的。在强降雨后的一定时间内，应限制一次爆破的规模、甚至禁止邻近部位的爆破作业。

左岸导流洞出口及洞脸边坡为局部开挖，不会影响到 IV～VI 梁边坡的整体稳定性，但应重视由于洞室开挖引起的应力变化有可能造成深部裂缝向下延伸的问题。

第5章 深厚覆盖层上导流建筑物基础处理技术

5.1 深厚覆盖层上导流建筑物基础处理技术

5.1.1 深厚覆盖层特点

覆盖层是指覆盖在基岩之上的各种成因的松散堆积、沉积物。覆盖层通常具有透水性较强、成因类型复杂、结构松散、层次结构不连续等特点，其力学特性与物质组成、密实程度、胶结状况有关，也与成因、沉积时代、埋深等有关。通常来讲，颗粒越粗、力学强度越高、渗透系数越大、渗透破坏坡降越小；密实度越高、胶结程度越高、力学及抗渗性能越好；沉积时代越早、埋深越大、其力学及抗渗性能越好。根据目前水电工程现状及经验，一般认为：覆盖层厚度小于40m时为浅覆盖层；40～100m为深覆盖层；大于100m为超深覆盖层。

覆盖层在我国西南山区河流中广泛分布，一般深度为数十米，部分河段可达400余m。主要河段深覆盖层的基本特征和发育分布规律在纵向上可分为三个层次：底部大多为冰川、冰水堆积物，物质组成以粗颗粒的孤石、漂卵石为主，形成时代主要为晚更新世；中部大多为以冰水、崩积、堰塞堆积与冲洪积混合堆积层，组成物质较复杂，厚度变化相对较大，形成时代主要为晚更新世—全新世；表部为全新世河流相砂卵石堆积。大量的勘察结果表明，西南地区河流深厚覆盖层具有分布厚度变化大、结构差异显著、组成成分复杂、堆积序列异常等主要特点。河床覆盖层埋深总体是上游高、下游低；河床覆盖层厚度横向变化较大，纵向变化较小；河床中心附近覆盖层底板最低，两侧相对较高；河床覆盖层底板形态均呈U形，局部有不规则的串珠状"凹"槽分布；纵向上有一定起伏的"鞍"状地形。

我国水力资源极为丰富的西南地区，除极少部分河流外，大部分江河都普遍存在河床深厚覆盖层。从表5.1-1可以看出，在我国西南地区的大渡河、金沙江、岷江、雅砻江等河流中普遍发育深厚覆盖层，例如在大渡河流域，全流域36个水电站中，多数河谷覆盖层厚度达到或超过40m，深厚覆盖层所占比例大于90%，且超厚覆盖层、特厚覆盖层均有发育。

深厚覆盖层对于水电工程建设而言，它是一种地质条件十分复杂的地基，特别是在西南地区，由于其分布广、厚度深，给水电工程设计，如坝址坝型选择、大坝结构与坝基防渗设计等带来困难，影响甚至制约了相关流域水电资源的开发利用。同样的，深厚覆盖层对于水电工程导截流工程也带来挑战，如工程截流、导流建筑物布置、导流建筑物基础防渗以及导流建筑物消能防冲等，以往的工程经验和理论还不足以完全解决深厚覆盖层条件下导截流工程出现的一些新问题，需要工程师们去进一步的研究与发展。

表 5.1-1 西南地区典型河流坝址河床覆盖层深度情况表

河流名称	坝址	覆盖层深度/m	河流名称	坝址	覆盖层深度/m
金沙江	拉哇	55	大渡河	下尔呷	13
	奔子栏	42		达维	30
	龙盘	40		卜寺沟	20
	虎跳峡	250		双江口	68
	其宗	120		金川	80
	两家人	63		巴底	130
	梨园	16		丹巴	80
	阿海	17		猴子岩	85.5
	金安桥	8		长河坝	79
	观音岩	24		黄金坪	134
	龙开口	43		泸定	148.6
	乌东德	73		硬梁包	116
	白鹤滩	54		大岗山	21
	溪洛渡	40		龙头石	70
	向家坝	80		老鹰岩	70
雅砻江	两河口	12		安顺场	73
	牙根	15		冶勒	>420
	楞古	60		瀑布沟	63
	锦屏一级	47		深溪沟	55
	锦屏二级	51		枕头坝	48
	官地	36		沙坪	50
	二滩	38		龚嘴	70
	桐子林	37		铜街子	70
岷江	十里铺	96	岷江	映秀	62
	福堂	93		紫坪铺	32
	太平驿	80		鱼嘴	24

5.1.2 深厚覆盖层工程地质问题

作为建筑物地基，同基岩相比，覆盖层物质结构松散，物理力学性状相对较差，当其厚度不大时，较容易采取或挖除等工程处理措施。而对于深厚覆盖层，由于其空间上埋深大、组成结构复杂、物理力学性质不均等特点，存在突出的工程地质问题。

（1）地基承载力问题：对于覆盖层土体而言，其承载能力总体有限，即使是密实的粗粒土，其允许承载力也很少能够大于 1MPa，当覆盖层深厚，若考虑全部挖除或大范围处理，必然影响工程的经济性。

（2）变形及不均匀变形问题：深厚覆盖层土体抗变形能力相对较差，在较大外荷载作用下，附加应力影响范围（压缩层厚度）相对较深，压缩变形量相对较大。同时，由于深厚覆盖层在形成历史上经历了不同的内外力地质作用，可形成复杂的空间几何分布，竖向（厚度）上分布变化大，平面上分布不均，使得基础各部位土体压缩性能不同，导致竖向变形存在差异，产生不均匀变形问题。

（3）抗滑稳定问题：深厚覆盖层土体，特别是内部多夹杂有砂层、细粒土层时，抗剪能力差，影响甚至控制了地基抗滑稳定性，而在一些不利工况，如下游存在临空面（古堰塞陡坎、冲刷坑等），深埋低强度土体将可能引起地基土体的深层滑动问题。

（4）渗漏及渗透稳定问题：深厚覆盖层不同土体其渗透性不均，对于其中的粗颗粒土，在河床覆盖层中广泛分布，其渗透性强，库水会透过坝基土体孔隙而发生流动，当坝基部位流量过大，将明显降低工程效益，甚至难以达到工程建设目的。同时覆盖层土体在水压力作用下，可产生管涌、流土、接触冲刷等渗透变形破坏，是上部水工建筑物安全的主要威胁之一。

（5）振动液化问题：饱和砂土、粉土及低密度砂砾石等土体在地震等循环荷载作用下，孔隙水压力上升后将导致土体强度完全丧失，从而造成地基土体和上部建筑物失稳破坏。汶川地震后中国地震局曹振中等人进行的震害调查发现，深埋土体存在液化现象，而目前常用的判别方法（如利用标贯试验进行判别适用范围为埋深 20m 以内），已不完全适用于深埋土体的液化判别。对于导流建筑物来讲，作为临时建筑物，其使用年限较短，一般不考虑地震工况。

（6）抗冲刷问题：覆盖层受自身结构、重量等因素抵抗水流冲刷作用的能力较差，易受水流冲刷，从而影响建筑的稳定及安全性。表 5.1-2 给出了土质渠道抗冲刷流速经验取值。

表 5.1-2　　　　　　　　　　　　土质渠道抗冲刷流速

渠道土质	一般水深渠道/(m/s)	宽浅渠道/(m/s)
砂土	0.35～0.75	0.3～0.6
砂质粉土	0.4～0.7	0.35～0.6
细砂质粉土	0.55～0.8	0.45～0.7
粉土	0.65～0.9	0.55～0.8
黏质粉土	0.7～1.0	0.6～0.9
黏土	0.65～1.05	0.6～0.95
砾石	0.75～1.3	0.6～1.0
卵石	1.2～2.2	1.0～1.9

5.1.3　深厚覆盖层地基处理技术

水利水电工程利用覆盖层建坝，有时是为了节省投资和工期的需要，有时是环保的需要，而有时因为覆盖层太深，想完全挖除覆盖层几乎是不可能的，如大渡河长河坝水电站、瀑布沟水电站等。对导流建筑物来讲，土石围堰一般直接在覆盖层上填筑，主要是要解决基础防渗及稳定问题。而混凝土围堰或者导流泄水建筑物若直接利用覆盖层作为地基基础，由于覆盖层允许承载能力较低、变形模量较小、抗冲刷能力较弱、与混凝土间摩擦系数不大、渗透系数较大等原因，如果选择的导流建筑物结构布置、地基处理方式等不适应覆盖层特点，则可能导致建筑物渗流破坏、结构失稳、结构不均匀变形及断裂、下游消能区冲刷破坏等风险发生。因此，在工程实践中，通过一定的工程技术措施对深覆盖层地基进行必要的处理，改善其地基承载能力、变形性能、抗渗能力和抗冲刷能力是十分必要的，也是水利水电工程建设中一个重要的技术难题。深厚覆盖层上导流建筑物地基处理主要有以下几方面关键技术问题：

（1）地基渗漏、渗透及抗滑稳定。覆盖层是易受冲蚀介质，在水流作用下，易产生管涌、流土等渗流破坏，覆盖层的渗流变形和渗流破坏是上部建筑物尤其是挡水建筑物安全的主要威胁之一。覆盖层上筑坝必须严格控制覆盖层水平渗流段和垂直逸出段渗流比降，既关注逸出点的管涌和流土，也要关注覆盖层的层间渗流破坏。

金沙江溪洛渡、白鹤滩、乌东德、向家坝等水电站河床覆盖层一般厚达 30～60m，大渡河双江口水电站河床覆盖层厚 50～60m，猴子岩水电站河床覆盖层厚 60～75m，围堰及其围护的大坝基坑设计挡水水头达 100～150m。土石围堰作为一种临时性水工建筑物，与永久性建筑物的土石坝相比，其填筑条件和运行环境均要复杂得多，深厚覆盖层上的围堰地基不具备条件进行加固处理，天然状态下覆盖层的分布存在随机性，地质条件比较复杂，一旦围堰填筑形成基坑，就要在基坑开挖过程中和主体工程施工过程中承担挡水的任务；基坑开挖是对围堰运行条件不断改变的过程，包括围堰一侧的基础开挖卸荷，形成临空面条件，以及通过疏干和排水减压，形成复杂的渗流条件。因此围堰基础和基坑边坡的渗流及抗滑安全与稳定对于保证整个工程施工的顺利进行具有重要意义，这些均对围堰设计、基坑的渗控和防护设计提出更高的要求。部分水电工程围堰基础防渗型式见表 5.1-3。

表 5.1-3　　　　　　　　　部分水电工程围堰基础防渗型式

工程名称	上游围堰高度 /m	基坑开挖深度 /m	设计最大挡水水头/m	基础防渗型式
溪洛渡	78	36	111.80	塑性混凝土防渗墙＋墙下帷幕
锦屏一级	64.5	46	106.1	塑性混凝土防渗墙＋墙下帷幕
长河坝	55	42	74	混凝土防渗墙＋墙下帷幕
猴子岩	55	65	117.50	塑性混凝土防渗墙＋墙下帷幕
官地	55	29	81.93	塑性混凝土防渗墙＋墙下帷幕
深溪沟	45	60	104	混凝土防渗墙＋墙下帷幕
瀑布沟	50.5	20	74	混凝土防渗墙＋墙下帷幕
双江口	56	55	107.2	混凝土防渗墙＋墙下帷幕

一般而言，在大型水电水利工程的围堰基本采用全封闭的垂直防渗为主，主要由于深厚覆盖层条件下大坝基坑多数大于20m，仅布置水平铺盖或未封闭垂直防渗的地层渗透稳定和边坡稳定不容易满足需求，而透水性较强的地层渗流量与防渗深度之间为非线性关系，随着防渗深度的增加减渗量却有限；特别是建基面施工要求较高、工期紧，需要良好的干地施工条件，往往实际排水费用较高，故大型深基坑宜采用全封闭的垂直防渗体系

布置。

全封闭的垂直防渗深度一般到达基岩 $10 \sim 30 Lu$ 以下，或至覆盖层中相对隔水层（渗透系数接近 $1 \times 10^{-4} \, cm/s$），受制于一个枯水期防渗墙施工深度的限制（一般不超过 70m），多采用防渗墙＋墙下防渗帷幕布置方式。

少数覆盖层较深，但大坝基坑开挖深度较浅，往往在一个枯水期完成开挖并可填筑超过枯期水位高程，可研究悬挂防渗墙＋水平铺盖方案，并采用适当加长上下游渗径的布置方式以节约投资，如水平铺盖分别往上下游延伸形成内外铺盖，需要注意渗流出逸点的反滤保护，如大渡河泸定水电站。

目前西南地区水电工程围堰基础垂直防渗一般采用刚性混凝土防渗墙、塑性混凝土防渗墙、高压旋喷防渗墙、覆盖层灌浆帷幕、控制性灌浆等，其中刚性混凝土防渗墙使用较多。水平防渗一般采用黏土铺盖、碎石土铺盖、土工膜铺盖等，一般多用于闸坝工程围堰或者沟水处理工程挡水坝工程。

根据沉积形成的河床覆盖层的渗透特性，垂直向混凝土防渗墙的防渗有效性更好，通常是设计的首选方案。随着施工设备和施工方法的改进，混凝土防渗墙的成墙深度在不断地加大，在覆盖层厚度适宜的条件下，采用防渗墙截断覆盖层渗透通道，或者适当开挖河床，以增加防渗墙的防渗深度，或者采用上部防渗墙、下部帷幕（即上墙下幕方案）是最为常见的防渗方案，但在面临超厚甚至特厚覆盖层时，难以采取工程措施彻底的截断覆盖层渗流通道，地基渗漏与渗透稳定问题成为地基处理要解决的至关重要的技术问题。

总之，围堰及基坑的渗流及抗滑稳定都需要通过渗流分析和抗滑稳定分析来确定最小防渗深度或长度，再结合渗流量、施工、投资等因素综合确定防渗体系的布置和要求。

（2）地基沉降、不均匀变形及承载力。由于覆盖层土体抗变形能力相对较差，其在河床竖向（厚度）及平面上分布又时常存在不均匀的情况，在坝体自重及水压力等外荷载作用下，地基往往会产生明显沉降或不均匀变形，对于土石坝可能引起坝体裂缝，恶化大坝防渗结构与地基防渗结构及两者连接结构的受力条件，对于土石围堰来讲，其高度一般低于 70m，对覆盖层地基沉降、承载力等没有土石坝要求那么高，一般不做特殊处理。对于混凝土围堰、明渠导墙等导流建筑物，过大的不均匀变形，会影响导流建筑物的正常使用，并影响到结构的稳定性。

覆盖层深度较薄或者具备开挖施工条件的，多采用挖除置换处理，对于覆盖层深厚或者不具备开挖施工条件的，一般采用沉井、框格式地下连续墙等方式进行加固处理，如铜街子水电站导流明渠边墙基础采用沉井进行加固，桐子林水电站导流明渠导墙末端基础采用框格式地下连续墙进行加固。

（3）覆盖层抗冲刷。覆盖层是易受冲蚀材料，抗冲流速较低，泄水建筑物下游常会出现不同程度的冲刷破坏。工程截流后阻断了原河道自然水沙运行状态，水流通过导流泄水建筑物下泄，由于水位壅高、水流束窄、流速增加，极易对泄水建筑物出口及出口下游河床岸坡覆盖层造成冲刷，如果处理不好可能危及导流泄水建筑物甚至大坝基坑安全。因此，导流泄水建筑物出口及出口下游河道岸坡的防冲保护是设计关注重点之一。例如，桐子林导流明渠末端采用框格式地下连续墙除了对导墙基础进行加固外，也对明渠末端进行了防淘刷保护，同时导流明渠出口下游右岸河道岸坡采用了连续旋挖桩防护，JC 水电站导流明渠出口岸坡采用框格式地下连续墙进行防护，效果良好。

5.2 工程案例

5.2.1 锦屏一级水电站围堰基础塑性混凝土防渗墙设计

锦屏一级水电站坝址位于普斯罗沟与手爬沟之间 1.5km 长的河段上，坝址区河道两岸边坡高陡，基岩裸露，河流流向 N25°E，河道顺直、狭窄，岩壁耸立，为典型深切 V 形河谷，枯水期水位 1635.70m 时，水面宽 80.0～100.0m，正常水位 1880.00m 处，河谷宽约 410.0m。坝址区河床覆盖层一般厚 30～38m，据覆盖层的物质组成、粒度大小及结构特征自下而上分为 3 层：第①层为含块碎石砂卵石层，厚 0～11.41m，结构紧密；第②层为含卵砾石砂质粉土层，厚 0～14.37m，抗渗透性较好；第③层为含块碎石砂卵石层，厚 11.40～22.91m，结构较松散，渗透性强。

上、下游围堰采用土石围堰，采用复合土工膜斜（心）墙加塑性混凝土防渗墙进行防渗。设计洪水标准为 30 年一遇，相应的洪水流量 9370.0m³/s。考虑弃渣下河抬高河床高度 3.0m 后，上游围堰的堰顶高程 1691.50m，堰基高程 1627.00m，最大堰高 64.5m，堰体复合土工膜斜墙防渗面积约 16393m²、最大防渗高度 43.00m，堰基 1.0m 厚塑性混凝土防渗墙面积约 4130m²、最大处理深度为 56m，堰肩基岩帷幕灌浆最大处理深度为 60.00m，堰体堆筑总量 99.16 万 m³；下游围堰堰顶高程 1659.00m，堰基高程 1633.00m，最大堰高 26.0m，堰体复合土工心墙防渗面积约 1424m²、最大防渗高度 14.50m，堰基 0.8m 厚塑性混凝土防渗墙面积约 3200m²、最大处理深度约为 52.5m，堰肩基岩帷幕灌浆最大处理深度约为 53.00m，堰体堆筑总量 13.5 万 m³。上下游围堰特性见表 5.2－1，围堰典型剖面如图 5.2－1 所示，围堰防渗展示如图 5.2－2 所示。

表 5.2－1　　　　　　　　　锦屏一级上下游围堰特性表

名称	挡水标准 P/%	挡水流量 /(m³/s)	堰顶高程 /m	堰基高程 /m	最大堰高 /m	堰顶长度 /m	堰顶宽度 /m	堰前水位 /m	堰型
上游围堰	3.3	9370.0（8839）	1691.50	1627.00	64.5	193.8	10.0	1687.74	土石围堰
下游围堰	3.3	9370.0（8839）	1659.00	1633.00	26.0	107.02	10.0	1655.03	土石围堰

注　（　）内为考虑调蓄后值。

塑性混凝土设计指标见表 5.2－2。上下游围堰塑性混凝土施工配合比见表 5.2－3。

表 5.2－2　　　　　　　　　塑性混凝土设计指标

28d 抗压强度 /MPa	28d 弹性模量 /MPa	28d 渗透系数 /(cm/s)	28d 破坏比降 /(cm/s)	坍落度 /cm	扩散度 /cm	初凝时间 /h	终凝时间 /h	混凝土密度 /(kg/m³)	1h坍落度保持值
4～6	≤1800	≤$1×10^{-7}$	≥200	22～24	40～50	≥8	≤48	不宜小于 2100	>15

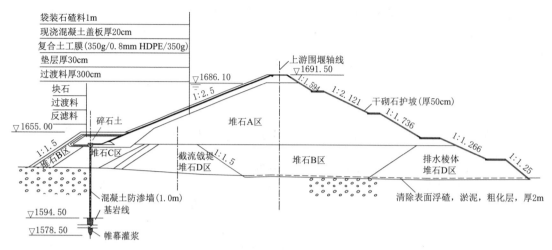

图 5.2 - 1　锦屏一级上游围堰典型剖面图

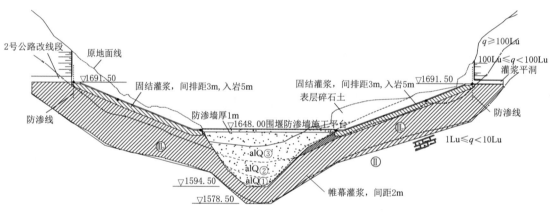

图 5.2 - 2　锦屏一级上游围堰防渗展示图

表 5.2 - 3　　　　　　　　　　　　**上下游围堰塑性混凝土施工配合比**

围堰	材料用量/(kg/m³)							
	水	水泥	粉煤灰	膨润土	人工砂	人工碎石	JG - 2 减水剂	AIR202 引气剂掺量
上游围堰	265	240	0	100	1304	232	2.04	1.02
下游围堰	275	220	0	120	1304	232	2.04	0.102

　　上游围堰塑性混凝土防渗墙自 2007 年 12 月 7 日正式开工，到 2007 年 3 月 29 日全部完成，历时 122d，共完成防渗墙防渗面积 4274.13m²，混凝土终浇高程为 1648.50m。下游围堰防渗墙从 2006 年 12 月 8 日开始施工，至 2007 年 3 月 15 日防渗墙完工，历时 97d，共完成防渗墙防渗面积 3294.76m²，其中两岸堰肩连接处采用人工开挖后明浇。

5.2.2　桐子林水电站右岸堰肩深厚覆盖层帷幕灌浆技术

　　桐子林二期上游围堰左接头处覆盖层厚约 65m，成分复杂，为冲洪积、塌滑堆积及崩积成因的砂卵石（alQ₃）、砂层夹卵碎石（alQ₃＋delQ）、块碎石夹土（delQ）、砂卵砾石夹粉砂质黏土及粉细砂（Q_{3t}^3＋colQ）、碎石土（rQ＋plQ＋alQ）。基岩为混合岩，基岩顶板最低出露高程约为 952.00m，940.00～950.00m 高程以上为中等透水（10～30Lu）的 Ⅴ级岩体，以下为中等透水（1～10Lu）的 Ⅳ级岩体。根据河床覆盖层及基岩特性，需要进行防渗处理。由于场地所限和工期十分紧张，综合研究对该段河床覆盖层及基岩进行 3 排帷幕灌浆，帷幕灌浆灌后标准 $q \leqslant 10Lu$。具体灌浆布置展示图如图 5.2－3 所示。

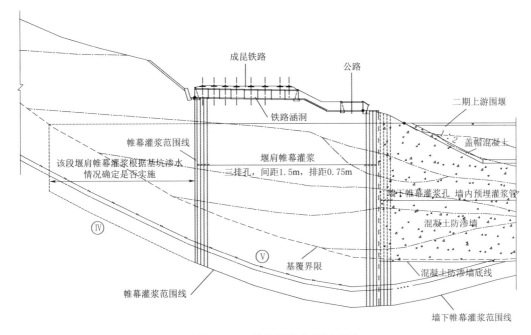

图 5.2－3　帷幕灌浆布置展示图

　　该段帷幕灌浆防渗工程量约 2.33 万 m，最大施工孔深为 92m，施工工期 4 个月，高峰平均施工强度为 5800m/月。帷幕防渗轴线总长 193.9m，其中有约 70m 轴线布置在宽×高＝3m×3.5m 的铁路涵洞内，施工场地狭窄，只能用小型的施工机械进行施工。该工程主要难点在于覆盖层深厚，地质条件复杂，同时灌浆工程量大，施工工期短，施工强度及孔深均属国内罕见，国内外可借鉴的类似工程实例较少，存在较大的技术难度。

　　实施时首先通过先导孔钻孔及压水试验情况查明了基础地质情况和可灌性特征；初步对灌浆区域进行划区分段，并进行分段生产性试验，根据"套管—循环灌浆法"综合分段灌浆技术确定了大规模施工的灌材及工艺参数。

　　灌浆工艺总体上根据地层特性分为两类，上部 50m 左右灌浆段渗透性较强，易塌孔，采用套管跟进钻孔和套管法灌浆，下层 30～40m 灌浆段采用循环钻进灌浆法。

　　上部 50m 左右灌浆段采用了改进的套管灌浆法——"预埋花管模袋式分段阻塞灌浆法"，具体以第 1 段段长为 2.0m，第 2 段为 3.0m，以下各段为 5m 的原则进行细分段。首先采用岩锚钻机跟管钻进 50m 左右，取钻卡塞，自下而上灌浆，灌浆过程中边灌边提拔套管；上部灌完浆后，预埋非灌段的管子，待凝后采用地质钻机扫孔钻进至下部灌浆段，采用孔口封闭法自上而下灌浆，循环钻进灌浆至终孔。

　　灌浆结束后采用"全孔灌浆封闭法"封孔。

灌浆过程中材料分类如下：

（1）为确保浆液的扩散半径，各灌浆孔段首次灌浆时均采用纯水泥浆开灌，一般采用1∶1、0.8∶1、0.6∶1三个水灰比比级，地层耗浆量较大时逐级变浆加浓浆液灌注。

（2）在架空地层、明显水流速度相对大的或有承压水的灌浆孔段时，改用速凝类膏浆和水玻璃砂浆浆液进行灌注。水泥-水玻璃浆液的体积比为水泥浆∶水玻璃＝1∶（0.01～0.03），根据压力与注入流量的情况增加或减少水玻璃用量。

（3）不吸水泥浆（可灌性差的）地层改用水泥-膨润土浆液进行灌注。灌浆浆液由稀到浓逐级变换，采用3∶1、2∶1、1∶1（水固比）三个比级施灌，水泥与膨润土配比选用1∶1～1∶2（重量比）。

（4）当纯水泥浆单位注入量达到 1t/m，且压力、流量均无明显变化，改用水泥砂浆进行灌注。砂浆配比水∶灰∶砂＝0.6∶1∶（0.3、0.5、0.8）。

（5）在灌注砂浆灌注量达 2t/m 时，且压力、流量均无明显变化，则停止灌注纯水泥浆，换用水泥-水玻璃浆液。

现场实际试验测算出桐子林工程采用"预埋花管模袋式分段阻塞灌浆法"处理深厚覆盖层灌浆功效为循环钻灌法的 3 倍左右，质量检查孔渗透系数不大于 1×10^{-4} cm/s 的孔段占 88.2%～100%，且均不大于 3×10^{-4} cm/s，覆盖层帷幕灌浆防渗性能满足防渗要求。

5.2.3　铜街子水电站导流明渠边墙基础沉井设计

铜街子水电站采用堤坝式开发，坝址位于大渡河中高山峡谷出口开阔地带，自左岸到右岸依次布置左岸混凝土面板坝、左岸碾压混凝土挡水坝、导流明渠段挡水坝、河床式厂房及其左右侧排沙底孔、溢流坝段、右岸碾压混凝土挡水坝、过木阀闸和右岸钢筋混凝土心墙堆石坝。坝顶总长 1084.6m，最大坝高 82m。总库容 2.0 亿 m³。水电站安装 4 台轴流转桨水轮发电机组，单机 15 万 kW 装机容量 60 万 kW，保证出力 13 万 kW，多年平均发电量 32.1 亿 kW·h。工程以发电为主，兼有漂木和改善下游通航效益。工程于 1985 年开工，1992 年 12 月第一台机组发电，1994 年 12 月竣工。

工程采用左岸明渠、断流围堰全年施工的导流方式。导流明渠及二期围堰按 20 年一遇洪水流量 9200m³/s 设计，50 年一遇洪水流量 10300m³/s 校核。导流明渠布置在左岸滩地，长 590m，矩形过水断面，底坡坡度 $i=0.01$，渠身段宽度由 60m 渐变到 54m，进口段宽 68m，设 4 孔进水闸，供完建明渠坝段时截流用，还可沟通二期上游围堰与左岸交通。铜街子二期围堰导流平面布置如图 5.2-4 所示。

导流明渠出口段位于坝址河床左右深槽的下游汇合处，地质情况复杂。在 15～24m 厚砂卵石河床下面是 5～20m 厚的软弱黏土岩，且倾向下游。此外，在软弱黏土岩与下伏玄武岩界面上还有一层 0.6～2.0m 厚的泥化状蚀变凝灰岩。这些软弱地层对结构稳定不利，且抗冲能力很差。当出现设计流量时，明渠出口平均流速为 13m/s，远超过黏土岩约 4.5m/s 的抗冲流速，出口单宽流量约 170m³/(s·m)，通过动床模型试验观察，流态混乱，回流强度大，冲坑很深，对左侧防洪堤、右侧下游围堰及下游跨河大桥均造成严重威胁或者不同程度的破坏。

为解决铜街子水电站左岸导流明渠在施工开挖时可能出现的碎石土大面积失稳和明渠

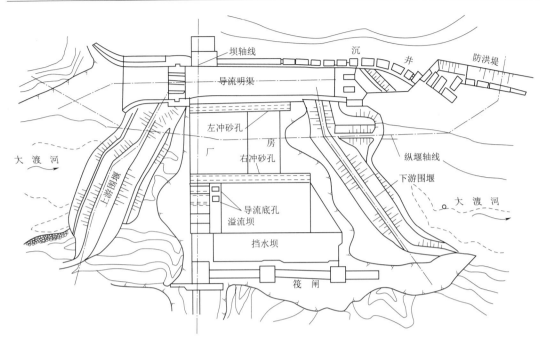

图 5.2-4 铜街子二期围堰导流平面布置图

出口（包括下游防洪堤和永久跨河大桥桥墩）的冲刷稳定问题，成都院设计人员经多方案研究比较，采用了既能确保施工安全，又能加快工期、减少投资的沉井群方案。

沉井群共有 23 个大型沉井，其中导流明渠左导墙及其出口布置 16 个（5～8 号和 11～22 号），总长 372m；其余的 7 个分别布置在明渠出口下游的防洪堤（1～4 号）和下游跨河大桥左边墩上游（9 号、10 号）、下游（24 号）。沉井壁厚 1.2～1.6m。原设置在明渠出口右导墙末端的 23 号沉井，施工时改为明挖。单个沉井最大平面尺寸为 16m× 30m。考虑阻滑和抗冲要求，沉井不仅要穿过覆盖层，而且必须深入软弱基岩中。下沉最大深度 31m，其中伸入软弱基岩最深约 14m。沉井井底再下挖齿槽，最深 10m。

表 5.2-4　　　　　　　　　　铜街子明渠沉井尺寸表

沉井序号	外形最大尺寸/m				平面框格尺寸/m			
	长（顺水方向）	宽（垂直水流）	高	井下齿槽高	井壁厚	隔墙厚	取土井（长×宽）	框格数
1～9 号	25	10	10～16		2.0	1.4	4.2×6.0	4
10 号	10	14	18		2.0	2.0	6.0×4.0	2
11 号	25	12	16		1.6	1.0	4.6×3.9	4
12 号	17.2	14	21		1.6	1.0	4.9×4.0	6
13～15 号	30	16	22～26		1.6	1.0	5.95×5.95	8
16 号	14	17.2	25	10	1.6	1.0	4.0×4.9	6
17～18 号	12	25	25	10	1.6	1.0	3.9×4.6	8
19～21 号	16	30	25	10	1.6	1.0	5.95×5.95	8
22 号	30	16	14		1.6	1.0	5.95×5.95	8

铜街子工程的沉井具有如下特点：①规模大，成功地保护了明渠基坑下挖及桥左岸桥台；②结构尺寸大而井壁相对较薄；③下沉深度大，且在岩层中下沉，满足了一部分沉井抗冲和稳定需要；④井墙结合、综合利用。在明渠开挖时，沉井作为挡土墙，确保左岸碎石土边坡的稳定，开挖结束后，紧贴沉井临水面浇筑 3～5m 厚的混凝土墙，并与井壁预埋铁件连在一起，上部再加高到设计高程，即组成渠身段重力式左边墙和出口段第一级弧形挑流墙。这种组合墙高达 20～46m，既能抗滑挡土又能抗冲挑流。第二级直线挑流墙则由 4 个沉井直接经受冲刷和木材撞击。经过五个汛期实际运行和仪器观测，证明井墙共同受力作用明显，与设计计算假定基本相符。

明渠竣工后，1987 年经历了第一个汛期，最大流量 5700m³/s，原型流态和过漂观测情况与预计基本相符。枯水季可看见出口下游的抛物型大冲坑，坑右侧出现一高出原河床 3～5m 的河心洲，以上均在预计之内。明渠共经 5 个汛期，运行正常，于 1991 年 1 月底下闸封堵、浇筑成 3 个挡水坝段。

5.2.4　桐子林水电站导流明渠基础框格式地下连续墙设计

桐子林水电站导流明渠设计流量为 12700m³/s（20 年一遇流量，二滩调蓄后），布置在右岸滩地上，结合水工右岸三孔泄洪闸的布置，明渠渠身底板最小净宽 63.8m，最大净宽 74.5m，明渠导墙最大高度 54.0m，明渠中心线混凝土底板长 609.773m，左导墙轴线长度为 544.364m；明渠底板顺水流方向采用前低后高逆坡的型式，前后高差 4.0m，明渠进口底板高程为 982.00m，明渠出口高程在（明渠）0+180 处由 982.00m 以 1：10 反坡至 986.00m 高程。（明渠）0+000～（明渠）0+060 段为永久闸室段，（明渠）0+060～（明渠）0+343.601 段为闸室下游护坦区，（明渠）0+343.601 下游段为明渠出口及右岸边坡防护区。

导流明渠出口末端为深厚覆盖层基础，其中（左导）0+200.00～0+215.00 段地基为青灰色粉砂质黏土层，最大层厚 13m，（左导）0+215.00～0+326.258 段，覆盖层厚度 13～39m，由上部含漂砂卵砾石层（厚 6～8m）和下部青灰色粉砂质黏土层（最深达 30 余 m）组成。

由于导流明渠出口末端覆盖层深厚，最大深度约 39m，考虑到明渠结构及运行条件，该覆盖层基础不能直接作为导流明渠底板和左导墙基础，同时由于明渠出口河道较为狭窄而无条件全部挖除该覆盖层基础，经设计充分研究，最终采用框格式混凝土地下连续墙加固覆盖层基础。

框格式地下连续墙设计布置范围：（左导）0+215.000～（左导）0+326.481，连续墙顺水流方向设置 3 道，轴线间距分别为 10m、17.5m，垂直水流方向设置 12 道，轴线间距均为 10.0m，见图 5.2-5。框格式地下连续墙的"一"字形槽段连接采用"工"字形连接，见图 5.2-6。对于框格式地下连续墙的"十"字形槽段，桐子林工程创造性地提出"桩墙插入式"连接技术连接，如图 5.2-7 所示，有效地解决了这一难题，其中节点桩直径 2.5m。

地下连续墙顺水流方向长 112.7m，垂直水流方向最短 21.6m，最宽 62.5m，处理覆盖层基础面积共 4572m²。地下连续墙框格尺寸分两种，分别为 10.0m×10.0m 和 10.0m×

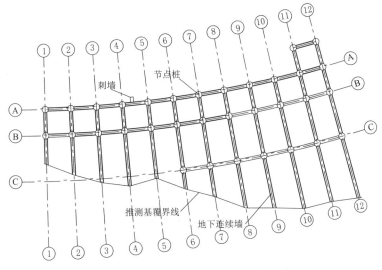

图 5.2-5 框格式地连墙平面布置图

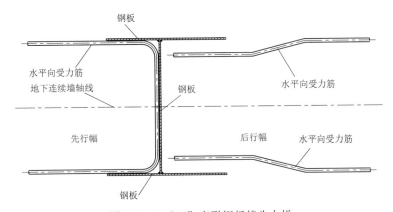

图 5.2-6 "工"字形钢板接头大样

17.5m，混凝土墙厚 1.2m，最大墙深 39.0m，最外侧连续墙要求嵌岩不小于 2m，其余嵌岩不小于 1m，框格交点设置直径 2.5m 的节点桩，最大桩深 40.5m，所有节点桩均嵌岩 2.0m。

2009 年 12 月 4—29 日进行框格式地下连续墙试验；2010 年 1 月 5 日至 3 月 4 日完成节点桩施工；2010 年 2 月 17 日至 4 月 28 日完成一字槽施工。直线工期 148d。

对地连墙 103 个单元工程逐项进行质量检查和测试，最大渗透系数为 1.58×10^{-7} cm/s，最小渗透系数为

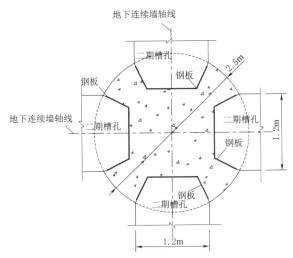

图 5.2-7 节点桩大样图

$6.7 \times 10^{-8} \mathrm{cm/s}$，平均渗透系数为 $1.1 \times 10^{-7} \mathrm{cm/s}$。平均抗压强度为 $44.9 \mathrm{MPa}$。混凝土芯样弹模最大值 $38900 \mathrm{MPa}$，最小值 $30400 \mathrm{MPa}$。2010 年汛后对该部位进行基础开挖时揭示地连墙完整（图 $5.2 - 8$）。

图 5.2 - 8　地下连续墙开挖出露情况

5.2.5　桐子林水电站下游河道右岸岸坡连续旋挖桩设计

桐子林水电站于 2009 年 11 月开工建设导流明渠，2011 年 5 月完建运行，2011 年 11 月大江截流并建设电站厂房和河床四孔泄洪闸。

进入 2012 年主汛期后，7 月 2 日，导流明渠出口下游右岸桩号约（明渠）0＋536～（明渠）0＋566 段浆砌石护坡水毁垮塌，从而导致上部桐雅公路发生变形，至 7 月 5 日凌晨，该段公路垮塌。8 月 26 日，混凝土护坡（明渠）0＋493.273～0＋526.517 段受到垮塌面牵引和洪水冲刷出现垮塌。

为恢复右岸桐雅公路及确保下游河道右岸岸坡度汛安全，对下游河道右岸水毁段岸坡采取综合防护措施，防护范围从（明渠）0＋478.273～（明渠）0＋673.273，约 200m。桐雅改线公路以坍塌区外上下游各 100m 现有路线条件为基础拟合路线起止段，以开挖为主形成新的路基，边坡进行表层喷锚支护和深层锚索支护。对坡脚采用连续及间隔旋挖桩进行防淘刷加固处理，处理范围（FH）0＋000 ［（明渠）0＋478.273］～（FH）0＋221.205。其中，防护桩号（FH）0＋000 ［明渠桩号（明渠）0＋478.273］～（FH）0＋063 段和（FH）0＋130.802～（FH）0＋179.405 段顶冲水流，受水流淘刷影响大，因此，采用双排钢筋混凝土桩加固基础，桩径 1.0m，桩间距 1.8m，排距 0.44m；（FH）0＋063～（FH）0＋130.802 和（FH）0＋179.405～（FH）0＋221.205 段靠山内侧，离冲坑较远，受水流淘刷影响相对较小，因此，采用单排钢筋混凝土桩加固基础，桩径 1.0m，桩间距 2.0m。桩的布置及典型剖面如图 5.2 - 9～图 5.2 - 12 所示。

结合原水力学模型试验分析，实际冲坑最深已超过模型试验深度，在各洪水频率（2年、5 年、10 年和 20 年）下冲坑深度变化不大，同时 2012 年汛期大流量历时长，虽尚未经设计流量冲刷，但推测冲坑基本稳定，冲坑扩大和加深有限，因此，结合工程经验，根据现有冲坑深度，将冲坑再加深 5.0m，冲坑至边坡坡脚坡比按 1∶4 设计，由此推测坡脚

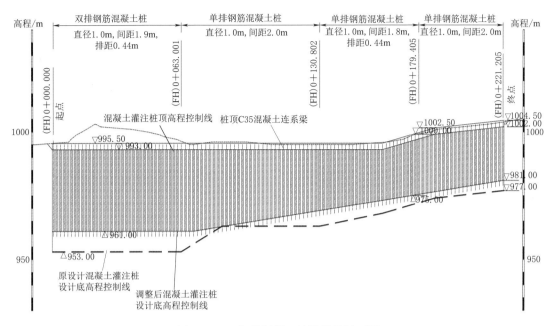

图 5.2-9　钢筋混凝土桩沿轴线展开图

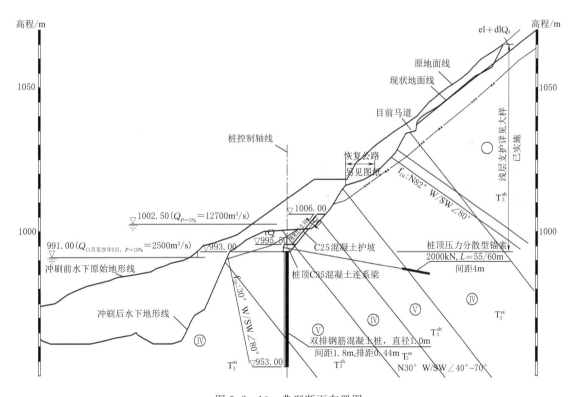

图 5.2-10　典型断面布置图

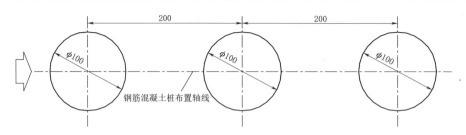

图 5.2-11　单排桩典型布置图

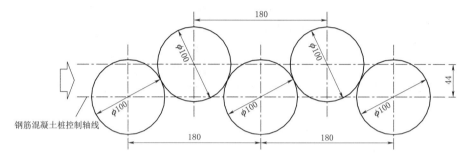

图 5.2-12　双排桩典型布置图

桩基深度。考虑一定锚固长度，（FH）0＋000～（FH）0＋063 段桩长 40.0m；（FH）0＋063～（FH）0＋130.802 桩长 30.0～40.0m；（FH）0＋130.802～（FH）0＋179.405 段桩长 25.0～30.0m；（FH）0＋179.405～（FH）0＋221.205 桩长 25.0m。

图 5.2-13　右岸岸坡多年运行后面貌

另外，根据计算，在桩顶设置混凝土连系梁连接各桩，连系梁底宽 2.5m，梁高 2.5m，在连系梁上设置锚索，将连系梁锚固在边坡山体上，单根锚索 2000kN，长 55.0～60.0m，间距 4.0m。

在明渠桩号（明渠）0＋493.273m 处右岸护坡水下抛填大块石串防护，在明渠桩号（明渠）0＋493.273 往上游至（明渠）0＋478.273 段，在高程 994.00m 护坡马道上打钢管桩防护，同时利用钢管桩钻孔进行基岩灌浆。同时在（FH）0＋035.808～（FH）0＋043.808 之间增设一道混凝土丁坝以减轻明渠出口回流影响。

该工程于 2012 年 12 月 26 日开工，2013 年 4 月 7 日完工。钢筋混凝土桩采用旋挖钻机在高程 993.00m 施工平台基岩内成孔，桩径为 1.0m，孔深为 25.0～40m，共完成抗滑桩 197 根（包括丁字坝 10 根），共 5967m，完成混凝土灌注 4686m³。经多年汛期考验，运行情况良好。多年运行后边坡情况如图 5.2-13 所示。

5.2.6　西藏某水电站导流明渠出口框格式地下连续墙设计

西藏某水电站坝址区河道较顺直，河谷深切但开阔，为 U 形宽谷。本电站采用明渠导流方式,二期导流期采用布置在右岸的导流明渠泄流,设计流量为 $8920 \mathrm{m}^3/\mathrm{s}$($P=5\%$)。导流明渠出口下游右岸岸坡为深厚覆盖层,明渠泄流对下游河床及岸坡冲刷严重。根据水力学模型试验成果,导流明渠出口下游冲坑最大冲坑深度约 22m,为了保障导流明渠及其出口下游右岸深厚覆盖层岸坡的安全,必须布置防淘结构和岸坡防护结构。

防淘结构和岸坡防护结构不仅要直接承受最大流速约 16m/s 的明渠出流的冲刷,右岸最大高约 60m 的覆盖层边坡土压力,还要承受河床经淘刷形成的约 22m 临空所增加的岸坡土压力,以及岸坡渗透水压力。

经研究布置 1.2m 厚的钢筋混凝土地下连续墙进行防护,并采用单墙与框格墙相结合的结构型式。该防淘墙结构顺水流向长度为 310.784m,防淘墙最大临空高度约 22m,所防护的覆盖层岸坡最大高度约为 60m。框格墙段隔墙间距为 6.0m(轴间距),纵墙间距为 7.2m(轴间距)。

为了减小施工难度,纵向墙体槽段间采用"工"字钢接头型式,横向隔墙与纵向墙体按自由接触考虑,纵向墙体接头布置在横向隔墙的中间,且隔墙施工成台阶状。为了保证防淘结构的整体性,在防淘墙顶布置 3.0m 厚的顶板,防淘墙的钢筋深入顶板结构。

导流明渠出口下游连续墙防淘护岸结构如图 5.2-14 和图 5.2-15 所示。

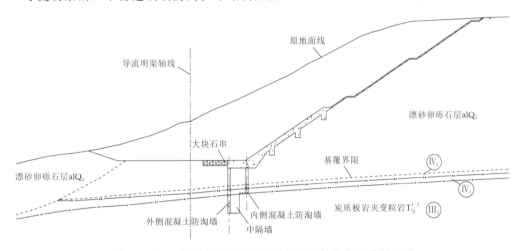

图 5.2-14 框格式地下连续墙防淘护岸结构典型横剖面图

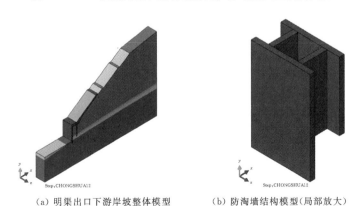

(a)明渠出口下游岸坡整体模型　　　(b)防淘墙结构模型(局部放大)

图 5.2-15 JC 水电站明渠出口框格式地下连续墙护岸结构三维模型图

第6章 高土石围堰综合防渗体系技术

6.1 土石围堰的发展

土石围堰结构简单、施工方便，既可充分利用当地材料和主体建筑物开挖料，降低造价，也有利于加快施工速度和后期拆除，是应用较广的施工围堰类型。西南山区河流覆盖层深厚、河道狭窄，多采用断流围堰一次性拦断河道、隧洞导流、基坑全年施工的导流方式。由于堰基覆盖层深厚，考虑到围堰基础处理和堰体填筑需在一个枯水期内完成，水工大坝无论是重力坝、土石坝、拱坝，还是面板堆石坝，拦河围堰大多都是土石围堰。

随着大型水利水电工程的兴建和施工技术的发展，土石围堰工程的规模也在不断刷新，部分围堰高度已经达到高坝标准（100m）。国内三峡、二滩、溪洛渡、两河口、双江口、糯扎渡、小湾、小浪底、白鹤滩等大量工程围堰高度均已超过50m，其中三峡二期上游围堰高达82.5m，白鹤滩水电站上游围堰高度达83m。国外如美国的奥罗维尔上游围堰高度达135m（与大坝结合），伊泰普水电站围堰高度达90m，填筑方量达950万m^3。

围堰的作用是拦断水流、保证水工建筑物干地施工条件，因此，围堰的防渗体系设计尤为重要。土石围堰防渗体系主要由堰体防渗和堰基防渗两部分组成。常用的堰体防渗型式有复合土工膜防渗、黏土防渗等；常用的堰基防渗型式有混凝土防渗墙、高喷防渗墙、控制灌浆等；部分高度较小的围堰亦可采用堰体及堰基防渗自上而下贯穿一体。据统计，国内围堰工程混凝土防渗墙最深的为乌东德水电站工程上游围堰混凝土防渗墙最大墙深97.54m；景洪水电站二期上游围堰工程围堰高喷防渗墙最大墙深48.10m；小湾水电站下游围堰工程控制灌浆最大深度47m。

土石围堰防渗体系选择须考虑围堰高度、地质条件、施工条件等经综合技术经济比选确定。围堰施工通常安排在一个枯水期修筑至设计高程或度汛高程，以确保安全度汛，因此，围堰施工工期一般比较紧张，对深覆盖层上的高围堰，工期紧张问题尤为突出，围堰防渗型式选择时必须考虑围堰施工工期的影响。

6.2 高土石围堰堰基防渗处理技术

围堰工程多为临时工程，其防渗设计与大坝等永久工程设计总体相近，但在经济性、耐久性以及施工工期要求等方面具有自身特点。

常用的堰基防渗处理技术有：黏土或复合土工膜铺盖、高喷防渗墙、混凝土防渗墙、控制性灌浆及喷灌结合防渗墙等。对围堰覆盖层基础的防渗处理方案应视覆盖层的深度、级配情况、渗透特性、围堰型式、施工及后期拆除等综合分析确定。

水平铺盖或悬挂式防渗墙适用于深厚覆盖层上的低水头围堰的基础防渗，目的是延长渗径，保证渗透稳定。悬挂式防渗体虽可增加渗径长度，但对减少渗流量和降低下游出逸比降效果不显著；水平防渗铺盖施工简便，但必须结合下游排水减压设施，才能有效地解决堰基渗透问题，当堰基砂砾石渗透系数较大时，用黏土铺盖防渗可靠性较差。

　　采用水平铺盖处理时，堰基覆盖层渗透系数不宜太大，且无大的集中渗漏带或通道，因为覆盖层地层如有透镜体、夹层等，纵向、横向、深度方向不均匀，甚至有架空现象，铺盖各部位承受渗透压力不同，容易遭受破坏；渗透系数太大的堰基渗流已不符合达西定律，而类似于管道的压力流，此时的渗透铺盖已不起作用，只有采取垂直防渗才能防止渗透破坏。

　　对于西南山区的高土石围堰，由于围堰挡水水头高，覆盖层基础地质条件复杂，围堰基础防渗多采用全封闭的混凝土防渗墙或高喷防渗墙的垂直防渗型式，为保证围堰基础渗透稳定、减少渗漏量，绝大部分高土石围堰在防渗墙嵌入基岩的前提下，还在墙下基岩内布置了帷幕灌浆。

　　近年来国内西南山区部分土石围堰工程防渗设计见表6.2-1。

表 6.2-1　　　　　近年来国内西南山区部分土石围堰工程防渗设计统计表

序号	围堰名称	围堰堰型	围堰规模		堰体防渗（堰体水上部分）			堰基防渗（含堰体水下部分）		
			级别	最大堰高/m	防渗型式	挡水水头/m	防渗参数	防渗型式	挡水水头/m	防渗参数
1	二滩上游围堰	土石不过水围堰	3级	56.0	黏土心墙	42.0	顶宽5m，坡比1：0.3	高压旋喷灌浆	86.00	深44m，3排
2	二滩下游围堰	土石不过水围堰	4级	30.0	黏土斜墙	15.0	顶宽7.5m，迎水侧坡比1：3	悬挂式高压旋喷灌浆	47.00	深32.0m
3	官地上游围堰	土石不过水围堰	4级	55	土工膜斜墙	32.43	350g/0.8mm/350g	塑性混凝土防渗墙	80.00	厚0.8m，深44.9m
4	锦屏二级上游围堰	土石不过水围堰	4级	24.5	混凝土防渗墙	24	厚0.8m	塑性混凝土防渗墙	68.00	厚0.8m，深58.0m
5	锦屏一级上游围堰	土石不过水围堰	3级	64.5	土工膜斜墙	39.24	350g/0.8mm/350g	塑性混凝土防渗墙	107.74	厚1.0m，深56.0m
6	锦屏一级下游围堰	土石不过水围堰	3级	23.0	土工膜心墙	10.53	350g/0.8mm/350g	混凝土防渗墙	75.03	厚0.8m，深54.0m
7	杨房沟上游围堰	土石不过水围堰	4级	47.0	土工膜心墙	28	350g/0.8mm/350g	塑性混凝土防渗墙	62.00	厚1.0m，深34.0m
8	杨房沟下游围堰	土石不过水围堰	4级	16.0	土工膜心墙	8	350g/0.8mm/350g	塑性混凝土防渗墙	44.00	厚1.0m，深36.0m
9	两河口上游围堰	土石不过水围堰	3级	64.5	土工膜斜墙	44.5	350g/0.8mm/350g	混凝土防渗墙	70.00	厚1.0m，深24.0m
10	向家坝二期上游围堰	土石不过水围堰	3级	59.0	土工膜斜心墙	28.56	350g/0.5mm/350g	混凝土防渗墙	90.56	厚0.8m，深62.0m
11	向家坝二期下游围堰	土石不过水围堰	3级	45.0	土工膜斜心墙	19.5	350g/0.5mm/350g	混凝土防渗墙	64.50	厚0.8m，深45.0m

序号	围堰名称	围堰堰型	围堰规模		堰体防渗（堰体水上部分）			堰基防渗（含堰体水下部分）		
			级别	最大堰高/m	防渗型式	挡水水头/m	防渗参数	防渗型式	挡水水头/m	防渗参数
12	溪洛渡上游围堰	土石不过水围堰	3级	78.0	碎石土斜心墙	52.0	—	塑性混凝土防渗墙	111.80	厚1.0m，深55.0m
13	溪洛渡下游围堰	土石不过水围堰	3级	52.0	土工膜心墙	32.5	350g/0.8mm/350g	塑性混凝土防渗墙	79.00	厚1.0m，深46.5m
14	白鹤滩上游围堰	土石不过水围堰	3级	83.0	土工膜斜墙	45.58	350g/1.0mm/350g	塑性混凝土防渗墙	101.58	厚1.0m，深56.0m
15	白鹤滩下游围堰	土石不过水围堰	3级	53.0	土工膜心墙	21.0	350g/1.0mm/350g	塑性混凝土防渗墙	45.00	厚1.0m，深48.0m
16	乌东德上游围堰	土石不过水围堰	3级	67.0	土工膜心墙	40	500g/1.2mm/500g	塑性混凝土防渗墙	137.50	厚1.2m，深97.54m
17	观音岩二期上游围堰	土石不过水围堰	3级	52.0	土工膜心墙	18.0	300g/0.75mm/300g	混凝土防渗墙	62.00	厚0.8m，深43.0m
18	龙开口二期上游围堰	土石不过水围堰	4级	55.0	土工膜心墙	33.49	350g/0.5mm/350g	混凝土防渗墙	61.30	厚0.8m，深33.5m
19	龙开口二期下游围堰	土石不过水围堰	4级	30.0	土工膜心墙	12.89	350g/0.5mm/350g	混凝土防渗墙	40.69	厚0.8m，深27.5m
20	金安桥上游围堰	土石不过水围堰	3级	62.0	土工膜心墙	35.21	300g/0.75mm/300g	混凝土防渗墙	66.70	厚0.8m，深31.0m
21	阿海上游围堰	土石不过水围堰	4级	69.0	土工膜心墙	38.0	300g/0.75mm/300g	混凝土防渗墙	72.00	厚0.8m，深33.7m
22	阿海下游围堰	土石不过水围堰	4级	30.0	土工膜心墙	17.2	300g/0.75mm/300g	混凝土防渗墙	42.00	厚0.8m，深22.0m
23	苏洼龙上游围堰	土石不过水围堰	4级	50.0	土工膜斜墙	35.85	350g/0.8mm/350g	塑性混凝土防渗墙	121.35	厚1.0m，深85.5m
24	苏洼龙下游围堰	土石不过水围堰	4级	15.0	土工膜斜墙	7.6	350g/0.8mm/350g	悬挂式塑性混凝土防渗墙	52.60	厚0.8m，深45.0m
25	叶巴滩上游围堰	土石不过水围堰	4级	58.0	土工膜心墙	35.2	350g/0.8mm/350g	混凝土防渗墙	74.20	厚0.8m，深40.0m
26	瀑布沟上游围堰	土石不过水围堰	3级	47.5	土工膜斜墙	38.5	350g/0.8mm/350g	悬挂式混凝土防渗墙	79.50	厚0.8m，深44.0m
27	瀑布沟下游围堰	土石不过水围堰	3级	18.0	土工膜斜墙	7.0	350g/0.8mm/350g	悬挂式混凝土防渗墙	26.50	厚0.8m，深20.6m
28	大岗山上游围堰	土石不过水围堰	3级	50.13	土工膜心墙	36.0	350g/1.0mm/350g	混凝土防渗墙	61.00	厚0.8m，深25.1m
29	泸定上游围堰	土石不过水围堰	4级	42.0	土工膜斜墙	24.50	300g/1.00mm/300g	悬挂式混凝土防渗墙	38.50	厚0.8m，深40.0m
30	长河坝上游围堰	土石不过水围堰	3级	53.5	土工膜心墙	35.80	350g/0.8mm/350g	混凝土防渗墙	117.50	厚1.0m，深82.0m

续表

序号	围堰名称	围堰堰型	围堰规模		堰体防渗（堰体水上部分）			堰基防渗（含堰体水下部分）		
			级别	最大堰高/m	防渗型式	挡水水头/m	防渗参数	防渗型式	挡水水头/m	防渗参数
31	猴子岩上游围堰	土石不过水围堰	3级	55.0	土工膜斜墙	37	350g/0.8mm/350g	塑性混凝土防渗墙	118.20	厚1.0m，深80.0m
32	双江口上游围堰	土石不过水围堰	3级	56.0	土工膜心墙	33.2	350g/0.8mm/350g	混凝土防渗墙	100.20	厚1.0m，深67.0m
33	小湾上游围堰	土石不过水围堰	3级	60.59	土工膜心墙	33.0	350g/0.5mm/350g	混凝土防渗墙	80.00	厚1.0m，深47.0m
34	小湾下游围堰	土石不过水围堰	3级	38.0	土工膜心墙	13.0	350g/0.5mm/350g	可控灌浆	58.00	厚3.0m，深45.0m
35	糯扎渡上游围堰	土石不过水围堰	3级	74.0	土工膜斜墙	29.85	350g/0.5mm/350g	混凝土防渗墙	79.85	厚0.8m，深50.0m
36	糯扎渡下游围堰	土石不过水围堰	3级	42.0	土工膜心墙	9.85	350g/0.5mm/350g	混凝土防渗墙	49.85	厚0.8m，深40.0m
37	景洪二期上游围堰	土石不过水围堰	3级	60.5	土工膜心墙	27.83	300g/0.5mm/300g	高压旋喷灌浆	64.37	2～3排，深41.0m
38	景洪二期下游围堰	土石不过水围堰	3级	43.5	土工膜心墙	16.16	300g/0.3mm/300g	高压旋喷灌浆	54.52	2～3排，深48.1m
39	水口上游围堰	土石不过水围堰	4级	44.55	土工膜心墙	26.55	300g/0.5mm/300g	混凝土防渗墙	70.15	厚0.8m，深43.6m
40	水口下游围堰	土石不过水围堰	4级	31.9	土工膜心墙	9.9	175g/0.16mm/175g	混凝土防渗墙	46.60	厚0.8m，深36.7m
41	天花板上游围堰	土石不过水围堰	4级	40.5	土工膜心墙	28.54	900g/0.5mm/900g	帷幕灌浆	50.04	深23m，2排，排距0.8m，孔距1.0m

6.2.1 混凝土防渗墙防渗处理技术

混凝土防渗墙系指利用钻孔、挖槽机械，在松散透水地基或坝（堰）体中以泥浆固壁，挖掘槽形孔或连锁桩柱孔，在槽（孔）内浇筑水下混凝土或回填其他防渗材料形成具有防渗功能的地下连续墙。

采用混凝土防渗墙处理覆盖层坝基渗透水流问题，自20世纪50年代初始于意大利，60年代世界各国广泛应用，发展很快。据不完全统计，54座防渗墙中，深度大于40m的有28座，深度大于70m的有8座，最深的是加拿大马尼克3号坝工程，最大坝高108m，布置两道混凝土防渗墙，最大深度131m，厚度0.61m。

我国采用混凝土防渗墙处理覆盖层坝基渗透水流问题始于1958年，湖北明山水库、青岛月子口水库采用桩柱式防渗墙，1959年密云水库白河主坝首次采用钻劈法建成槽孔混凝土防渗墙，最大深度44m，厚0.8m。此后，槽孔混凝土防渗墙在我国得到了广泛的应用和快速的发展。

特别是近年来西南地区一批具有深厚覆盖层的高土石坝建设，使混凝土防渗墙的施工技术得到了长足的发展，国内防渗墙施工深度已达到 150m 以上。四川杂谷脑河上的狮子坪电站大坝坝基防渗墙最大深度 101.8m、墙厚 1.2m。四川大渡河上的泸定电站大坝坝基防渗墙最大深度 110m、墙厚 1.0m。2010 年 10 月旁多水利枢纽左岸河床段坝基深防渗墙最深成墙深度为 158m（106 号槽孔试验深度达到 201m），为当时国内防渗墙施工深度之最。三峡工程还创造了使用液压抓斗挖槽 64m 深（宽 1.2m）的国内纪录。2016 年，新疆大河沿水库大坝防渗墙深度为 186.15m，墙厚 1.0m。

1967 年，四川省大渡河上的龚嘴水电站，首次将防渗墙用作大型土石围堰的防渗设施。这一工程的顺利建成为我国水电施工找到了一种多快好省的围堰防渗结构。

水工混凝土防渗墙按材料性质分为普通混凝土、黏土混凝土、塑性混凝土等几类，均为大流动性混凝土，适合水下浇筑：

（1）普通混凝土，是以水泥、粉煤灰为胶凝材料拌制。

（2）黏土混凝土，除水泥、粉煤灰外，掺加了占胶凝材料总量 20% 左右黏土。

（3）塑性混凝土，是用黏土和膨润土取代了混凝土中大部分的水泥，而其中的砂石等用量基本不变的一种柔性墙体材料；它的抗压强度低，一般仅为 2～10MPa，弹性模量也较低，一般仅为 200～1000MPa，允许渗透坡降低，一般小于 70；由于其弹性模量和坝壳堆石体相差的倍数不大，因而较能适应地基变形，也改善了结构的应力状态，近年来在围堰基础防渗墙上应用较多，雅砻江锦屏一级水电站和官地水电站、金沙江溪洛渡水电站、大渡河猴子岩水电站等水电站的拦河围堰基础防渗都采用了塑性混凝土防渗墙。

与其他防渗型式相比较，混凝土防渗墙有如下特点：

（1）墙体的结构尺寸（厚度、深度）、墙体材料的渗透性能和力学性能可根据工程要求和地层条件进行设计和控制。

（2）施工方法成熟，检测手段简单直观，工程质量可靠。

（3）几乎可适应于各种地质条件，从松软的淤泥到密实的砂卵石，甚至漂石和岩层中，虽然施工有难易之分，但以目前的技术都可建成防渗墙。

（4）用途广泛，既可防水、防渗，又可挡土、承重；既可用于大型深基础工程，也可用于小型的基础工程；既可作为临时建筑物，也可作为永久建筑物。

（5）一般来说，混凝土防渗墙施工要借助于大型的施工机械并在泥浆固壁的条件下进行，工艺环节较多；因此，要求有较高的技术能力、管理水平和丰富的施工经验。

（6）与其他防渗措施相比，混凝土防渗墙耐久性较好，防渗效率较高。

鉴于以上特点及施工技术的进步、工效的提高，混凝土防渗墙自然成为高土石围堰覆盖层基础防渗结构的主要选择。

6.2.2　高喷防渗墙防渗处理技术

高喷灌浆于 20 世纪 70 年代引进我国，80 年代在水利工程中获得推广应用；90 年代国际承包商在二滩工程和小浪底工程完成的高喷防渗幕墙，设备精良、技术先进、工期短、质量好，带动了我国高喷技术的发展。中小型土石坝和浅层细颗粒覆盖层防渗，高喷防渗墙通常能取得满意的效果。现在一些深厚覆盖层和大粒径地层中，高喷灌浆也取得了良好的效果。

高压喷射灌浆是一种采用高压水或高压浆液形成高速喷射流束，冲击、切割、破坏地层土体，并以水泥基质浆液充填、掺混其中，形成桩柱或幕墙状的凝结体，用以提高地基防渗或承载能力的施工技术，简称高喷灌浆或高喷。

用作地基防渗的高压喷射灌浆防渗墙，根据工程的重要性和防渗深度的不同，可采用旋喷套接、旋喷摆喷搭接、旋喷定喷搭接等防渗形式。

高压喷射灌浆适用于粉土、砂土、砾石、卵（碎）石等松散透水底层。根据一些工程实践经验和试验资料，堰基砂砾石层采用高压喷射灌浆宜控制砂砾石厚度小于 40m。且卵石最大粒径小于 25cm。二滩水电站上游土石围堰最大堰高 56m，河床覆盖层最大厚度 34m，自上而下分为 4 层，第一层砂卵石粒径 3~5cm，第二层为粉质黏土层，第三层为砂卵石夹沙。粒径 8~12cm，顶部有直径 0.5~1.0m 的块石，第四层为块碎石夹砂卵石，粒径 5~13cm，局部有架空现象，含 1.0~3.0m 的孤石。高喷墙最大深度 44m，运行中未见明显渗水。

西南山区河床覆盖层厚度较大，绝大部分围堰基础覆盖层厚度大于 50m，且覆盖层组成复杂，大粒径的卵石、漂块石较多，多见架空现象，因此，高喷防渗墙防渗在西部山区河流地层上的适应性较差，在西部山区河流上的大中型水电站的拦河围堰基础防渗处理中，高喷防渗墙较为少见。

6.3 高土石围堰堰体防渗处理技术

常用的堰体防渗处理方式有：土质防渗体、复合土工膜防渗体、混凝土防渗体、灌浆防渗体等。混凝土防渗体和防渗墙类似，灌浆防渗体和帷幕灌浆或者控制性灌浆类似，由于他们的施工工期长，或者质量不易控制，在高土石围堰的堰体防渗中应用较少。

6.3.1 土质防渗体防渗处理技术

围堰断面由土质防渗体及若干透水性不同的土石料分区构成，可分为直心墙围堰、斜心墙围堰、斜墙围堰以及其他不同形式的土质防渗体分区围堰。

近年来，土石坝技术有了飞速发展，一批高土石坝、超高土石坝陆续建成或正在建设，雅砻江两河口水电站碎石土心墙大坝高 295m，已于 2021 年填筑完成；世界第一高坝大渡河双江口黏土心墙堆石坝坝高 315m 正在如火如荼地建设，土质防渗体这一原始古老的防渗型式仍是高土石坝的主要坝体防渗型式。

6.3.2 复合土工膜防渗体处理技术

对于高土石围堰，土质防渗体当然是最成熟、最有效的堰体防渗型式。但土质防渗体施工速度慢，施工受降雨、低温影响较大，随着复合土工膜在水电工程中的应用日趋广泛，本着加快工期、节约耕地、有利环保等角度，土质防渗体在高土石围堰中的应用越来越少。统计的近年来建成的 41 座高土石围堰中，仅有二滩上下游围堰、溪洛渡上游围堰等 3 座围堰采用了土质防渗体防渗，其他 38 座围堰均采用了复合土工膜防渗。

土工膜是高聚合物制成的透水性很小的土工合成材料，是一种轻便的、便于施工、造价低廉、性能可靠的防渗材料。复合土工膜用于水利水电工程已有 50 多年历史，近年来，我国水利水电工程土石围堰水上部位防渗较广泛采用复合土工膜。相关试验研究表明，复合土工膜的强度和防渗性能要优于单一膜和土工织物两者简单叠加的性能，其优良的程度与膜和织物之间复合的紧密程度密切相关。

单膜与土之间的摩擦力较小，常是滑动的薄弱面，复合土工膜外层的土工织物与砂石料的摩擦系数较大，可以减少与土料之间的接触滑动，当用于坝面或坡面防渗时，选用复合土工膜是比较合适的。

复合土工膜是土工复合材料的一种，在国家相关标准中，土工膜和复合土工膜是分属不同类别的土工合成材料。目前，水利水电工程中应用较多的复合土工膜是将聚合物膜与针刺土工织物加热压合或用黏结剂黏结的，中间的膜材料有聚乙烯膜、聚氯乙烯膜、氯化聚乙烯膜等，土工织物为聚酰胺纤维、聚酯纤维等非织造针刺土工织物。按结构分有一布一膜、二布一膜、一布二膜、二布二膜、多布多膜等复合土工膜等。用于高土石围堰防渗结构的复合土工膜多采用二布一膜结构。

复合土工膜的主要特性为：土工织物可提高膜下排水排气能力，可对土工膜起加筋和保护作用，土工织物能增加抗滑稳定，限制土工膜的缺陷扩大并减小渗漏量的作用。

最为重要的是，土工织物对土工膜可起保护作用，防止土工膜被接触的卵石、碎石刺破和铺设时被人和机械压坏，也可防止运输时损坏。因此，复合土工膜作为防渗材料时，能够降低膜上、膜下的垫层的施工工艺要求。

常用的复合土工膜防渗结构有复合土工膜心墙和复合土工膜斜墙两种型式。复合土工膜防渗结构包括下支持层、土工膜防渗层、上保护层。复合土工膜防渗结构如图 6.3 - 1 和图 6.3 - 2 所示。

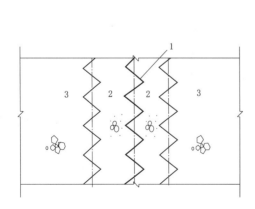

图 6.3 - 1　复合土工膜心墙防渗结构示意图

1—复合土工膜；2—垫层料；3—反滤、过渡料

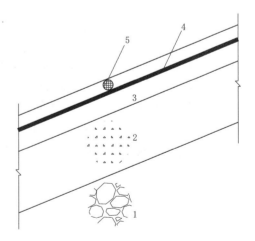

图 6.3 - 2　复合土工膜斜墙防渗结构示意图

1—堆石料；2—过渡料；3—垫层料；

4—复合土工膜；5—网喷混凝土

值得注意的是，围堰施工一般都在枯水期进行，土工膜的材质选择应考虑施工季节特点，一般选择易于接缝施工的PE类土工膜。

土工膜厚度计算及复合土工膜防渗体的稳定计算可见《水电工程土工膜防渗技术规范》（NB 35027）、《碾压式土石坝设计规范》（DL/T 5395）等相关规范。

对于高土石围堰，从施工角度分析，如果围堰堰基及堰体全部要求在一个枯水期内完建，工期允许可以采用体积相对较小的心墙围堰；否则可采用斜墙围堰，堰基防渗施工、铺膜及坝体可同时上升。

6.3.3 防渗体连接技术

（1）防渗土工膜幅与幅之间连接可采用热熔焊接法焊接、化学黏结剂黏结或嵌固锚接，聚乙烯（PE）土工膜黏结性能差，不适合黏结。

（2）土工膜与地基、混凝土刚性结构之间可采取嵌固、螺栓锚固、预埋件焊接或压覆连接。土工膜连接方式应符合下列要求：

1）土工膜与黏土地基嵌固连接。土工膜与黏土地基相连时可采取开挖槽形结构，将土工膜埋入其中，实现嵌固连接，槽的尺寸大小应根据土工膜承受的拉力大小确定，且埋入长度应不小于100cm。

2）土工膜与透水地基下岩基连接。砂砾石透水地基覆盖层厚度不大，其下为岩基时，可采取埋入式连接，通过分期浇筑的混凝土基座嵌固土工膜，土工膜嵌入基座长度应不小于80cm。

3）土工膜与连接板、趾板、岩石上混凝土基础的螺栓锚固连接。土工膜与连接板、趾板等混凝土基础结构可采用螺栓锚固连接，混凝土条形结构宜不分或少分结构缝。

4）土工膜与连接板、趾板、岩石基础的土工合成材料埋件焊接（黏结）连接。土工膜与连接板、趾板等混凝土基础结构可采用焊接或黏结的方法连接，其方法是在混凝土结构中沿连接方向，预埋与膜材相同材料的基础埋件，通过热熔焊接或黏结的方法连接土工膜和土工合成材料埋件。

5）土工膜与混凝土防渗墙连接。土工膜与混凝土防渗墙连接，可利用其结构二期混凝土对连接处进行压覆。

6）土工膜与坝顶结构连接。坝顶高出常水位部位的土工膜与周边结构的连接，可采取压覆、嵌固、锚固等方式。

（3）土质防渗体与防渗墙的连接。防渗墙插入土质防渗体一定深度。

6.4 工程案例

6.4.1 溪洛渡水电站上游围堰防渗体系设计

溪洛渡水电站上游围堰为基础全封闭混凝土防渗墙上接黏土斜墙的土石围堰。

（1）围堰基础地质条件。上游围堰覆盖层基础一般厚17~22m，局部可达25m，结构比较复杂，均一性较差，由下至上大致可分为三层。

第一层：含砂块碎石层，厚度变化较大，一般厚 2～7m。块石粒径一般 10～30cm，占 30%～40%；碎石粒径一般 4～6cm，占 50%～60%；砂为灰色中砂，约占 10%。部分地段与基岩接触面上有很薄的砾石层，磨圆度较好。该层透水性较强，渗透系数 $K=10^{-1}～10^{-2}$cm/s。

第二层：砂卵石夹孤块石层，粒径极不均匀，呈层状分布，可分多个小层，架空现象比较明显，厚度变化大，一般厚 7～12m。卵石粒径一般 3～6cm，占 30%～40%；砾石粒径一般 0.2～0.5cm 及 1～2cm，占 10%～20%；砂为中砂，约占 5%；孤石粒径一般 50～100cm，个别可达 300cm，占 10%～20%；块石粒径一般 10～30cm，占 30%～40%，渗透系数可达 $10^{0}～10^{-3}$cm/s。

第三层：块碎石夹漂卵石，粒径不均匀，混杂分布，结构松散，架空明显，厚度变化大，一般厚 1～5m。块石粒径一般 15～30cm，占 25%～35%；碎石粒径一般 6～9cm，少量 2～5cm，占 45%～55%；漂（孤）石粒径一般 30～100cm，个别可达 300cm，约占 10%；卵石粒径一般 3～7cm，部分 1～2cm，约占 10%，属强透水层。

河床覆盖层总体上以粗颗粒为主，并构成骨架，无集中成带的砂层等细颗粒分布，承载力较高，堰基不均匀沉陷和抗滑稳定问题不很突出。主要的工程地质问题是渗透变形。

防渗轴线部位河床地面高程约 357.00m，基岩顶板高程最低点约 336.00m，河床覆盖层厚 21m 左右，覆盖层以下基岩岩性为 $P_2\beta_4$、$P_2\beta_3$、$P_2\beta_2$ 层含斑玄武岩及角砾集块熔岩。弱风化上段（弱卸荷）下限高程 342.00～325.00m，弱风化下段下限高程 336.00～325.00m。

（2）堰体防渗设计。上游围堰最大高度 78m，堰顶高程 436.00m，设计挡水位 434.80m。堰体采用碎石土斜心墙防渗，碎石土斜心墙顶高程 435.50m，顶宽 4.0m，高程 421.00m 以上为直心墙，上、下游坡均为 1:0.3；斜心墙上、下游边坡均倾向上游，上游坡高程 393.00～426.00m 为 1:1.75，为与混凝土防渗墙衔接，高程 393.00m 向上游水平延伸 40.0m，高程 393.00～383.00m 为 1:1，高程 383.00m 以下为 1:0.5（倾向下游）；下游坡为 1:1.5；斜心墙底高程为 378.00m，宽 58.73m，最大高度 58.0m；在斜心墙的上下游侧均设置一道反滤层和一道过渡层，上游反滤层和过渡层厚度分别为 1.0m、2.33m，下游反滤层和过渡层厚度分别为 1.0m、2.0m，在斜心墙底与石渣堆筑体之间设 1.0m 后反滤层。其典型剖面图如图 6.4-1 所示。

（3）堰基防渗设计。堰基防渗采用塑性混凝土防渗墙＋墙下灌浆帷幕型式，防渗墙厚 1m，最大深度 55m。防渗墙混凝土性能指标可见表 6.4-1。

表 6.4-1　　　　　　　　　　防渗墙混凝土性能指标

28d 抗压强度 /MPa	28d 抗拉强度 /MPa	28d 弹性模量 /MPa	28d 抗冻等级	28d 抗渗等级	60d 渗透系数 /(cm/s)
≥5	≥0.5	≤1500	≥F100	≥W8	≤1×10^{-7}

在墙下帷幕深度上进行了敏感性研究，根据墙下帷幕灌浆的工程量和防渗效果，结合上游围堰基础水文地质条件，由于围堰工程的重要性以及后续大坝基坑施工保障性，在满足施工进度的前提下，墙下帷幕应尽可能穿越中透水层基岩，切断透水层中的层间层内错动带。考虑层间层内错动带的影响，尽量为基坑施工创造有利条件，选择采用帷幕穿越

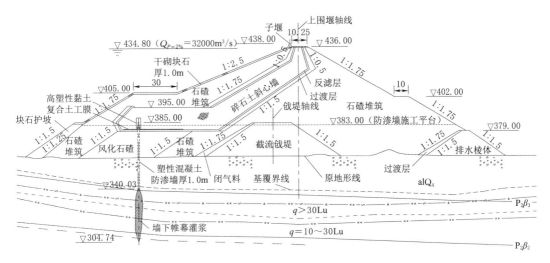

图 6.4-1 溪洛渡水电站上游围堰典型剖面图

$q=10\sim30Lu$ 岩层以下 1.0m 的墙下帷幕方案。

墙下帷幕灌浆采用单排孔，孔距为 1.5m。根据帷幕灌浆参数敏感性分析并结合上游围堰运行条件，确定帷幕灌浆标准为 $3\sim5Lu$。

（4）堰基防渗与堰体防渗连接设计。上游围堰防渗墙与堰体碎石土斜心墙之间采用 59m 长、厚 15m 的碎石土水平铺盖连接；防渗墙顶部设置 8m 厚的高塑性黏土，防渗墙顶部插入高塑性黏土 5m；在碎石土铺盖底部、防渗墙上下游设置复合土工膜并与防渗墙铆接，复合土工膜上游水平段长 10m，下游水平段长 30m。

6.4.2 两河口水电站上游围堰防渗体系设计

两河口水电站上游围堰为基础全封闭混凝土防渗墙上接土工膜斜墙的土石围堰。

（1）围堰基础地质条件。上游围堰位于庆大河与雅砻江汇合口上游，堰顶高程 2658.00m，最大堰高约 65m。围堰为全年断流土石围堰，与堆石坝体布置相结合。

围堰区河道顺直，河流流向 SW7°，枯水期水面宽 35~40m，水深约 10m。勘探揭示上围堰附近河床覆盖层厚 0.8~3.7m，覆盖层为含漂卵碎砾石夹砂，依据钻孔岩芯观察初步判断，碎卵石成分为砂岩、板岩及少量花岗岩，卵石含量 20%～25%，碎砾石含量 55%～60%，砂 15%～20%，结构松散。岸坡基岩多裸露，仅左岸 2610.00m 高程以上分布崩坡积块碎石层，地层岩性为 $T_3lh^{1(2)}$、$T_3lh^{1(3)}$ 砂岩夹板岩，地层产状 N75°W/SW（NE）∠80°，地层走向与河流近直交，为横向谷。河床基岩无强卸荷、全强风化及弱上风化带，弱风化弱卸荷下带厚 30~40m。两岸岸坡岩体弱风化弱卸荷；两岸 2640.00m 高程以上为强卸荷带，推测水平深度 10~20m。

（2）堰体防渗设计。上游围堰堰顶高程 2658.00m，最大堰高约 65m，堰顶长约 163m，堰顶宽 12m，堰体最大底宽约 334m。防渗墙施工平台高程为 2610.00m。堰体迎水面坡比为 1:2.5；堰体背水面坡比为 1:1.9。堰体 2610.00m 高程以上采用复合土工膜（350g/0.8mm HDPE/350g）斜墙防渗，最大防渗高度 48m，复合土工膜表面采用

20cm 厚喷混凝土进行保护，复合土工膜与堰体堆石间设有砂砾石垫层及过渡层，为增大摩擦力，在垫层料上面设有一层 10cm 厚无砂混凝土。

（3）堰基防渗设计。上游围堰混凝土防渗墙的墙体材料采用的混凝土设计指标为 C20W8F100。

堰体高程 2610.00m 以下及堰基覆盖层采用全封闭混凝土防渗墙防渗，墙底嵌入基岩 1.0m，最大墙深约 24m，墙厚 1.0m，成墙面积约 860m^2。两岸及河床基岩表浅部透水性较强，堰肩利用两岸交通洞进行帷幕灌浆防渗处理，左岸利用 12 号路进行帷幕灌浆，灌浆长度约为 107m，帷幕灌浆最大造孔深度约为 42m；右岸利用 402 号路进行帷幕灌浆，灌浆长度约为 68m，帷幕灌浆最大造孔深度约为 53m；墙下帷幕灌浆采用埋管法施工，埋管间距 1.5m，墙下最大造孔深度约 45m。

（4）堰基防渗与堰体防渗连接设计。上游围堰防渗墙与堰体复合土工膜斜墙之间采用扩大的盖帽混凝土接头连接，复合土工膜埋入现浇的盖帽混凝土；盖帽混凝土两侧设置长 29m，厚 8m 的砾石土进行保护，砾石土外部设反滤料、过渡料及块石料保护。

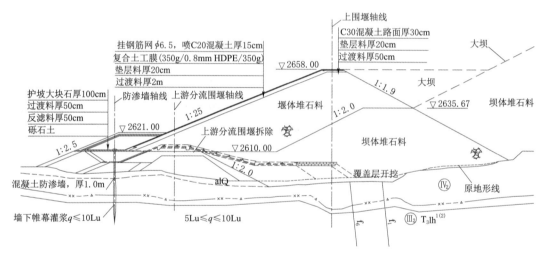

图 6.4-2 两河口水电站上游围堰典型剖面图

6.4.3 长河坝水电站上游围堰防渗体系设计

长河坝水电站上游围堰为全封闭式混凝土防渗墙上接土工膜心墙的土石围堰。

（1）围堰基础地质条件。上围堰河谷较宽阔，江流偏左岸，枯水期水面宽约 112m，堰顶高程 1530.50m 时河谷宽 263m。根据钻孔资料，河床覆盖层结构较复杂，最厚 70.3m。覆盖层自下而上（由老至新）可分为以下 3 层：

第①层为漂（块）卵（碎）砾石层（fglQ$_3$），分布河床底部，厚度和顶面埋深变化较大，厚度 18～25m。地基承载力基本值的平均值为 0.934MPa；抽水试验渗透系数 $K = 1.22 \times 10^{-1} \sim 8.71 \times 10^{-2}$ cm/s，该层具强透水性。

第②层为含泥漂（块）卵（碎）砂砾石层（alQ$_4^1$），厚 35～42m，地基承载力基本值的平均值为 0.533MPa；抽水试验渗透系数 $K = 1.36 \times 10^{-3} \sim 2.75 \times 10^{0}$ cm/s，现场渗透

试验和钻孔抽水试验均表明其具有强透水性。

在该层中上部有厚约 1.7m 的②-C 砂层。结构稍密—中密，地基承载力基本值的平均值为 0.191MPa；钻孔注水试验渗透系数 $K=6.86\times10^{-3}$ cm/s，试验成果表明具中压缩性和中等—弱透水性。

第③层为漂（块）卵砾石层（alQ_4^2），厚度 7～20m。地基承载力基本值的平均值为 0.535MPa；钻孔抽水试验渗透系数 $K=2.28\times10^{-1}\sim6.57\times10^{-2}$ cm/s，现场渗透试验和钻孔抽水试验均表明透水性较强。

（2）堰体防渗设计。上游围堰堰顶高程为 1530.50m，顶宽 13.50m，轴线长约 173m，最大堰高约为 53.5m，采用复合土工膜心墙与塑性混凝土防渗墙防渗。迎水面坡度为 1∶2.0，背水面坡度为 1∶1.8。堰体采用 350g/m²/0.8mm HDPE/350g/m² 的复合土工膜心墙防渗，上、下游侧均设有垫层和过渡层。其典型剖面图如图 6.4-3 所示。

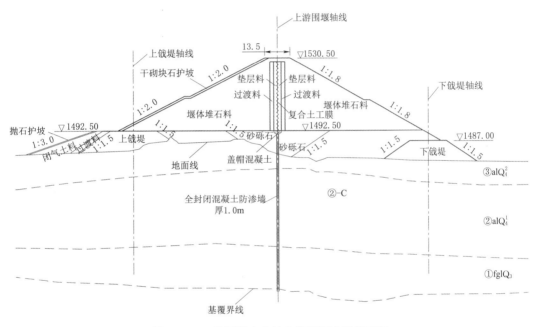

图 6.4-3 长河坝水电站上游围堰典型剖面图

（3）堰基防渗设计。河床堰基防渗墙施工平台高程为 1492.50m，混凝土防渗墙厚 1.0m，全封闭式防渗墙最大深度约 82m，底部不设帷幕灌浆；岸坡堰基采用帷幕灌浆防渗。防渗墙混凝土性能指标见表 6.4-2。

表 6.4-2　　　　　　　　　　防渗墙混凝土性能指标

28d 抗压强度/MPa	28d 抗拉强度/MPa	28d 弹性模量/GPa	28d 抗渗等级
≥7.5	≥0.9	≤20.0	≥W10

（4）堰基防渗与堰体防渗连接设计。上游围堰防渗墙与堰体复合土工膜心墙之间采用扩大的盖帽混凝土接头连接，复合土工膜埋入现浇的盖帽混凝土，盖帽混凝土上部为垫层料。

6.4.4　猴子岩水电站上游围堰防渗体系设计

猴子岩水电站上游围堰为基础全封闭混凝土防渗墙上接土工膜斜墙的土石围堰。

（1）围堰基础地质条件。上游围堰位于磨子沟口上游约 100m，距左岸色龙沟口约 500m，河谷枯水期水面宽约 54m，堰顶高程 1745.00m 时河谷宽约 200m，最大堰高 55m，轴线方向 N85°E。

围堰右岸岸坡坡度 45°～56°，基岩裸露。左岸 1740.00m 高程以上岸坡坡度 40°～50°，基岩裸露，以下 20°～30°，呈缓台状，广布第四系覆盖层，表层为崩坡积堆积，厚 5～15m，根据钻孔揭示其物质主要为块碎砾石土，块石大小 20～40cm，含量约占 10%，碎石大小 6～16cm，含量占 20%～30%，砾石大小 0.5～5cm，含量占 30%～40%，土的含量占 15%～20%，表面见厚 2～4m 的孤石，堆积体结构松散，下部结构稍密。崩坡积下部为冲洪积堆积，厚 40～50m。

钻孔揭示河床覆盖层厚 60～75m，层次结构自下而上可分为 4 层：第①层含漂（块）卵（碎）砂砾石层（$fglQ_3^2$），厚 11～27m；第②层黏质粉土（lQ_3^3），厚 15～22m，顶板埋深 22～37m；第③层含泥漂（块）卵（碎）砂砾石层（alQ_4^1），厚 15～37m；第④层孤漂（块）卵（碎）砂砾石层（alQ_4^2），厚 1～15m，河床表面孤块石厚 1～3cm。

上游围堰左岸堰肩出露基岩为泥盆系下新统（D_1^1）第⑪层厚层—巨厚状白云岩、白云质灰岩、变质灰岩，局部夹含绢云母变质灰岩，右岸堰肩出露基岩为泥盆系下新统（D_1^1）第⑫层薄层—中厚状白云质灰岩、变质灰岩，岩层产状 N40°E/NW∠55°，岩石致密坚硬。两岸基岩断层及层间挤压破碎带局部发育。推测强卸荷、弱上风化水平深度 20～30m，弱卸荷、弱下风化水平深度 40～70m。

堰基的第①、③、④层透水性较强，抗渗坡降较低；河床中部第②层黏质粉土（lQ_3^3），承载力低，抗变形能力差，对堰基的抗滑稳定有一定的影响；围堰两岸基岩断层及层间挤压破碎带局部发育，卸荷带岩体、河床基岩表浅部透水性较强。

（2）堰体防渗设计。上游围堰堰顶高程 1745.00m，最大堰高约 55m，堰顶长 215m，堰顶宽 12m，堰体最大底宽约 255m。防渗墙施工平台高程为 1709.00m。堰体迎水面坡比 1715.00m 高程以上为 1∶2.0，1715.00m 高程以下为 1∶1.5；堰体背水面坡比为 1∶1.8，并分别在 1725.00m 及 1708.00m 高程设置马道。堰体 1709.00m 高程以上采用复合土工膜（350g/0.8mm HDPE/350g）斜墙防渗，最大防渗高度 36m，复合土工膜表面采用 20cm 厚喷混凝土进行保护，复合土工膜与堰体堆石间设有砂砾石垫层及过渡层，为增大摩擦力，在垫层料上面设有一层 10cm 厚无砂混凝土。其典型剖面图如图 6.4-4 所示。

（3）堰基防渗设计。堰体高程 1709.00m 以下及堰基覆盖层采用全封闭塑性混凝土防渗墙防渗（指标见表 6.4-3），墙底嵌入基岩 1.0m，最大墙深约 80m，墙厚 1.0m，成墙面积约 8340m²。两岸及河床基岩表浅部透水性较强，堰肩利用灌浆平洞进行帷幕灌浆防渗处理，左岸灌浆平洞长度为 60m，帷幕灌浆最大造孔深度约 40m；右岸灌浆平洞长度为 37m，帷幕灌浆最大造孔深度约 50m，部分帷幕灌浆需在磨子沟排水洞内进行施工；墙下帷幕灌浆采用埋管法施工，埋管间距 1.5m，墙下最大造孔深度约 55m。灌浆平洞断面尺寸 3.0m×3.5m，采用全断面混凝土衬砌。

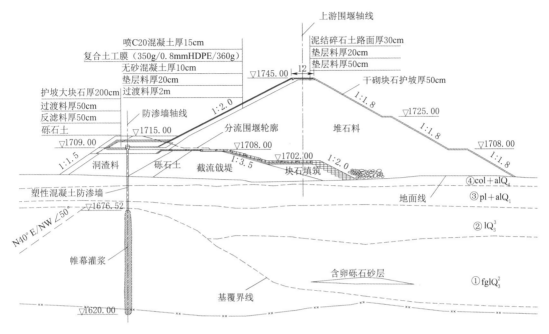

图 6.4-4 猴子岩水电站上游围堰典型剖面图

表 6.4-3 塑性混凝土防渗墙性能指标表

28d 抗压强度 /MPa	28d 抗拉强度 /MPa	28d 弹性模量 /MPa	28d 抗折强度 /MPa	28d 抗渗等级	28d 渗透系数 /(cm/s)
≥5	≥0.5	≤2000	≥1.5	≥W8	≤1×10^{-7}

（4）堰基防渗与堰体防渗连接设计。上游围堰防渗墙与堰体复合土工膜斜墙之间采用扩大的盖帽混凝土接头连接，复合土工膜埋入现浇的盖帽混凝土；盖帽混凝土两侧设置长 29m，厚 2.5m 的砾石土进行保护，砾石土外部设反滤料、过渡料及块石料保护。

6.4.5 瀑布沟水电站上游围堰防渗体系设计

瀑布沟水电站上游围堰为基础悬挂式混凝土防渗墙上接土工膜斜墙的土石围堰。

（1）围堰基础地质条件。上游围堰堰基覆盖层最大厚度为 64.55m，由①漂卵石层（Q_3^2）、②卵砾石层（Q_4^{1-1}）、③含漂卵石层夹砂层透镜体（Q_4^{1-2}）和④漂（块）卵石层（Q_4^2）四大层组成。各大层中孤石多且局部具架空现象，河床覆盖层渗透系数一般为 20～90m/d，局部达 100～500m/d，属强—极强透水，且抗渗透破坏能力低。河床底部及两岸堰肩岩体浅表层属中等透水岩体（$q=10～100Lu$），谷底基岩为弱透水岩体（$q=1～10Lu$），地基抗变形能力和承载力可基本满足工程要求。

围堰基础岩体均为坚硬岩体。左岸以中粗粒花岗岩为主体，山体浑厚，岩体呈整体-块状结构，岩体质量较好；右岸以玄武岩为主，受地形及断层影响，岩体质量相对较差。

（2）堰体防渗设计。堰顶高程为 722.50m，最大堰高约 47.50m，堰顶宽 10.00m，迎水面坡比 1:2.5，背水面坡比 1:1.75。堰体采用 350g/0.8mm PE/350g 的复合土工膜斜墙防渗，最大挡水水头约 38.50m，表面采用喷 5cm 厚 C20 混凝土进行保护，分别通过混凝土底座与防渗墙或基岩构成完整的防渗体系。

（3）堰基防渗设计。防渗墙平台顶高程按 12 月至次年 3 月施工要求确定为 684.00m，防渗墙底高程为 640.00m，防渗墙最大深度 44m，防渗墙厚 0.8m。为提高右岸混凝土底座基岩的完整性与防渗能力，对其基础以下 5m 段采用固结灌浆处理，灌浆压力为 0.2MPa。

混凝土防渗墙的墙体材料采用的混凝土设计指标见表 6.4-4。

表 6.4-4　　　　　　　　　　　　　防渗墙混凝土性能指标表

28d 抗压强度/MPa	28d 弹性模量/MPa	28d 抗渗等级
≥6.7	≤17500	≥W8

（4）堰基防渗与堰体防渗连接设计。上游围堰防渗墙与堰体复合土工膜斜墙之间采用混凝土底座连接，复合土工膜埋入混凝土底座内，底座与混凝土防渗墙间采用镀锌铁皮连接。

第7章　深厚覆盖层上分流挡渣堰过流保护技术

7.1　分流挡渣堰技术发展综述

为缩短项目总工期，传统的施工组织设计中常将坝肩开挖安排在河床截流前进行。西部山区河谷狭窄，坝肩边坡陡峻，坝肩开挖及环境边坡治理的施工道路布置困难，开挖渣料常常采用翻渣下河，通过底层道路出渣。截流前既要进行坝肩开挖或环境边坡治理施工，又要避免渣料下河后的水土流失，我们创新性地提出了分流挡渣堰的方案。分流挡渣堰源于过水围堰，但又与传统过水围堰有所不同。

使用条件不同：传统过水围堰用于洪枯流量比和水位变幅较大，常配合基坑过水导流方式使用。分流挡渣堰不再强调洪枯流量比和水位变幅，可在全年围堰形成前，先期投入使用。

使用目的和功能不同：传统过水围堰枯水期挡水运行，为基坑干地施工创造条件；汛期基坑停工，围堰过流度汛，保障工程度汛安全。分流挡渣堰枯水期挡水运行，与传统过水围堰没有差异；汛期需要预留拦渣库容，满足坝肩开挖集渣、拦渣要求，保障工程度汛安全和环保水保安全。

设计理念不同：传统过水围堰既要保证枯水期正常施工，又要保证汛期安全度汛，要求有完整的防渗体系，防渗工程量较大，工期较长；分流挡渣堰重在保证汛期集渣、拦渣，防渗体系可适当简化，便于快速施工，在一定程度上解除了对截流时段的限制。

大渡河泸定、大岗山、猴子岩、长河坝、双江口和雅砻江两河口水电站先后研究或实施了分流挡渣堰。在系统总结过水围堰设计施工经验教训的基础上，通过大量计算分析和模型试验，创新形成了分流挡渣堰设计技术，丰富和发展了过水围堰设计技术。

（1）全面系统分析分流挡渣堰的设计标准，既要研究确定挡水标准和过流保护标准，又要结合可利用的施工时段，研究施工期洪水标准，既满足功能要求，又具备现实实施条件。分流挡渣堰挡水标准越高，填筑和防护工程量越大，可利用的施工时段越长。猴子岩水电站 2011 年 4 月初河床截流，汛前要完成分流挡渣堰施工，施工期洪水标准采用相应时段 5 年一遇洪水。实施过程中，先按堰顶高程 1708.00m 方案施工，可拦挡洪水流量为 1000m³/s，根据坝址区 2008—2010 年 3 个汛期实测的日最大流量统计，拦挡洪水（日平均）保证率约为 39%。开工后进展非常顺利，在顶部又增设子堰，堰顶高程 1715.00m，可拦挡洪水 2500m³/s，拦挡洪水（日平均）保证率达到 95%。

（2）系统研究了过水围堰的消能方案和体型设计，选择适合深厚河床覆盖层条件的消能方案和体型设计，是进行过流保护设计的前提和基础。猴子岩水电站坝址河床覆盖层深厚，无法在堰脚形成镇墩，过水围堰消能防冲难度较大。通过模型试验，研究了下游坡一坡到底底流消能方案和设消能平台的面流消能两种方案，底流消能方案堰脚冲刷引起堰脚保护材料失稳，进而堰面钢筋石笼自下而上发生破坏，面流消能方案在消能平台上发生水跃，堰脚临底流速显著较小，整个围堰保持安全稳定。泸定水电站上游分流挡渣堰下游坡采用 1:10 的坡度与基坑衔接，堰面未做其他保护措施，由于堰面材料粒径较小，过流后导致已施工的上游围堰防渗墙后形成淘刷，断流后防渗墙部分折断。

（3）上下游分流挡渣堰协同配合，合理分担水位落差，降低实施难度，控制工程风险。猴子岩水电站下游分流挡渣堰顶高程若按 1699.00m 设计，上下游分流挡渣堰落差分别为 7.73m 和 0.49m，若下游分流挡渣堰顶高程抬高至 1702.00m，则上下游分流挡渣堰落差分别为 4.90m 和 3.32m。抬高下游分流围堰顶高程对降低上游分流围堰落差和堰面流速作用明显，因此，确定下游分流挡渣堰顶高程为 1702.00m。

（4）系统研究了分流挡渣堰的破坏形式（堰头破坏型、堰脚破坏型、面板破坏型、岸边连接破坏型），提出了要全方位进行过流防冲设计的理念，既要重视过流面防护面板的防冲稳定，也要重视过流面边角的防冲，对深厚覆盖层河床更要重视堰脚基础防冲。猴子岩、两河口、双江口等分流挡渣堰的堰面保护采用了钢筋混凝土楔形板，在堰后一定范围的河床及两岸都也采用了钢筋混凝土板或钢筋石笼保护。

（5）施工设计与结构设计协同，在保证堰体渗流稳定和面板抗浮稳定的条件下，首创采用无防渗结构的分流挡渣堰，大大缩短了分流挡渣堰（过水围堰）施工工期，确保按期完工并安全度汛。猴子岩水电站分流挡渣堰可利用的施工时段不足 2 个月，能够完成堰体填筑和堰面保护已属不易，没有实施防渗体系的时间。通过放缓下游面坡比，加强反滤和排水，控制水位落差，能够保证堰体抗滑稳定和堰面抗浮稳定。

7.2　工程案例

7.2.1　猴子岩分流挡渣堰

7.2.1.1　概述

猴子岩水电站拦河大坝为混凝土面板堆石坝，最大坝高 223.5m，大坝施工采用隧洞导流、围堰一次拦断河床、基坑全年施工的导流方式。初期导流洪水设计标准采用 50 年洪水重现期，相应的导流设计流量为 $Q_{P=2\%}=5590\text{m}^3/\text{s}$。为宣泄施工期洪水，在坝址左岸布置了 2 条城门形断面的导流隧洞，洞身断面尺寸 13m×15m（宽×高）。上游围堰顶高程 1745.00m，最大堰高 55.00m；下游围堰顶高程 1710.00m，最大堰高 25.00m。

两条导流洞于 2011 年 3 月底实现了分流。由于坝址区河谷狭窄，坝肩开挖及坝肩开口线以上的环境边坡治理的开挖出渣道路布置困难，只能采用抛渣下河、河床出渣方式，若按常规安排在同年 11 月截流，则在截流前坝肩开挖不能按期进行，大坝工期将推迟 6～7 个月，经济损失巨大。为满足环保水保要求并尽早开始坝肩开挖，猴子岩水电站 2011 年汛前研究实施了过水围堰。

7.2.1.2　过水围堰设计原则

过水围堰有两个方面的作用，一是为拦挡枢纽区环境边坡治理时滚落河床的石渣，使之堆存于分流挡渣堰形成的基坑内，不被带到下游河床；二是汛前形成防渗墙施工平台，为汛后围堰防渗墙施工创造有利条件。经综合分析，过水围堰设计的主要原则如下：

（1）分流挡渣堰设计以不影响进境交通为基本原则。当时坝区中高程过坝交通（2号公路、8号公路）已经通车，8号公路在3号临时桥上游约300m处与原省道S211相接，接线点最低高程为1725.30m。省道S211为三级公路，其路基防洪标准为25年一遇。

（2）分流挡渣堰设计基本不影响本工程其他工作面汛期正常施工。导流洞进口闸室主要施工道路为2号公路、8号公路及坝区S211、1号临时桥和左岸1号公路、3号公路，上述场内交通工程最低路面高程为1719.00m。导流洞进口上游约700m处的1号临时桥是联系大渡河左右岸交通的重要工程，其设计防洪标准为50年一遇，桥面高程为1719.60m。为保证1号临时桥防洪安全，要求在大坝基坑和导流洞联合过流的情况下，2011年汛期上游洪水水位不超过1718.50m。

（3）分流挡渣堰应具有一定的拦渣库容，以拦挡枢纽区环境边坡治理滚落河床的石渣。

（4）上、下游分流挡渣堰分别与上、下游挡水围堰结合布置，其堰顶高程应分别不低于挡水围堰混凝土防渗墙施工平台高程1708.00m和1699.00m。

（5）上、下游过水围堰应在2个月内完成施工，确保2011年度汛安全。

7.2.1.3 过水围堰设计标准

（1）过流保护标准。考虑到本工程分流挡渣堰只使用2011年一个汛期，且基坑中无永久建筑物，基坑淹没过流不会造成较大损失，因此，2011年汛期分流挡渣堰级别按5级考虑。结合丹巴水文站1959—2006年共48年的实测年最大洪峰流量资料，5年一遇流量3920m^3/s与48年中的第5大流量（1982年3950m^3/s）相当，其经验频率洪水重现期约为10年，围堰安全保证率约为90%，因此，本工程分流挡渣堰过流保护设计标准按5年一遇考虑，即 $Q_{P=20\%} = 3920m^3$/s。

（2）挡水标准。根据坝址处分期设计洪水及实测汛期洪水，对上游分流挡渣堰顶高程初拟如下4个方案进行比选：

方案一：堰顶高程1708.00m，拦挡流量1000m^3/s（相当于枯期11月至次年4月20年一遇洪水流量）。

方案二：堰顶高程1710.00m，拦挡流量1500m^3/s（相当于汛期多年平均流量）。

方案三：堰顶高程1713.00m，拦挡流量2000m^3/s。

方案四：堰顶高程1718.00m，拦挡流量3120m^3/s（相当于汛期2年一遇洪水流量）。

各方案综合比较见表7.2-1。

表7.2-1　　　　　　　　　　　方 案 综 合 比 较 表

项　　目	方案一	方案二	方案三	方案四
挡水设计流量/(m³/s)	1000	1500	2000	3120
上游分流挡渣堰顶高程/m	1708.00	1710.00	1713.00	1718.00
上游分流挡渣堰最大高度/m	18	20	23	28
过流保护设计流量/(m³/s)	3920	3920	3920	3920

续表

项　　目	方案一	方案二	方案三	方案四
上游分流挡渣堰上游设计水位/m	1713.18	1714.58	1716.36	1719.36
导流洞分流量/(m³/s)	2217	2488	2899	3638
基坑分流量/(m³/s)	1703	1432	1021	282
总落差/m	8.22	9.62	11.40	14.40
上游分流挡渣堰分担落差/m	4.90	5.57	8.30	13.61
下游分流挡渣堰分担落差/m	3.22	4.05	3.10	0.79
上游分流挡渣堰过流宽度/m	97	103	117	126
上游分流挡渣堰单宽流量/[m³/(s·m)]	17.56	13.90	8.73	2.24
上游分流挡渣堰堰顶平均流速/(m/s)	3.28	3.03	2.60	1.65
上游分流挡渣堰堰顶最大流速/(m/s)	5.57	5.15	4.41	2.80
上游分流挡渣堰总填筑工程量/m³	158110	195370	239970	278470
上游分流挡渣堰过流保护工程量/m³	25000	28900	40500	52600
下游分流挡渣堰总填筑工程量/m³	128500	155000	155000	155000
下游分流挡渣堰过流保护工程量/m³	20900	27400	27400	27400
根据 2008—2010 年期间 3 个汛期的实测日最大流量统计分析的挡水保证率/%	39	67	83	99
综合比较	各方案均不影响过境地方交通，均可满足环境边坡治理挡渣要求和汛后防渗墙施工要求。 　　方案一和方案二分流挡渣堰的挡水保证率约为 39% 和 67%，过水较为频繁；但分流挡渣堰工程量小、施工强度较小、投资低。 　　方案三分流挡渣堰的挡水保证率约为 83%，但分流挡渣堰工程量较大，施工强度较大，存在度汛风险，且投资较高。 　　方案四分流挡渣堰的挡水保证率约为 99%；过水工况水位差大，围堰挡水水头大，挡水工况围堰渗流稳定风险大；汛期 50 年一遇洪水位已达 1721.70m，超过 1 号临时桥桥面高程 1719.60m，危及 1 号临时桥的安全；淹没部分场内交通道路，影响导流洞进口闸室等工作面正常施工；分流挡渣堰填筑和防护工程量大，在汛前完成填筑和过流保护难度较大，存在较大度汛风险			

　　经综合比较，推荐工程投资较低、工期保证性高的方案一，即上游分流挡渣堰堰顶高程 1708.00m。

7.2.1.4　过水围堰防冲设计

　　(1) 上游围堰。上游分流挡渣堰位于磨子沟口上游约 140m，堰顶高程 1708.00m 相应的河谷宽约 88m。围堰右岸岸坡坡度 45°～56°，基岩裸露。左岸 1740.00m 高程以上岸坡坡度 40°～50°，基岩裸露，以下 20°～30°，呈缓台状，台长大于 400m，宽约 70m，广布第四系覆盖层，表层为崩坡积堆积，厚 5～15m，崩坡积下部为冲洪积堆积，厚约 40～50m。钻孔揭示河床覆盖层厚 60～71m，层次结构自下而上可分为 4 层：第①层含漂（块）卵（碎）砂砾石层（fglQ$_3^2$），厚 11～27m；第②层黏质粉土（lQ$_3^3$），厚 15～22m，顶板埋深 22～37m；第③层含泥漂（块）卵（碎）砂砾石层（pl+alQ$_4^1$），厚 15～37m；

第④层孤漂（块）卵（碎）砂砾石层（alQ$_4^2$），厚 1～15m。

上游分流挡渣堰采用土石类围堰，堰顶高程 1708.00m，堰顶宽 35.5m，最大堰高约 18m。为满足防冲保护要求，部分堰顶采用 1m 厚钢筋石笼保护，上游采用大块石护坡，下游坡坡比采用 1:3.5，下游坡采用双层钢筋石笼护坡，钢筋石笼之间采用钢筋焊接，钢筋石笼与堰体块石填筑间铺设土工布，堰脚采用抛大块石防护。3～5 块石块之间用钢丝绳连成串，以增加其抗冲能力。上游分流挡渣堰下游两岸均采用 1m 厚钢筋石笼保护。因工期所限，堰体及堰基未实施防渗措施。防护结构详见图 7.2-1。

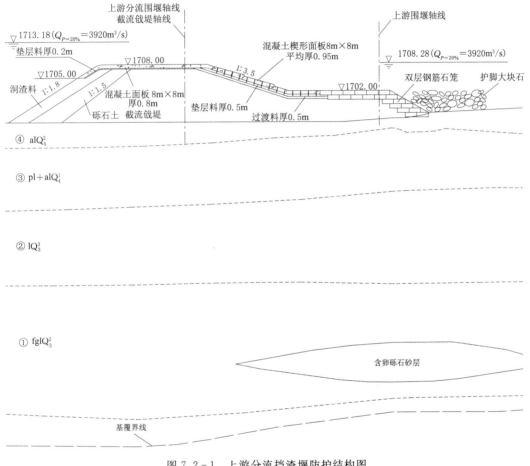

图 7.2-1 上游分流挡渣堰防护结构图

（2）下游围堰。下游分流挡渣堰位于泥洛堆积体上游侧，堰顶高程 1702.00m 时相应的河谷宽约 78m。分流挡渣堰右岸 1735.00m 高程以下为崩坡积堆积，坡度 18°～25°，厚 10～15m，物质主要为块碎砾石土，表面见 1～3m 的孤石；1735.00m 高程以上，基岩裸露，坡度达 40°～50°。钻孔揭示河床覆盖层厚 30～77m，层次结构与上游围堰相同。

下游围堰采用土石类围堰，考虑分担部分落差，堰顶高程按 1702.00m 设计，堰顶宽 40m，最大堰高约 20m。由于下游围堰作为关键的拦挡渣料建筑物，为满足防冲保护要求，堰顶采用 1m 厚钢筋石笼保护，上游采用大块石护坡，下游坡坡比采用 1:3.5，下游坡采用双层钢筋石笼护坡，钢筋石笼之间采用钢筋焊接，钢筋石笼与堰体块石填筑间铺设土工布，堰脚采用抛大块石防护。3～5 块石块之间用钢丝绳连成串，以增加其抗冲能力。下游分流挡渣堰下游两岸均采用 1m 厚钢筋石笼保护。因工期所限，堰体及堰基未实施防渗措施。防护结构如图 7.2-2 所示。

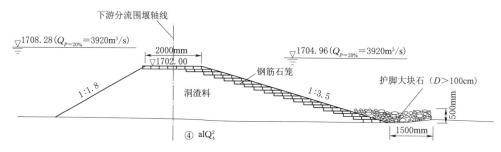

图 7.2-2　下游分流挡渣堰防护结构图

7.2.1.5　上游过水围堰增设子堰

过水围堰施工准备较为充分，截至 4 月 15 日，堰顶 1708.00m 高程靠近轴线部位的 80cm 厚混凝土面板基本浇筑完成。鉴于上述情况，有条件在上游分流挡渣堰顶部增设子堰，进一步提高挡水标准，子堰按拦挡流量 2500m³/s 设计，子堰顶高程 1715.00m；子堰过流保护按汛期 5 年一遇流量 3920m³/s 设计，堰面采用混凝土面板进行防护。1708.00m 平台高程已浇混凝土与其上新浇混凝土结合面采取凿毛处理，在已浇混凝土面板上钻孔埋设 4 排插筋，插筋直径 25mm，长度 1.4m，间、排距 1.0m，外露 0.7m 埋入新浇混凝土面板中。增加子堰防护结构如图 7.2-3 所示。

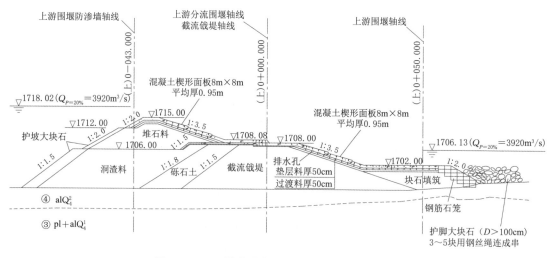

图 7.2-3　上游分流挡渣堰增加子堰防护结构图

7.2.2　两河口分流挡渣堰

7.2.2.1　概述

两河口水电站位于四川省甘孜州雅江县境内的雅砻江干流上，为雅砻江中下游梯级电站的"龙头水库",坝址位于庆大河河口以下约 1.8km 河段上,控制流域面积约 65599km²,坝址处多年平均流量 664m³/s,水库正常蓄水位为 2865.00m,相应库容 101.54 亿 m³,死水位 2785.00m,相应库容 35.94 亿 m³,水库具有多年调节能力。

两河口水电站枢纽建筑物由砾石土心墙堆石坝、溢洪道、泄洪洞、放空洞、地下厂房等建筑物组成。砾石土心墙堆石坝最大坝高 295.00m,电站装机容量 3000MW,多年平均发电量 110.75 亿 kW·h。

坝址区左右岸主要为砂板岩,围岩以 Ⅲ 类为主,具有布置隧洞的条件,同时经综合分析,导流洞可与电站尾水洞联合布置,因此,根据坝址区地形、地质条件、枢纽建筑物布置特点及施工进度要求,推荐采用断流围堰、隧洞导流方式。初期导流洪水设计标准采用50 年洪水重现期,相应的导流设计流量为 $Q_{P=2\%}=5240m³/s$。初期导流设置两条导流洞,均布置在右岸。1 号导流洞与电站尾水洞结合洞段长 548.873m,2 号导流洞与电站尾水洞结合洞段长 657.814m。洞身断面尺寸 12m×14m(宽×高)。上游围堰位于庆大河与雅砻江汇合口上游,堰顶高程 2658.00m,最大堰高约 64.5m。围堰为全年断流土石围堰,与堆石坝体布置相结合。下游围堰位于阿农沟沟口下游侧,堰顶高程 2618.50m,最大堰高约 24.5m。围堰为全年断流土石围堰,与堆石坝体布置相结合。

7.2.2.2　分流挡渣堰的必要性

根据两河口水电站工程建设计划和实际施工进展情况,开挖工程Ⅰ、Ⅱ标(含大坝坝肩、电站进水口和开关站、左岸泄水建筑物进出口边坡)已于 2013 年 7 月完成招标,2013 年 8 月承包人进场;大坝工程标(含上、下游围堰)计划 2013 年年底完成招标设计,计划 2014 年完成招投工作、承包人进场、计划 2015 年 11 月开始进行上、下游围堰施工。

大坝坝肩、右岸电站进水口和开关站、左岸泄水建筑物出口开挖期间,由于其下方边坡陡峻,无设置集渣平台的条件,且上、下游围堰尚未实施,上述部位开挖石渣将直接进入其下方雅砻江河段。因此,为满足环保、水保要求,经分析需在该段河床大坝上、下游围堰部位设置分流挡渣堰,在河床形成集渣平台,收集边坡开挖石渣并适时将石渣转运至指定渣场堆存,从而避免开挖石渣流失。

7.2.2.3　过水围堰设计原则

分流挡渣堰主要拦挡电站进水口、开关站、坝肩及左岸泄水建筑物出口开挖滚落至河床的石渣,避免水土流失。

经综合分析,分流挡渣堰设计的主要原则如下:

(1)分流挡渣堰应具有一定的拦渣库容,以拦挡枯期开挖滚落河床的石渣,汛期基坑内开挖石渣不流失。

(2)上、下游分流挡渣堰应分别与上、下游挡水围堰结合布置,减少后续围堰填筑工程量。

(3)上、下游分流挡渣堰由于施工时段预计为 2013 年 10—12 月,由于施工时段短,堰体防护工程量较大,填筑高度不宜太高。

(4)上、下游分流挡渣堰高度及水位应考虑分流后堰前洪水水位低于现有雅新公路的高程(2625.00~2660.00m),以保护现有公路的通行。

(5)根据移民的要求,上游分流挡渣堰堰前水位不能超过导流洞过 5 年一遇洪水流量时的堰前水位（即高程 2631.60m）。

7.2.2.4 过水围堰设计标准

（1）过流保护标准。考虑到该工程分流挡渣堰使用期间要过 2014 年、2015 年两个汛期，且基坑中无永久建筑物，基坑淹没过流不会造成较大损失，因此，分流挡渣堰级别按 5 级考虑。

分流挡渣堰采用土石类围堰，根据《水电工程施工组织设计规范》（DL/T 5397—2007），分流挡渣堰过水时的洪水设计标准为重现期 5～10 年。

10 年一遇洪水流量为 4140m³/s，5 年一遇洪水流量为 3620m³/s，通过水力学模型试验，10 年一遇洪水与 5 年一遇洪水堰顶水头、各水力学指标及单宽功率差别不大，过水保护基本相同，工程量及投资基本相当，同时，根据雅江水文站 1952—2010 年共 59 年的实测年最大洪峰流量资料，10 年一遇流量 4140m³/s 在 59 年中的第 4、5 大流量（1999 年 4390m³/s、1970 年 3980m³/s）之间。因此，经综合分析，本工程分流挡渣堰过流保护设计标准按 10 年一遇考虑。

（2）挡水标准。根据地方交通及移民要求，上游分流挡渣堰堰前水位不能超过导流洞过 5 年一遇洪水流量时上游水位；基坑频繁过流将影响到边坡开挖及河床清安排；挡渣堰挡水高度过高将增加过水保护难度及增加投资，加大挡渣堰冲刷破坏的风险。因此，应根据工程实际情况，合理选择挡渣堰挡水高度。

综上，根据两河口水电站坝址处分期设计洪水及实测汛期洪水资料，对上游分流挡渣堰顶高程初拟如下 4 个方案进行比选：

方案一：堰顶高程 2608.00m，拦挡流量 751m³/s（枯期 11 月 10 年一遇洪水流量）。

方案二：堰顶高程 2611.00m，拦挡流量 1170m³/s（汛期保证率 75% 最大流量）。

方案三：堰顶高程 2614.00m，拦挡流量 2000m³/s（分析近年实测洪水资料选择的流量）。

方案四：堰顶高程 2622.20m，拦挡流量 2820m³/s（汛期 2 年一遇洪水流量）。

根据 2006 年 1 月 1 日至 2011 年 8 月 15 日期间 5 个半汛期的实测日最大流量统计分析成果，方案一分流挡渣堰过水天数约 86.4%，过水频繁；方案二分流挡渣堰过水天数约 42.1%，过水较为频繁；方案三分流挡渣堰的过水天数约 8.9%；方案四分流挡渣堰的过水天数仅约 1.5%。

各方案综合比较见表 7.2-2。

表 7.2-2　　　　　　　　各方案综合比较表

项　目	方案一	方案二	方案三	方案四
挡水设计流量/(m³/s)	751	1170	2000	2820
上游分流挡渣堰顶高程/m	2608.00	2611.00	2614.00	2622.20
上游分流挡渣堰最大高度/m	16.8	19.8	22.8	31
过流保护设计流量/(m³/s)	4140	4140	4140	4140
上游分流挡渣堰上游设计水位/m	2615.02	2616.96	2618.88	2625.61
导流洞分流量/(m³/s)	1980	2376	2791	3207
基坑分流量/(m³/s)	2160	1764	1349	933

续表

项　　目	方案一	方案二	方案三	方案四
总落差/m	1.51	3.45	5.37	12.1
上游分流挡渣堰分担落差/m	0.83	2.18	2.63	6.5
下游分流挡渣堰分担落差/m	0.68	1.27	2.74	5.6
上游分流挡渣堰过流宽度/m	82	85.5	88.2	104.6
上游分流挡渣堰单宽流量/[m³/(s·m)]	26.35	20.63	15.29	8.92
上游分流挡渣堰堰顶平均流速/(m/s)	3.75	346	3.13	2.61
上游分流挡渣堰堰顶最大流速/(m/s)	6.37	5.87	5.31	4.44
上游分流挡渣堰堰面最大流速/(m/s)	7.45	7.90	8.44	11.13
上游分流挡渣堰单宽功率/[t·m/(s·m)]	21.85	45.02	47.89	58.02
上游分流挡渣堰总填筑工程量/m³	56400	65200	81800	175900
上游分流挡渣堰过流保护工程量/m³	12720	14550	16890	29300
下游分流挡渣堰总填筑工程量/m³	34900	41400	56400	178900
下游分流挡渣堰过流保护工程量/m³	11060	11980	13310	32320
工程投资/万元	757.76	900.23	1114.8	2597.76
根据 2006 年 1 月 1 日至 2011 年 8 月 15 日期间 5 个半汛期的实测日最大流量统计分析的挡水保证率/%	13.6	57.9	91.1	98.5
综合比较	各方案均可满足环境边坡治理挡渣要求和汛后防渗墙施工要求及移民和地方交通要求。 　　方案一和方案二分流挡渣堰的挡水保证率约为 13.6% 和 57.9%，过水较为频繁；但分流挡渣堰工程量小、施工强度较小、投资低。 　　方案三分流挡渣堰的挡水保证率约为 91.1%，分流挡渣堰工程量较方案一、方案二稍大。 　　方案四分流挡渣堰的挡水保证率约为 98.5%；过水工况水位差大，围堰挡水水头大，挡水工况围堰渗流稳定风险大；分流挡渣堰填筑和防护工程量大，在汛前完成填筑和过流保护难度较大，存在较大度汛风险			

经综合比较，推荐方案三，挡水标准为 2000m³/s，上游分流挡渣堰堰顶高程 2614.00m；过流标准为 5 年一遇洪水（即 $Q=4140m^3/s$）。

7.2.2.5　过水围堰防冲设计

（1）上游围堰。上游分流挡渣堰推荐采用土石类围堰。按拦挡 2000m³/s 流量考虑，堰顶高程为 2614.00m，顶宽 16.0m，上下游堰面分别以坡度 1∶2.5、1∶4 与河床相连。根据模型试验，上游分流挡渣堰结构设计如下：

迎水堰面高程 2604.00m 以下采用 2.0m 厚的抛石护坡，高程 2604.00m 以上采用 1.0m 厚干砌块石防护。堰顶铺设 8.0m×8.0m×1.0m 的 C25 混凝土柔性板。背水堰面高程 2604.00m 以上铺设 8.0m×8.0m×1.0m 的 C25 混凝土柔性板，混凝土板层与层间用插筋 $\phi32$，$L=1.0m$ 连接，间距 2.0m，相邻混凝土板间用联系筋 $\phi20$，$L=2.0m$，间距 1.0m 连接，增强整体性并适应变形。混凝土板与堰体石渣填料间设置 30cm 厚（砂砾料）

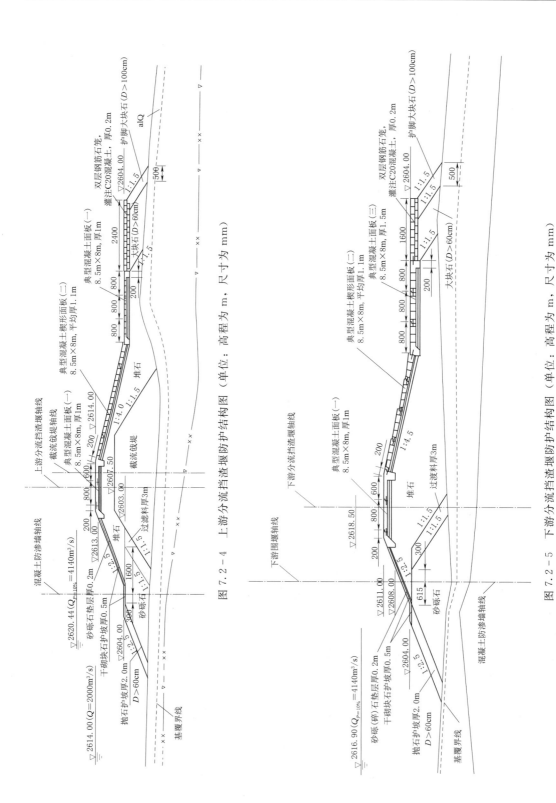

图 7.2 - 4　上游分流挡渣堰防护结构图（单位：高程为 m，尺寸为 mm）

图 7.2 - 5　下游分流挡渣堰防护结构图（单位：高程为 m，尺寸为 mm）

的垫层。为减小在过水时对混凝土板的扬压力，堰面上的混凝土板设直径 50mm 的排水孔，间排距 2.0m，梅花形布置。在高程 2604.00m 设置 20.0m 宽防冲平台，平台以下铺设 3.0m 厚的抛石护坡，再用大块石护脚，3～5 块石块之间用钢丝绳连成串，以增加其抗冲能力，防护长度 40.0m。防护结构详见图 7.2-4。

（2）下游围堰。下游分流挡渣堰堰体型式与上游分流挡渣堰相同，均采用土石类围堰。在度汛标准下分担部分落差考虑，下游分流挡渣堰顶高程为 2611.00m，顶宽 16.0m，上下游堰面分别以坡度 1:2.5、1:4.5 与河床相连。根据模型试验，下游分流挡渣堰结构设计如下：

迎水堰面高程 2604.00m 以下采用 2.0m 厚的抛石护坡，高程 2604.00m 以上采用 1.0m 厚干砌块石防护。堰顶铺设 8.0m×8.0m×1.0m 的 C25 混凝土柔性板。背水堰面高程 2604.00m 以上以一坡到底形式铺设 8.0m×8.0m×1.0m 的 C25 混凝土柔性板，混凝土柔性板均采用前后、左右顺缝衔接方式铺设。相邻混凝土板间用联系筋 $\phi 20$，$L=2.0m$，间距 1.0m 连接，增强整体性并适应变形。混凝土板与堰体石渣填料间设置 30cm 厚（砂砾料）的垫层。为减小在过水时对混凝土板的扬压力，堰面上的混凝土板设直径 50mm 的排水孔，间排距 2.0m，梅花形布置。在高程 2604.00m 设置 16.0m 宽防冲平台，平台以下铺设 3.0m 厚的抛石护坡，再用 3～5 块大块石用钢丝绳连成石串护脚，以增加其抗冲能力，防护长度 40.0m。防护结构如图 7.2-5 所示。

第8章 复杂地质条件下的大型或巨型导流建筑物结构设计技术

8.1 复杂地质条件下的大型或巨型导流建筑物结构设计技术发展

在开发利用西南山区河流丰富的水能资源时，通常需在河道上先行修建导流建筑物拦截、疏导水流，形成干地施工拦河大坝及枢纽其他永久建筑物，其施工导流规划控制的河流泄量大，有限空间范围内需设置的导流泄水建筑物数量多、规模大，面临复杂的地形地质条件，导流建筑物布置更难。为满足工程建设需求，涌现出一大批设计技术指标居各自行业先进水平的导流建筑物，如大型或巨型的地下导流洞及导流洞群结构，超高地下进口闸室竖井及竖井群结构，特高的进口岸塔式闸室结构，复杂水文地质条件下的巨型基坑渗流控制结构，建于深厚覆盖层上的高土石围堰结构，建于深厚覆盖层上的大型多功能沉井群，超深地下防渗墙结构，超高运行水头的无钢衬坝身泄水孔口结构，超高设计挡水水头的大型封堵结构，以及设置特大型减载空腔的地下洞室塌方治理工程结构等。这些导流建筑物的安全运行，确保了工程建设的顺利进行，按时发挥预期效益。

水电工程的结构设计大都采用半经验半理论的设计方法，所采用的水力学模型试验、结构分析方法，都是基于总结以前工程经验的积累。对于不断涌现出来的复杂地质条件下的大型或巨型导流建筑物，面对岩体材料的复杂性（非均质、各向异性、本构关系的非线性、时间相关性等）和岩体构造的复杂性（节理、裂隙、断层切割等），传统的解析方法即使采用大量的简化，也难以解决岩石边坡和地下工程中应力和变形分析问题，如果要结合开挖方案和支护措施模拟其施工过程，更是无能为力。必须在现有的设计方法和手段之外，寻求更多理论指导和更加合理完善的解决方法。

20 世纪 80 年代末至 90 年代，雅砻江上修建的二滩水电站，初期导流采用左右岸各一条导流隧洞泄流，圆拱直墙型，过流断面尺寸为 17.5m×23m（宽×高）、面积约 379m²，最大开挖宽度为 20.5m、最大开挖高度为 25.5m，开挖面积约 490m²，初期导流时设计流量 13500m³/s、单洞泄流流量 6750m³/s，洞周围岩一般为坚硬的正长岩和玄武岩，为当今世界上最大的导流隧洞。除进出口锁口段采用刚性混凝土衬砌外，洞身段采用顶拱喷锚支护，边墙底板以锚喷为主、由锚喷和不承载单层钢筋混凝土薄衬砌组成的复合柔性支护形式，其薄混凝土衬砌仅仅是为了减小糙率、满足水力学条件和漂木要求而设置。

二滩水电站导流隧洞断面尺寸和承受荷载均居世界前茅，导流隧洞跨度大、边墙高，且位于高地应力地区，洞室附近岩体实测最大地应力为 20～35MPa。为解决高地应力地区开挖大型导流隧洞时围岩稳定问题，引入以充分发挥围岩自稳能力的"新奥法"进行支护设计，通过围岩的分级、分类评价成果，拟定锚喷支护参数；导流隧洞支护采用二维数值分析、工程类比、模型试验（水力学模型试验、结构模型试验）和现场监测相结合的方法，保证安全可靠、经济合理。

初始地应力是进行洞室围岩稳定分析的基础。二滩水电站地应力场由自重应力和构造应力组成，且以构造应力为主。曾先后采用地质力学模型反演模拟法、有限元数学模型回归分析法、假定地应力分布与坐标的函数关系、按实测点地应力分量与埋深之间关系模拟地应力场共四种方式进行研究，用地质力学模型反演模拟法成果为主要计算依据进行稳定分析。

开展的导流隧洞围岩与支护系统的地质力学平面模型试验研究，在一个模型上同时模拟三种不同岩性的岩体和三种不同的支护形式，试验按导流隧洞开挖和支护的施工程序进行，通过模型超载试验了解导流隧洞围岩与支护系统在平面应变条件下，其变形发展到失稳直至破坏的全过程。试验证明，按确定的支护设计后，洞室的整体变形刚度有明显提高，洞身围岩的承载能力提高 33%～40%；在坚硬或半坚硬岩体中，顶拱的锚喷支护型式具有更高的整体承载能力。

根据二滩导流隧洞的受力条件和几何特性，采用平面应变有限元法对洞室围岩进行弹性和非线性稳定性分析，计算中分别采用各向同性均匀介质模型、各向同性随机节理介质模型、各向同性层状介质模型和各向同性非均匀介质模型（不计节理裂隙影响）共四类模型进行分析。其右岸导流隧洞有限元数值分析计算时，计算模型包括 585 个节点、588 个岩石单元，考虑喷锚支护的方案中还包括二节点杆单元 28 组共 56 个和喷层单元 38 个（四节点等参元）。

对于世界上最大断面的二滩水电站导流隧洞堵头结构，进行了结构模型试验和数值计算研究。在数值计算中采用弹塑性和黏弹塑性有限元计算，进一步研究堵头的形式（三面楔形体、四面楔形体）、工作性态和极限承载能力，评价两种堵头结构型式。采用石膏材料制作两种堵头形式的结构模型，量测在正常水荷载作用下的应力和变形，并进行两种堵头的极限承载能力比较。通过二滩水电站导流隧洞堵头的结构模型试验和数值计算成果的对比分析，两者结果数值相近，规律一致，可相互验证；堵头结构体型为三面楔形体或四面楔形体，不论应力、变形还是超载能力，相差不大；在正常水荷载下，围岩应力受影响范围为 1～1.2 倍洞径；堵头的超载能力很大，加载至 5～6 倍正常水荷载时，才出现非线性变形，至 9 倍正常水荷载时，出现压剪破坏；计算采用的黏弹性参数，对计算结果影响不大。

高地应力区开挖当今世界最大断面的导流隧洞，国内外没有可借鉴的经验。二滩水电站导流隧洞结构设计通过初始地应力场测试、模型试验和平面有限元数值分析计算，表明采用喷锚加薄混凝土衬砌的支护方式，配合大断面开挖、光面爆破、预裂爆破等先进的施工方法，洞室稳定是可能的，导流隧洞堵头运行工况是可靠的。有限元数值分析表明，高边墙的稳定性差，顶拱部位局部失稳现象应给予充分重视。受计算设备能力的限制，数值分析未考虑外水压力和其他影响稳定的因素，对节理和软弱面的分析也极粗略，其计算成果反映出的洞周围岩稳定性与真实稳定状态尚有差距。

二滩水电站导流隧洞断面尺寸世界罕见，泄流过程中水流流态对导流建筑物的重要性而言是举足轻重的。多次进行整体水工模型试验，着重研究其泄流能力、出口消能及下游流态，并根据水力学模型试验结果修改工程布置、导流轴线走向。

二滩水电站导流隧洞水工模型试验，模型比尺 1：70，按几何正态设计，导流隧洞进口及洞身采用有机玻璃或浮法玻璃制作。为满足明流条件下的糙率相似，采用适当加陡模型隧洞的底坡，恰好抵偿模型隧洞边界实际糙率大于理论糙率的影响，以达到明流条件下洞内流态相似。为满足有压流沿程摩阻相似，将模型试验实测的泄流能力成果按重力相似准则进行修正后，再引申到原型。模型试验发现，左右岸导流洞出口轴线原设计夹角为 70°45′37″，隧洞出口水流对撞后，在左右岸隧洞尾水渠与下游围堰所夹水域内以及左岸导流隧洞尾水渠水跃区，产生大幅度的水位波动，涌浪振幅超过 15m，威胁到下游围堰边坡稳定与安全；分析原因，主要是右岸导流隧洞出口水流轴线与河道原主流方向的夹角过大，在左岸导流隧洞尾水渠附近互相干扰，使得左岸导流隧洞出口水跃不稳定而前后移动，右岸导流隧洞出口水流主流左右摆动，从而导致下游围堰堰面水位周期性振荡。通过对右岸导流隧洞出口洞线走向少许调整，即尾水渠左侧不扩，仅右侧向山坡方向扩散，左右岸导流洞出口轴线夹角调整为 66°45′42.5″，显著削减了下游涌浪振幅情况，使洞线布置趋于合理。出口动床水力学模型试验，采用起动流速作为控制指标，近似模拟微细颗粒的粉质黏土层，只解决冲坑相似，未能同时满足落淤相似，仍具有较大的参考价值。试验表明，宣泄大洪水流量下，下游河床覆盖层将受剧烈冲刷，局部地段基岩裸露。

二滩水电站复杂地质条件下大型导流建筑物结构设计中采用的二维数值分析、工程类比、模型试验（水力学模型试验、结构模型试验）和现场监测相结合的设计体系，影响着后续工程设计。

21 世纪前 10 年，西南山区水电开发进入黄金时期，瀑布沟、锦屏一级、溪洛渡、官地、长河坝、大岗山、猴子岩、两河口、双江口、桐子林等水电站相继上马建设，涌现出一大批设计技术指标居各自行业先进水平的导流建筑物，这些建于复杂地形地质条件下的导流建筑物结构设计，安全运行，确保了工程顺利建设。

建于大渡河干流上的瀑布沟水电站，初期导流采用左岸两条导流隧洞泄流，圆拱直墙型，过流断面尺寸为 13m×16.5m（宽×高），两洞轴线距离 45m。洞周围岩除进口段为玄武岩岩体外，其余均通过岩性单一的花岗岩。虽导流洞建设规模不大，但进口段地质条件较差，而导流洞运行期及封堵期水头大，特别是 2 号导流洞封堵期外水水头由可研设计、招标设计的 99.5m 提高到施工期设计的 133m，封堵期间堵头前段洞身围岩稳定性和衬砌结构安全所面临的困难在国内已建成的工程中尚无先例，为此，选择典型剖面对导流洞围岩稳定性及支护结构进行了平面弹塑性有限元计算，对进口闸室进行三维有限元分析计算，研究施工开挖、运行、封堵工况下的围岩内的应力、位移、变形、塑性区和支护结构的内力、变形情况。

导流洞平面弹塑性有限元计算时，洞周围岩采用四边形等参单元、Drucker - Prager 屈服模型模拟，混凝土衬砌、喷层和锚杆分别采用四边形等参单元、梁单元和杆单元模拟，均为线弹性本构模型。考虑到导流洞分两层开挖，每层开挖高度各占洞高的 50%，每开挖一层就支护一层，假定地应力按 50% 和 50% 分两层进行释放。考虑混凝土干缩作用，即使考虑混凝土回填灌浆作用后，顶拱部位衬砌混凝土结构与围岩之间仍然存在难以定量计算的初始缝隙，假定衬砌结构单独承载；为更客观方式反映封堵期间高外水荷载作用下隧洞结构的荷载作用过程，假定洞室两侧边墙和底板处衬砌混凝土结构与围岩体联合承受各类承载，将围岩及支护系统作为统一体进行研究。封堵期间高外水荷载作用下，混凝土衬砌结构以承受压应力为主，围岩在承担了部分外水压力荷载下，产生较大的塑性屈服区，衬砌结构（或混凝土喷层）与围岩之间产生拉应力，为避免衬砌和围岩部分脱离致使衬砌结构与围岩联合承载的假定不成立，必须采取加强衬砌与围岩的连接、降低衬砌外侧水压力的工程措施，如将衬砌结构混凝土强度等级提高至 C30、锚杆头与衬砌内钢筋焊接成一体、固结灌浆等，并加强封堵期间安全监测。

进口闸室三维有限元分析计算，是首次应用三维有限元分析导流建筑物结构。计算时，将顶部排架、闸门及承受的水压力均简化成荷载作用在进口闸室相应位置。混凝土结构和基岩，按各向同性弹性材料考虑。计算模型绝大部分采用六面体块单元，局部采用三棱柱单元过渡，其中进口结构混凝土单元总数为 7424 个，基岩单元总数为 2878 个，整个计算模型结点总数为 12577。

瀑布沟水电站导流洞洞身段平面弹塑性有限元计算和进口闸室三维有限元分析计算，是伴随着高集成电子计算机的应用而发展起来的现代计算力学数值分析方法，在岩石力学和地下工程中广泛应用的结果。

建于金沙江干流上的溪洛渡水电站，是继三峡水利枢纽工程之后又一巨型水利枢纽工程，混凝土双曲拱坝最大坝高 285.50m，位居世界高拱坝前列。初期导流采用了一次断流围堰挡水、隧洞导流、主体工程全年施工的导流方式，设计洪水流量高达 32000m³/s，由上下游土石围堰挡水，6 条导流隧洞过流。其中在厚 17～22m 河床覆盖层上建造的上游碎石土斜心墙围堰最大堰高 78.0m，下游复合土工膜心墙围堰最大堰高 52.0m，围堰规模位居世界土石围堰工程前列；6 条导流隧洞分左右两岸布置，单洞长度 1259～1938m，总长9394.115m，断面尺寸 18m×20m（宽×高），最大开挖断面 26m×28m（宽×高）；地下竖井闸室群呈"一"字形排列，最大开挖高度约 88m，最大开挖长度 80m，最大开挖跨度34m；单洞最大设计流量为 7030m³/s，导流洞群规模、导流洞设计泄流量和单洞设计泄流量均位居当今世界隧洞导流首位。

溪洛渡水电站特大型竖井闸室导流洞群规模为当今世界第一，不仅单洞规模大，相邻洞间净距最小仅 16m，施工及后期运行相互影响等工况复杂，各条隧洞的受力特点均不一致，承受的内外水水头高，采用的传统设计方法＋水力学模型试验＋二维有限元数值分析＋三维有限元数值仿真分析＋现场安全监测相结合的设计手段，确保其施工与运行安全。大型竖井闸室群所处复杂的地形地质条件和空间结构，采用传统的结构计算方法很难真实地反映结构受力状况以及围岩与结构相互作用效应特征，三维有限元数值仿真分析方法，是复杂地质条件下大型导流建筑物结构稳定分析的最有力工具。

开展的 2 号导流洞单体水力学模型试验，模型比尺 1：65，研究各级流量时的泄流能力、水流状态、洞身、竖井闸室等处的压强分布和流速分布等水力指标。试验成果显示，水流流态较好，竖井式闸室对水流的干扰和影响较小，水流能较平顺地通过中闸室，导流洞无发生空化空蚀的可能性；导流洞进口附近出现的较大尺寸的贯通性立轴旋涡，由旋涡吸入的空气（气囊）均由竖井闸室门槽逸出，闸室以后的导流洞中无气囊出现，旋涡对过流能力的影响不大。水力学模型试验表明，2 号导流洞过流能力满足设计要求，设计方案合理可行。

开展的施工导流整体水力学模型试验，模型比尺 1 : 100，研究施工期泄水建筑物的泄流能力、水流流态、上下游围堰和河床冲刷情况与保护措施，研究导流底孔运行方式和施工期水垫塘内时均压强、水垫塘底板和二道坝面的冲击动压力。

初期与中期导流期间试验成果显示，原设计的导流洞室群体型，在各级流量下，上游库区水流平顺。在明流区间，1～3 号和 5 号导流洞进口流态良好，4 号导流洞前有轻微的跌落，6 号导流洞前也有较小的跌落水流。各导流洞洞身段水流较为平顺，且均未发现有明显的水跃现象；在 4 号、5 号和 6 号导流洞进口前设置消涡墙优化体型后，4 号和 6 号导流洞进口前的水流流态得到了明显的改善，过流能力最大增加约 0.75%。在坝体挡水度汛期间，重现期 100 年洪水流量 34800m³/s 时，实测闸墩前的最大时均压强为 66.05m 水柱（4 号导流洞），弯道段两侧的最大时均压强差为 2.7m 水柱（4 号导流洞，位于弯道中部）；弯道底板的压强大小则介于内外侧之间。在所有试验工况中，各导流洞堵头段均无负压产生，但在堵头的突扩段一定范围均存在有压空腔并伴有轻微波动。设计洪水流量 32000m³/s（重现期 50 年）时，上游围堰前水面波动较小，最大涌浪爬高小于 0.5m，下游围堰堰面涌浪高 2.0m；坝体挡水度汛期间，重现期 100 年洪水流量 34800m³/s 时，下游围堰堰面涌浪高 2.5m。为防止堰前涌浪过堰，需适当加高下游围堰堰体高度。动床水力学模型试验结果显示，导流洞出口河床最大的冲刷深度为 19.42～20.65m，最大的堆丘高程 369.07～371.17m；下游堰面原设计采用块石保护，有被涌浪频繁剥离的危险，需替换为钢筋石笼（0.7m×0.8m×4m）；下游左岸岸边的最大流速为 8.70～9.11m/s，下游右岸岸边的最大流速为 6.56～6.92m/s，下游局部范围内河床水面波动较大且偏向左岸。

后期导流期间试验成果显示，坝身导流底孔出口水舌最远挑射点距 A 点 220m、距水边的最近距离为 5m；为避免导流底孔出孔水舌溅落在水垫塘边坡上，需限制 3 号和 4 号孔开度为 1/2 至全开。实测的水垫塘内最大时均压强 65.45m 水柱，水舌冲击区范围内的水垫塘底板最大时均动水压强为 63.23m 水柱、水垫塘边坡最大时均动水压强为 57.37m 水柱，二道坝面最大时均动水压强为 58.23m 水柱；水垫塘底板最大冲击动压力 6.25m 水柱、动压的变幅为 15.1m，二道坝面最大冲击动压为 6.28m 水柱、动压的变幅为 7.2m，水舌冲击区范围内的水垫塘边坡最大冲击动压为 1.26m 水柱、动压的变幅为 0.7m。测得水垫塘内岸边的最大岸边流速为 4.98m/s，二道坝顶部最大流速为 8.68m/s，下游左岸岸边的最大流速为 8.58m/s，下游右岸岸边的最大流速为 6.18m/s，局部回流最大流速值为 2.71m/s。动床试验结果，导流洞出口上游出现堆丘，最大丘顶高程为 372.17m；导流洞出口冲刷至基岩，河床最大冲刷深度为 22.55m，需对导流洞出口边坡进行适当的保护。

规模世界第一的导流洞群结构建造在含斑玄武岩、致密状玄武岩、斑状玄武岩及各岩流层上部的角砾（集块）熔岩地层中，其开挖断面尺寸大、运行工况复杂，封堵时需承受 98m 的外水压力，为保证施工、运行与封堵期间围岩及衬砌结构的稳定，引入将围岩及支护系统作为统一体进行有限元计算研究，以便更加客观反映隧洞结构荷载作用过程。联合西安理工大学岩土所，利用其引进的国际大型岩土工程数值仿真分析软件 FINAL 和研制开发的大型岩土工程软件包 ROCKS，选择了 9 个典型断面，研究分析计算导流洞群在各种工况下围岩应力、位移、塑性区和支护结构的内力、变形情况，确定安全合理的开挖方案和安全经济的支护形式。

数值仿真分析计算时，围岩采用三角形 6 节点等参实体单元模拟，将围岩体视为弹塑性介质，运用 Mohr-Coulomb 准则模拟其塑性屈服特征；喷射混凝土层和钢筋混凝土衬砌结构采用二维曲梁单元模拟，锚杆采用一维杆单元模拟，均采用弹性本构模型；在顶拱部位，因混凝土收缩及灌浆不实等原因，围岩和混凝土衬砌结构之间存在一定的薄弱结构面，故在喷射混凝土层与混凝土衬砌结构之间设置一层界面单元，以更加真实模拟混凝土衬砌结构的受力性状。

初始地应力按自重地应力和构造地应力进行模拟，其中自重地应力按上覆岩层自重场施加，构造地应力在计算域内认为山体自然坡面处为零，根据测点处分离出的构造地应力值 σ_T 按线性插值沿水平方向施加，对于无构造应力资料的断面仅考虑由自重产生的应力场。

根据数值仿真分析结果，导流洞开挖释放原始地应力后，洞周围岩应力状态发生明显变化，应力主方向发生了明显的偏转，开挖断面的四个拐角处都出现了较为严重的应力集中区，尤其是进口矩形渐变段上覆岩体很薄、自身强度较低，且跨度很大，洞顶围岩出现了较为明显的拉应力，常规的支护方法难以保证施工期围岩的稳定，提出将导流洞进口渐变段矩形开挖断面体型优化为城门洞型开挖断面体型，改善了顶部围岩的应力分布、减小塑性区范围、降低混凝土喷层内的拉应力。

以左岸竖井闸室群结构建立的三维有限元数值仿真分析模型，按分级开挖与支护的施工程序，研究了施工期、运行期和封堵期间，围岩应力、位移、塑性破坏区范围、围岩稳定性及衬砌结构特性。初始地应力仅考虑自重场效应，喷射混凝土、混凝土衬砌、围岩一般采用 8 节点立方体等参单元模拟，局部考虑地形、结构尺寸变化等过渡时，退化为 6 节点三棱柱等参单元模拟。假定系统锚杆按弥散式布置，对系统的刚度贡献仅考虑锚杆轴向刚度效应。整个计算域共剖分实体单元数 43580 个、节点数 46266 个。

施工期间，竖井闸室采用分级开挖、支护后，在洞室群相互作用效应下，2 号导流洞总体位移最大；开挖面附近围岩应力集中或松弛的范围，一般在 3.0～5.0m；塑性屈服范围较小，导流洞井口附近的塑性屈服最大深度也仅在 5.0～6.0m 范围以内；导流洞竖井靠下游侧的边墙拉破坏仍较深垂直向最深约 20.0m、水平水流向最深约 7.0m；竖井闸室段的结构最大位移约 1.93mm（2 号导流洞），混凝土衬砌结构最大主应力（压应力）极值约 1.44MPa，最小主应力（拉应力）极值约 0.69MPa。运行期间，竖井闸室段的结构最大位移约 3.41mm（2 号导流洞），混凝土衬砌结构最大主应力（压应力）极值约 1.54MPa，最小主应力（拉应力）极值约 2.54MPa，局部拉应力超过混凝土的抗拉强度。封堵期间，竖井闸室段的结构最大位移约 3.21mm（2 号导流洞），混凝土衬砌结构最大主应力（压应力）极值约 2.91MPa，最小主应力（拉应力）极值约 6.54MPa，局部拉应力超过混凝土的抗拉强度。

从 21 世纪前 10 年起，利用有限元数值分析方法，模拟岩体材料和构造的各种特性以及施工过程，具有易于改变参数、重复计算等特点，同大型物理模型试验和现场试验相比，具有快速、便捷、费用少的优点，成为岩石边坡和地下工程分析中更为有力的工具。引进的 ANSYS、GEO-SLOPE、FLAC、ABAQUS 等大型商用软件，具有的功能强大的分析能力与可靠性和成熟性，国内大专院校和科研单位自主开发的有限元分析程序也在工程中不断丰富完善，现已具有很强的分析功能，运用在国内大中型工程中，取得良好的效果。基于国内外岩土工程技术的不断发展、结构设计理论不断深入，有限元分析计算能力提高，在复杂地质条件下大型导流建筑物结构设计中，采用的二维数值分析、三维数值分析、工程类比、力学模型试验和现场监测相结合的设计方法，成为普遍的工程设计体系。根据水力学模型试验成果，调整泄水建筑物结构布置、水流流态，验证防冲刷、防淤积保护措施的效果，根据二维和三维有限元数值仿真分析计算成果，优化结构体型布置，研究结构稳定状态，有效保障了建筑物安全、可靠运行和功能的正常发挥。

采用新型结构型式、新型施工工艺，是复杂地质条件下的大型或巨型导流建筑物结构设计的有力工具。

20 世纪 80 年代，建于大渡河干流深厚覆盖层上的铜街子水电站，初期导流采用布置在左岸滩地上的导流明渠过流，渠身段宽度 60～54m，设计洪水流量 9200m³/s 时，明渠出口水流单宽流量 170m³/(s·m)、平均流速 13m/s。导流明渠出口位于左岸碎石土古滑坡体边缘，开挖时可能出现的碎石土大面积失稳和出口冲刷稳定影响施工与导流建筑物结构运行安全，制约着导流方式、导流方案和导流建筑物结构型式的选择。为此，在导流明渠出口设置由 23 个沉井组成的沉井群，单个沉井最大尺寸 16m×30m×26m（宽×长×高），下沉最大深度 31m，井墙结合，第一级弧形挑流墙既挡土抗滑、又挑流抗冲，第二级直线挑流墙直接经受水流冲刷和漂流木材的冲击，既加快施工工期、又控制了工程投资，保证结构施工与运行安全。

沉井是一项古老的通用施工技术，在港口、铁路、桥梁工程上应用较早，随着重型施工机具的发展，逐渐被管柱桩、抗滑桩、锚索等技术所取代。20 世纪 60 年代初，映秀湾水电站首次将沉井用于水电站水工结构上，作为防冲齿槽结构。70 年代又零星被用于安康、渔子溪等电站，其中安康水电站采用 10 个平面尺寸 9m×9m、高 10～12m 的方形沉井，间隔 1m 逐渐下沉到设计高程后回填接缝，形成连锁沉井围堰，进行防渗、抗冲。80 年代中期建造铜街子电站，导流明渠结合枢纽布置在左岸碎石土古滑坡体边缘，导流明渠的出口冲坑深约 40m，但左侧为碎石土结构，漂卵石夹砂厚达约 30m，下部为具有暴露后干缩、遇水崩解特性的黏土岩、蚀变凝灰玄武岩，两层厚为 0～25m，第二层底部存在的倾向河床软滑面，开挖扰动即可能失稳。为保证明渠开挖进度、施工安全和运行安全，对导流明渠出口左岸边坡处理比较过开挖、抗滑桩和沉井三种方案。其中，若采用开挖方案，需削坡缓于 1:3～1:3.5，将切断开工初期作为主要对外交通的左岸原有公路，打乱作为生产生活场地的左岸一级至二级阶地的施工总布置，且工区多雨（平均雨日 199d），采用抽排水方案降低边坡土体原已呈饱和状态而无明显的水面线，没有把握，不利于边坡稳定和施工进度的控制，施工难于落实；若采用抗滑桩方案，利用桩周土体对桩的钳制作用稳定土体，需在 270m 的防护范围内布设单桩尺寸为 2m×3m×40m（宽×长×高）、桩距 6m 的抗滑桩共 120 根，钢材耗量 2909t，由于桩体施工完毕后才能进行上部混凝土挡墙结构施工，加上碎石土地层渗透通道脚顺畅、地下水位较高，不利在狭窄的工作面布置抽排水设施，且受工期多雨的影响，工期较长，施工进度不能满足总体要求，明渠左导墙建成后进行的回填、放缓边坡、增加坡脚重量等措施，使得提高了稳定性的左岸边坡不再需要抗滑桩保护，所以抗滑桩只在明渠开挖和边墙浇筑的短暂时段起作用，方案的经济性较差；若采用沉井方案，需在导流明渠出口设置 23 个沉井群，井墙结合，单个沉井最大尺寸 16m×30m×26m（宽×长×高），下沉最大深度 31m，基本上不开挖碎石土边坡，由于布置在滑面以外，不会破坏边坡原有的自然平衡状态，井身作为导流明渠左边墙的一部分，即起开挖时的阻滑作用，又起在明渠过水后起导水抗冲作用，加上井顶上建造的永久排水渠，使得所采用的大型沉井群成为一物三用的多功能基础建筑物，由于造价相对较低，大尺寸工作面有利于跳仓跳块布置集水坑，抽排渗水，虽缺乏下沉深度大及基岩中下沉的经验，通过不断完善的结构和施工措施，施工进度仍可有保障，故推荐采用沉井方案。

铜街子导流明渠出口大型沉井群的规模大，表现为单井数多、井体尺寸大、下沉深度深、平面延续长度 480m，国内居首位。

为减少大断面的井壁结构在大颗粒卵砾石地层中下沉摩阻力大，高地下水位中施工需求的井身重量大，工程造价高的问题，利用一期纵向围堰全封闭混凝土防渗墙保护下进行沉井施工，并设置严密的抽排水措施，突破设计规范要求所采用抽水下沉方案将井壁厚度减薄到 1.6m，相对于映秀湾沉井平面尺寸 10m×20m、壁厚 2m，大大节约了混凝土用量，降低了工程造价。国内外沉井尚未有在岩体中下沉的先例，突破沉井不能在岩石中下沉的概念，所创造的在黏土岩中下沉 10m 深度纪录，满足了沉井基底置于承载的凝灰玄武岩层上的要求，也扩大了沉井的应用范围，创造了大颗粒卵砾石覆盖层及黏土岩中抽水下沉的国内外最深记录。为克服岩层中下沉成本高、进度缓慢的缺点，采用井下挖槽施工工艺，井下开挖齿槽最深 11m，这种井体与齿槽结合的结构形式和井下挖深齿的施工实践均是水电工程中的第一次。T 形和"门"形型式的齿槽，解决了齿槽的受力大和基底应力分布集中的问题。采取了锚杆等措施，解决齿槽施工时沉井下沉中的倾斜和岩层坍塌问题，积累了沉井施工经验。井墙结合复合结构，组成的渠身段重力式左边墙和出口段第一级弧形挑流墙，高达 20～46m，即挡土抗滑又抗冲挑流，组成的第二级直线挑流墙直接承受出口水流冲刷和木材撞击，复合结构的受力状态，尚未见到工程实例资料。5 个汛期的实际运行和监测仪器观察数据，显示井墙复合结构共同受力作用明显，整体状态良好，与设计计算假定基本相符，为治理大规模山体滑坡、河流防冲护岸提供了一种新型结构型式。创新运用的井墙间联结件的埋设，将沉井井壁上预留插筋采用扁钢保护，下沉时直角贴于沉井表面、下沉完毕后再复位的方式，既不增加井体下沉的阻力，又避免了下沉过程中的损坏。在借鉴映秀湾水电站沉井设计和施工经验的基础上，这些在沉井的功能、使用条件、结构形式和设计施工等方面的改进和创新，使沉井技术得到突破性发展，技术水平居国内领先地位，国际上也稀少罕见属先进水平。为我国西南、西北地区的大颗粒深厚覆盖层河流中建造水工建筑物，需要采用大体积深埋型重力式基础结构的工程部位，提供了一种采用沉井或沉井群的解决方案。

铜街子水电站导流明渠右导墙（渠）0+40.25～0+133 段，为混凝土重力式结构型式，墙顶高程 446.00m，墙体高度 24～26m，底宽 19～22.5m，迎水面垂直，背坡为 1：0.44～1：0.72，运行期背水侧正好紧临厂房深挖基坑，距墙脚 12m 远的开挖面低于墙基面 17m。导墙基础坐落在弱风化细长柱状节理玄武岩上，岩层节理发育，有倾向河床的层内错动带（Lc）及缓倾角裂隙等软弱层，深层滑动控制结构安全，不采取任何工程措施下，导墙深层滑到安全系数仅 0.50～0.74。经设计方案比较，设计采用了大吨位预应力锚索结合阻滑板的方案进行地基深层加固处理，在不明显增加结构重量的情况下，将导流明渠底板作为阻滑板，利用板上水体重量所增加导墙的抗滑力，提高深层滑动安全系数 0.306～0.489，再利用 36 束、单孔吨位 336t、长 38～40m 的胶结式预应力锚索共计 12096t 预锚固力，将导墙深层滑动安全系数提高到设计需求的 1.15～1.2，336t 预应力锚索成为当时国内水电工程岩锚吨位最高水平。336t 预应力锚索为墩头锚型式，锚固段为注入纯水泥浆进行锚固的胶结型式，布置在导墙背坡面，孔距沿水流方向 2～3m，利用国产地质钻机造孔，孔斜向倾角 65°，在积累经验和适当改进钻头和工艺后，成功将孔斜向倾角改为 50°，最大限度提高预应力锚索提供的阻滑力、减小下滑力。

考虑到预应力锚索加固右导墙为临时建筑物，使用期仅半年，预应力损失相对不大，锚束钢丝设计应力取值提高到 $0.66R_y$，为当时国内岩锚工程中取值最大，有效弥补钻孔偏差所造成的预应力损失并提高了工程的经济效益。

胶结式锚固通常采用扩孔提高其锚固的可靠性，本工程针对扩孔施工耗时多、费用高且孔轴线偏差不易控制的问题，进行 2 个不扩孔试验。当最大荷载达 465t 时，相当于设计极限荷载的 91%，锚固段未见异常，按设计锚固吨位计算，安全储备在 145% 以上，说明锚固段不扩孔的施工工艺是成功的。通过生产性试验取得的必要数据，改进锚固段施工工艺、提高工效，是值得提倡的。

8.2　工程案例——锦屏一级水电站左岸导流洞塌方段空腔实施方案数值分析计算

8.2.1　工程概况

锦屏一级水电站地处深切河谷，边坡高陡，应力环境复杂、地应力量级高。锦屏一级水电站左岸导流洞开挖断面尺寸为 15m×19m，属特大型地下洞室。桩号 K0＋430～K0＋550 洞段在开挖施工期中约 50d 内先后发生 9 次塌方，塌方部位上下游贯通，塌方渣体堵塞隧洞，塌方段长度约达 120m，塌方断面最大高度约 42～46m，最大跨度一般为 25～30m，塌方高度超过了 1 倍洞径，造成的围岩最大松弛深度为 17～25m。考虑到塌方规模、治理施工条件和难度及结构运行安全等问题，利用固结灌浆后的松弛破坏岩体承载，采取了锁口加固、特大"戴帽"空腔减载、混凝土回填、锚索加固、分层开挖和岩体（虚碴）灌浆等综合治理加固措施，锁口加固创造了治理工程开展的条件，采用"戴帽"方式保证了施工安全，采用回填混凝土支挡了松动岩体、虚碴体，采用固结灌浆提高了洞周虚碴与岩体的完整性、改善了混凝土衬砌结构的受力条件，运用的特大型减载空腔有利于治理工程自身的稳定，满足了施工期安全和结构运行安全。塌方段治理时，对"戴帽"与永久衬砌之间高度小于 5m 的空腔采用混凝土回填密实后，其余部位在永久衬砌之上形成了特大型减载空腔，最大尺寸为 110.5m×17.5m×18.6m（长×宽×高），可通过两端进人孔与洞身呈贯通状态，运行期间空腔内水流起伏变化，水流流态复杂。

左岸导流洞塌方段平面位置如图 8.2-1 所示，第三次大塌方后，典型剖面如图 8.2-

2 和图 8.2-3 所示，塌方段加固治理设计方案如图 8.2-4 所示。

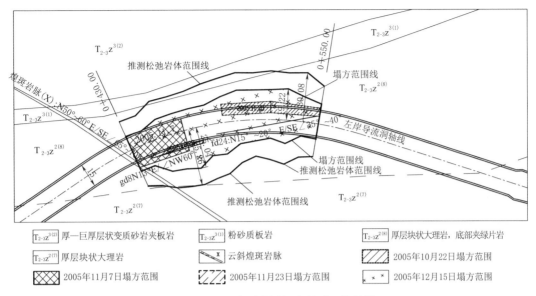

图 8.2-1 左岸导流洞塌方段平面位置图

图 8.2-2 左岸导流洞塌方段
现场堆积图

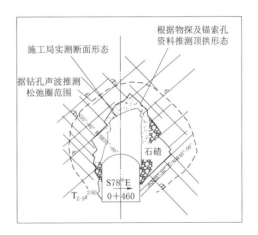

图 8.2-3 左岸导流洞 K0+430～K0+550 段
洞室典型剖面示意图
（K0+460 桩号，第三次塌方后）

在塌方段加固治理过程中，发现 K0+430～K0+470 段左边墙、K0+470～K0+520 段右边墙洞周 6m 段固结灌浆声波检测指标低于设计要求值，前期分析 K0+450 剖面右上侧岩体塑性区较大、回填混凝土进入塑性区，空腔内回填混凝土体型与结构受力复杂；2009 年 12 月，左岸导流洞检修时对塌方段空腔进行检查，发现空腔内局部顶拱未回填、局部拱脚部位岩石裸露或岩体倒悬、边墙回填混凝土未与顶拱相接、个别锚索未封锚、排水口设施不全、排水孔被堵等安全隐患。针对塌方段空腔内的施工实际面貌，为了查明可能存在的安全隐患，评价塌方段实施方案围岩稳定，结合已有的监测成果资料，以典型剖面 K0+450、K0+470、K0+500、K0+520、K0+550 的实测塌方轮廓线作为塌方断面

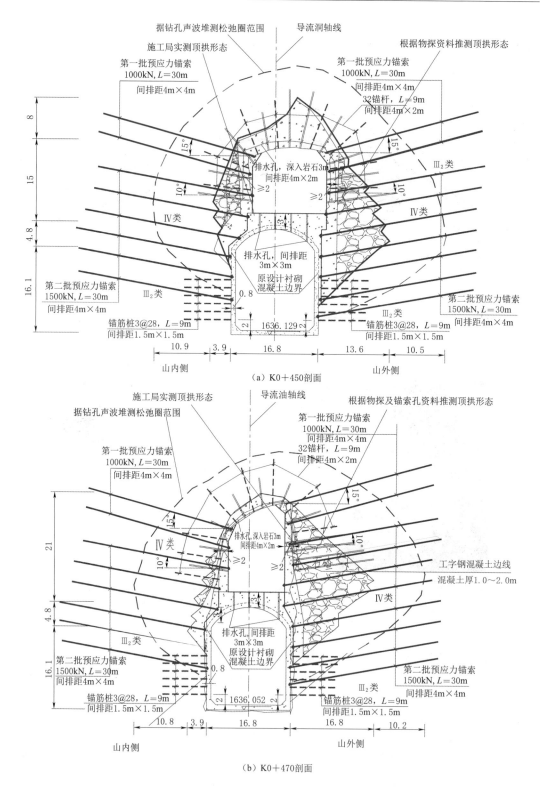

（a）K0+450剖面

（b）K0+470剖面

图 8.2-4（一）　塌方段加固治理支护图（单位：m）

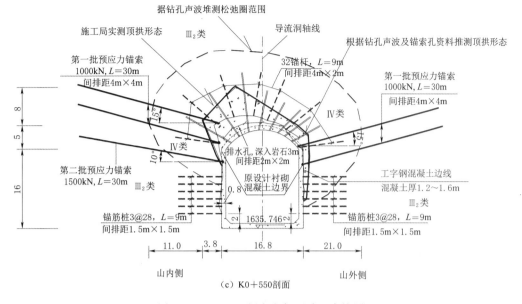

图 8.2-4（二） 塌方段加固治理支护图

进行研究，采用四川大学研制开发的 EPFE3 三维静动力非线性有限元法程序，开展塌方段围岩稳定与混凝土衬砌结构复核数值分析计算工作。研究在不同工况下衬砌混凝土与空腔回填混凝土的变形与应力，研究地下水位及空腔混凝土支护对塌方段衬砌结构及围岩稳定性影响，研究虚碴固结灌浆效果对衬砌应力和围岩稳定的影响，基于现场实测监测数据进行围岩参数反演分析，基于反演参数进行塌方段围岩稳定性和衬砌结构分析等。

8.2.2 工程地质条件

8.2.2.1 基本地质条件

左岸导流洞塌方段处于导流洞上游转弯段，洞向由 N5°W 转至 N45°E，转弯半径 200m；平面上位于Ⅱ勘探线附近，水平埋深约 300m，垂直埋深约 300m。

岩性为第 8 层灰白—浅灰色薄—中厚层条带状大理岩，部分薄层绿片岩，层面结合较差。绿片岩主要发育在右侧底板、边墙，其中在 K0+440～K0+480 段绿片岩夹层相对较发育，一般厚 10～40cm，岩层面多平直光滑，附绿泥石膜。在绿片岩发育部位的右边墙及底板，绿片岩含量达 20%～50%。岩层总体产状 N10°～40°E/NW∠40°～60°，总体上与洞向小角度相交或近于平行。

在 K0+415～K0+440 段揭露的煌斑岩脉，产状 N50°～60°E/SE∠65°～70°，宽 1.2～2.0m，三壁贯通，岩脉新鲜坚硬，岩脉与大理岩为断层接触，接触带为厚 2～3cm 的挤压片岩、糜棱岩，性状差。

发育 2 条小断层，f_{d24} 断层出露于 K0+480～K0+565 段的顶拱及外边墙，产状 N15°～20°E/SE∠35°～40°，破碎带宽约 10～30cm，主要由糜棱岩、角砾岩及 3cm 左右的连续断层泥构成，沿断层带渗、滴水，其走向与洞向近于平行，与层面裂隙组合在边墙及顶拱形成不稳定块体，对外边墙及顶拱稳定不利；f_{d26} 断层出露于 K0+600～K0+620 段，产状 EW/N∠70°～75°，与洞向大角度相交。在 K0+450～K0+475 段内侧边墙发育一层间挤压错动带，带宽 0.3～0.6m，最宽达 1m，主要由构造片状岩和碎裂岩组成。

裂隙主要发育三组：①层面裂隙，N10°～40°E/NW∠40°～60°，间距 20～60cm，局部（主要见于右侧边墙底部）5～15cm，延伸长，平直粗糙，局部锈染，绿片岩面多平直光滑，面附绿泥石膜；②N35°～55°E/SE∠50°～60°，间距 30～100cm，部分 20～30cm，延伸长度一般 2～5m，个别大于 10m，平直粗糙，局部锈染；③N60°～65°W/SW∠70°～75°，间距 40～100cm，延伸一般 1～3m，面起伏粗糙，面锈染。第①组层面裂隙和第②组 NE 向裂隙走向与洞向近于平行，对顶拱和边墙稳定极为不利。

该段发育的 NW 向裂隙为导流洞主要导水结构面，开挖过程中地下水多沿该组裂隙流出。其中 K0+450～K0+475 段上层开挖内侧边墙见地下水出露，沿锚杆孔为股状渗流，顶拱为连续滴水状，初始总流量为 2～3L/s（2005 年 4 月 7 日观测），经喷锚支护，下层开挖后出水量减小，出水处的大理岩表面锈染严重。

该段属深埋洞段，地应力高。前期地勘试验资料显示水平深度 200m 以里，最大主应力 σ_1 值大于 30MPa，方向 N3°～65°W，平均方向 N42°W，与洞轴线夹角较大，局部垂直，倾角最小 3°（近水平），平均约 39°，与岸坡近于垂直，指向洞内，对洞室围岩稳定不利。地质编录过程中发现时有片帮掉块现象，即使混凝土喷护后局部仍有片帮剥落现象。

8.2.2.2　围岩物理力学参数

根据洞室区岩体的岩性、完整性、风化特征、结构面性状以及地下水活动情况等，按水利水电工程围岩分类方法，进行地下洞室围岩分类。考虑到围岩强度应力比 S 为 1.5＜S＜3，对围岩类别进行降级处理，分类结果及相应的物理力学参数建议值见表 8.2-1。

表 8.2-1　　　　　　　　锦屏一级水电站地下洞室围岩物理力学参数建议值表

围岩类别		岩体特征	变形模量 E_0/GPa		弹性模量 E_0/GPa		泊松比 μ	抗剪断强度		抗剪强度		弹性抗力系数 K_0 /(MPa/cm)	坚固系数 f_k
			平行结构面	垂直结构面	平行结构面	垂直结构面		f'	c' /MPa	f	c /MPa		
II		岩石坚硬，完整，嵌合紧密，岩体呈厚层—块状结构，一般偶见 1～2 组裂隙，间距>50cm，延伸一般<3m，部分<10m	22～30	19～28	29～42	25～42	0.25	1.35	2.00	0.95	0	45～55	5～6
III	III₁	岩石坚硬，完整，嵌合紧密，呈厚层—块状结构，一般偶见 1～2 组裂隙，间距>50cm，延伸一般<3m，部分<10m	9～15	8～13	16～22	13～22	0.25	1.07	1.50	0.85	0	35～45	4～5
	III₂	分布在弱卸荷带内的岩体，裂隙发育，嵌合较松弛；分布于高应力区完整性差的岩体，裂隙发育 3 组或以上，岩体呈次块—镶嵌结构	6～10	4～7	9～17	5～11	0.3	1.02	0.9	0.68	0	25～35	3～4

续表

围岩类别	岩体特征	变形模量 E_0/GPa		弹性模量 E_0/GPa		泊松比 μ	抗剪断强度		抗剪强度		弹性抗力系数 K_0 /(MPa/cm)	坚固系数 f_k
		平行结构面	垂直结构面	平行结构面	垂直结构面		f'	c' /MPa	f	c /MPa		
IV_1	岩石坚硬，完整性较差，以板裂—碎裂结构为主，1~2组裂隙密集发育，局部溶蚀松弛张开，涌水	3~4	2~3	3~4	2~3	0.35	0.7	0.6	0.58	0	15~20	2~3
V	断层破碎带，岩体破碎，嵌合较紧密—松弛，呈碎裂—散体结构	0.4~0.8	0.2~0.6	1~2	0.6~0.9	0.35	0.3	0.02	0.25	0	<10	<1

8.2.2.3 围岩稳定性评价

塌方段为薄—中厚层状大理岩和薄层绿片岩，薄层绿片岩性状差。裂隙较发育，据底板部位出露的围岩完整性统计 J_v 值一般 10~11，完整性差，一般呈次块—镶嵌结构，属 III_2 类围岩（各分类因素见表 8.2-2），整体上围岩稳定性差，施工开挖过程易因洞周应力集中产生较强的变形。

表 8.2-2 　　　　　左岸导流洞 0+430~0+550 洞室围岩工程地质分类表

围岩类别	层位与岩性	饱和单轴抗压强度 R_b /MPa	岩体结构特征			岩体完整性				结构面状态	地下水状态	主要结构面产状
			结构类型	裂隙组数	裂隙间距 /m	J_v /(条/m)	K_v	紧密状态	完整性			
III_2	第8层大理岩	60~75	次块~镶嵌	2~3	0.2~0.6	10~11	0.40~0.55	紧密	完整性差	闭合，平直粗糙，延伸长一般 3~10m，部分大于 10m	局部渗滴水	中倾角，结构面走向与洞轴线夹角<30°

岩体结构特征对洞室稳定也有较大的不利影响。第①、②组裂隙走向与洞向近于平行，在顶拱组合成"人"字形不稳定块体，边墙易形成不稳定楔形体，加之 f_{d24} 断层、煌斑岩脉等软弱结构面的切割，使上述不稳定块体易塌落。

8.2.3 模拟研究的基本参数

8.2.3.1 洞室开挖模拟方法

按实际塌方轮廓线作为塌方断面进行模拟，按八级施工步骤模拟开挖与支护全过程，详见表 8.2-3。

表 8.2-3 　　　　　　导流洞塌方段开挖与支护施工模拟步骤表

施工步骤	施 工 形 象 面 貌
第1级	开挖洞体的顶部 1/3，进行已开挖洞面的喷锚支护
第2级	开挖洞体中部 1/3，进行已开挖洞面的喷锚支护

续表

施工步骤	施 工 形 象 面 貌
第 3 级	开挖导流洞下部 1/3，进行已开挖洞面的喷锚支护
第 4 级	洞室塌方，虚碴堆积在洞内
第 5 级	虚碴自重作用在塌方段
第 6 级	进行虚碴以上的工字钢混凝土衬砌施工，拱脚预应力锚索施工
第 7 级	虚碴清理，进行边墙段喷锚支护
第 8 级	洞室永久混凝土全断面衬砌成型

8.2.3.2　计算参数

计算中，各类岩层物理力学参数选用值见表 8.2 - 4。

表 8.2 - 4　　　　　左岸导流洞塌方段岩体物理力学参数表

围岩类别	变模 E /GPa	泊松比 μ	容重 t/m^3	模拟厚度 /m	抗剪断强度	
					f'	c'/MPa
Ⅱ	25.0	0.25	2.70		1.35	2.0
Ⅲ$_1$	11.0	0.25	2.70		1.07	1.50
Ⅲ$_2$	6.5	0.30	2.70		1.02	0.90
Ⅳ$_1$	3.0	0.35	2.65		0.70	0.60
Ⅳ$_2$	2.0	0.37	2.60		0.60	0.40
V	0.5	0.35	2.60		0.30	0.02
f_5(Ⅴ$_1$)	0.4	0.38			0.4	0.05
f_8，f_2	0.4	0.38			0.4	0.05
SL$_{2,3}$(Ⅲ)	6.5	0.30	2.70	0.15	1.02	0.90
SL$_4$(f)(Ⅳ$_2$)	2.0	0.37	2.60	0.15	0.60	0.40
SL$_5$(f)(Ⅳ$_2$)	2.0	0.37	2.60	0.15	0.60	0.40
g	0.4	0.38	2.60	0.1	0.3	0.01
KL(Ⅲ)	6.5	0.30	2.60	0.10	1.02	0.90
f 断层	0.4	0.38	2.60	0.10	0.4	0.05
层面（1）	2.8	0.35	2.60	0.02	0.45	0.07
裂隙（2）	3.0	0.35	2.60	0.02	0.60	0.15
裂隙（3）	3.5	0.35	2.60	0.02	0.70	0.20
裂隙（4）	3.5	0.35	2.60	0.02	0.50	0.10
煌斑岩脉 X	6.5	0.30	2.70		0.30	0.02
C30	30.0	0.167	2.40		1.819	1.75
C40	32.5	0.167	2.40		1.819	1.75

计算中，左岸导流洞塌方段治理采用的混凝土回填、预应力锚杆（锚索）、锚筋桩、固结灌浆等进行加强支护措施，参数见表 8.2 - 5。

表 8.2－5　　　　　　　　　　　　左岸导流洞塌方段治理措施参数表

方案	剖面	加 强 支 护 参 数
加强支护方案	K0+434	锚杆： 底板 9m 以上范围及顶拱：ϕ32mm 预应力锚杆，$N=150$kN，$L=12$m，间距 1.5m，排距 1.5m，锚固段长 4.0m，梅花形布置；左边墙底板以上 9m 范围内：ϕ25mm，$L=5$m，间距 1.5m，排距 2m，入岩 4.8m，梅花形布置；左边墙底板以上 9m 范围内：ϕ32mm，$L=9$m，间距 1.5m，排距 2m，入岩 8.8m，梅花形布置。 锚筋桩： 右边墙底板以上 13m 范围内，锚筋桩 3ϕ28mm，$L=9$m，间距 1.5m，排距 1.5m，空腔内露头 1.5m，其他部位外露 0.2m，梅花形布置。 喷钢纤维混凝土 C25：10cm
	K0+515	锚杆： 底板 9m 以上范围及顶拱：ϕ32mm 预应力锚杆，$N=150$kN，$L=12$m，间距 1.5m，排距 1.5m，锚固段长 4.0m，梅花形布置；左边墙底板以上 9m 范围内：ϕ25mm，$L=5$m，间距 1.5m，排距 2m，入岩 4.8m，梅花形布置；左边墙底板以上 9m 范围内：ϕ32mm，$L=9$m，间距 1.5m，排距 2m，入岩 8.8m，梅花形布置。 锚筋桩： 右边墙底板以上 9m 范围内，锚筋桩 3ϕ28mm，$L=9$m，间距 1.5m，排距 1.5m，空腔内露头 1.5m，其他部位外露 0.2m，梅花形布置。 喷钢纤维混凝土 C25：10cm

　　缓倾裂隙面的综合抗剪强度指标，根据裂隙面抗剪强度参数与所在位置岩体抗剪断强度参数按连通率加权平均确定。岩体及结构面的抗拉强度，根据抗剪强度指标进行计算确定。

8.2.3.3　计算分析工况

　　按 4 种工况分析实施方案下洞周岩体变位、应力分布特性、洞周岩体稳定状态。工况 1，施工期分级开挖，模拟第 1～3 级施工步骤；工况 2，施工完建期，模拟第 1～8 级施工步骤；工况 3，正常运行期；工况 4，封堵期。

8.2.4　导流洞塌方段开挖期间洞周围岩稳定性模拟分析研究

8.2.4.1　分析方法

　　从现场实测地应力资料出发，反演回归拟合初始地应力场分布。按低抗拉弹塑性模型分析，建立了软弱结构面非线性分析模型，按 Drucker - Prager 准则判别岩体是否进入塑性状态。通过单元网格的"杀死"和"激活"来模拟洞室开挖和衬砌过程，提高锚固区岩体的变形与强度参数，模拟锚杆（锚索）加固效果，对加固区岩体施加一对锁固力模拟锚索预应力作用。

8.2.4.2　有限元模型建立

　　选择 K0+450、K0+470、K0+500、K0+520 和 K0+550 五个典型剖面作为计算分析对象，其中 K0+470 和 K0+500 为监测剖面，建立施工期导流洞典型剖面的半整体三维有限元模型。为获得自重与地质构造作用形成的初始地应力场分布，研究局部构造如洞周围岩中岩脉、裂隙等结构面对围岩稳定性影响，采用整体范围建模和子模型建模相结合的方式建立有限元模型。

整体模型计算范围：按地应力场回归的范围要求选取。结合典型剖面的地形地质条件，左、右边界各取 16 倍洞径作为内边界和外边界，计算长度 580m，底边界取 6～7 倍洞径（为便于各典型剖面比较，统一确定底边界取至 1500.00m 高程），顶面延伸至地表。

局部子模型计算范围：左、右边界各取 4～5 倍洞径长度作为边界，计算长度 110m，上、下边界取 2～2.5 倍洞径（为便于各典型断面比较，统一确定上边界取至高程 1760.00m，下边界取至高程 1600.00m）。

根据岩石类别界线和断层、岩脉等结构面进行网格剖分，子模型中对各条裂隙进行完全模拟，围岩一般采用三维等参 8 节点等参实体单元，断层、岩脉及裂隙采用夹层单元。

8.2.4.3　初始地应力场的模拟研究

（1）区域实测地应力成果分析。研究区域有 7 组现场实测孔径变形空间地应力资料，对于按主应力平面方位和倾角给出的实测空间地应力值，采用应力转轴方法转换成计算坐标系中坐标应力，实测地应力特征参数见表 8.2－6。

表 8.2－6　　　　　　　　　　实测地应力特征参数表

测点序号	覆盖层厚度/m	γH /MPa	λ	$n_1 = \sigma_x/\sigma_z$	$n_2 = \sigma_y/\sigma_z$	n_1/n_2	n_1/λ	n_2/λ	$(\sigma_x+\sigma_y)/2\sigma_z$	$\sigma_z/\gamma H$
1	269	6.994	0.333	1.172	0.464	2.528	3.516	1.391	0.818	4.894
2	160	4.160	0.333	0.668	0.569	1.175	2.004	1.706	0.618	7.411
3	30	0.780	0.333	1.101	0.826	1.333	3.304	2.478	0.964	18.212
4	170	4.420	0.333	1.994	1.373	1.453	5.982	4.118	1.683	0.523
5	260	6.760	0.333	0.775	0.361	2.145	2.324	1.083	0.568	3.458
6	200	5.200	0.333	0.809	0.707	1.145	2.427	2.120	0.758	3.385
7	170	4.420	0.333	0.788	1.288	0.612	2.365	3.863	1.038	2.727
均值	179.86	4.676	0.333	1.044	0.798	1.484	3.132	2.394	0.921	5.801

注　1. 表中 σ_x、σ_y、σ_z 为实测应力分量坐标，$\lambda=u/(1-u)$。
　　 2. 表中岩体容重取值 $\gamma=2.7 \text{g/cm}^3$；泊松比 $\mu=0.25$；裂隙容重取值 $\gamma=2.6 \text{g/cm}^3$；泊松比 $\mu=0.35$。

分析实测地应力特征参数，可以看出：

1）区域岩体处于三向不等压状态。

2）地应力实测分量呈现 $\sigma_x>\sigma_z>\sigma_y$ 的特征。

3）实测地应力值中的水平应力分量远远大于岩体自重泊松效应所形成的水平应力，表明导流洞区域除了自重应力场外，还存在较大的水平构造应力场，岩体的初始地应力由自重与构造应力叠加构成，左岸导流洞区域存在较大的水平向地质构造作用；垂直洞轴线方向（X）的水平构造应力要大于洞轴线方向（Y）方向的水平构造应力。

4）除了第 3 号点和第 4 号点外，其余 5 点的实测地应力资料具有较好的整体代表性，可作为导流洞区域初始地应力场的回归拟合点。

（2）回归初始应力场。左岸导流洞区域有 7 组实测地应力资料，以除第 3 号点和第 4 号点外的 5 组实测值作为目标点，回归反演分析导流洞区域初始地应力场，实测应力与有限元法回归反演的应力值对比见表 8.2－7。从表中可以看出，实测点位置回归大主应力量值与方向均与实测值较为接近，反映出回归地应力场具有较好代表性。

表 8.2-7 实测地应力值与回归计算值对比表

测点序号	应力值	σ_x /MPa	σ_y /MPa	σ_z /MPa	σ_1 量值 /MPa	σ_1 α /(°)	σ_1 β /(°)	σ_2 量值 /MPa	σ_2 α /(°)	σ_2 β /(°)	σ_3 量值 /MPa	σ_3 α /(°)	σ_3 β /(°)
1	实测应力	40.11	15.87	34.23	40.41	304.00	3.00	37.29	207.00	69.00	12.50	35.00	21.00
1	回归应力	38.67	17.27	26.21	48.51	299.00	33.59	17.27	205.00	67.80	16.38	34.80	20.40
2	实测应力	20.60	17.53	30.83	34.14	292.60	63.50	18.40	67.80	19.50	16.42	164.10	17.20
2	回归应力	24.17	9.91	15.47	30.68	306.50	46.22	9.91	265.00	17.90	8.97	159.00	17.00
5	实测应力	9.50	15.87	12.06	21.49	356.90	29.70	9.34	212.50	54.90	6.25	96.90	16.90
5	回归应力	117.70	8.39	21.84	26.73	300.60	34.00	8.39	209.80	52.00	6.82	95.70	15.70
6	实测应力	16.64	11.73	14.32	20.72	265.20	39.40	16.08	14.30	63.20	4.78	170.80	24.80
6	回归应力	23.47	9.68	9.39	25.29	262.55	28.40	9.68	13.90	62.00	7.57	172.00	21.90
7	实测应力	4.61	3.18	2.31	5.84	85.60	6.10	2.50	184.80	55.90	1.76	351.50	33.40
7	回归应力	13.77	8.19	18.98	25.93	276.20	50.20	8.19	183.40	56.00	6.82	200.90	32.90

根据反演回归分析计算成果，得到 K0+450、K0+470、K0+500、K0+520 和 K0+550 五个典型剖面的初始地应力场。

8.2.4.4 导流洞塌方段分级开挖期间围岩稳定性模拟研究

采用非线性有限元法模拟导流洞五个典型剖面，研究在第 1～3 级开挖步骤过程中围岩变形、应力及破坏区分布规律，判断洞室围岩的稳定性。

(1) 分级开挖期间围岩变形特征。在第 1～3 级开挖条件下，典型剖面 K0+470 洞周特征部位的变形特征值见表 8.2-8。

表 8.2-8　分级开挖典型剖面 K0+470 洞周围岩特征部位变形极值表　　单位：cm

特征部位 部位	特征部位 高程/m	第 1 级 水平	第 1 级 铅直	第 2 级 水平	第 2 级 铅直	第 3 级 水平	第 3 级 铅直	特征点示意图
GD1（拱顶）	1656.34	−0.21	−5.81	−0.26	−6.33	−0.33	−6.63	
BQ11（左边墙）	1650.68	−0.88	0.84	−0.09	−1.26	0.29	−1.90	
BQ12（右边墙）	1650.68	1.02	0.62	−0.11	−1.61	−0.71	−2.40	
BQ21（左边墙）	1647.55	0.35	1.87	0.19	0.11	0.73	−0.78	
BQ22（右边墙）	1647.55	−0.19	1.65	−0.23	−0.33	−1.04	−1.48	
BQ31（左边墙）	1643.66	0.67	2.01	−0.15	2.08	0.94	0.07	
BQ32（右边墙）	1643.66	−0.56	1.87	0.35	1.67	−1.11	−0.65	
BQ41（左边墙）	1639.55	0.66	1.84	0.80	2.50	0.86	1.04	
BQ42（右边墙）	1639.55	−0.58	1.77	−0.52	2.26	−0.86	0.25	
BQ51（左边墙）	1635.85	0.54	1.64	0.83	2.41	0.38	2.44	
BQ52（右边墙）	1635.85	−0.52	1.55	−0.69	2.13	0.03	1.84	
KW1（1 级开挖底面）	1650.68	0.27	6.24	—	—	—	—	
KW2（2 级开挖底面）	1643.66	0.19	4.09	0.15	6.59	—	—	
KW3（3 级开挖底面）	1635.85	0.00	2.38	0.04	4.09	0.37	6.40	

特征点示意图：GD1、KW1、KW2、KW3、BQ11、BQ12、BQ21、BQ22、BQ31、BQ32、BQ41、BQ42、BQ51、BQ52

从表 8.2-8 中可以看出：

1）在各级开挖条件下，受开挖临空面地应力释放的作用，开挖区轮廓总体向内空收敛变形；同时，围岩开挖变形随着距开挖面距离的增大而衰减。

2）拱顶变形以铅直向下变位为主，且随着开挖级数的增加，铅直变位逐渐增大，其中第 1～3 级开挖后的累积下沉量分别为 -5.74cm、-6.21cm 和 -6.51cm。

3）左、右边墙的变形以水平变形为主，最大变形出现在边墙中下部高程。其中左右边墙上部（BQ11 和 BQ12）在第 1 级开挖后均向围岩深部变形，水平变位分别为 -0.66cm 和 0.84cm，这主要是由于第 1 级开挖断面高度较小，且开挖跨度相对较大，同时铅直向地应力水平较高的缘故所致，随着开挖高程的降低，边墙上部高程向围岩深部的变形趋势减缓，逐渐转向开挖临空面变位；边墙中下部在各级开挖条件下均向开挖临空面变形，且随着开挖级数的增加，变形速率增大，其中第 2 级开挖后，左边墙中下部的水平变位增至 0.27～0.56cm，右边墙的水平变位增至 -0.32～-0.65cm，第 3 级开挖后左边墙中下部的水平变位为 0.33～1.35cm，右边墙的水平变位为 -0.25～-1.63cm。

4）开挖底面以向上回弹变形为主，水平变位较小，最大回弹变形出现在第 2 级开挖底面中部；从量值上看，第 1 级开挖底面的回弹变形为 6.06cm，第 2 级开挖底面的回弹变形为 6.40cm，第 3 级开挖底面的回弹变形为 6.23cm。

（2）分级开挖期间围岩变形特征。在第 1～3 级开挖条件下，典型剖面 K0+470 洞周（子区域）围岩的变形特征：

1）受开挖卸荷作用的影响，在拱顶、顶拱与边墙交汇部位、边墙与开挖底面交汇部位出现应力集中现象，随距开挖面距离的增大，开挖的影响减弱，围岩应力场分布接近初始应力状态。

2）开挖过程中，作用于拱顶洞壁围岩的小主应力迅速衰减，围岩处于受拉应力状态，并形成一定范围的拉应力区域，作用于拱端围岩的应力则以压应力为主，并形成一定的压应力集中区域；随着边墙下卧开挖的进行，受开挖卸荷的影响，拱顶拉应力区域逐渐减小，拱端压应力集中得以释放，应力水平逐渐降低。从量值上看，第 1 级开挖后拱顶的 σ_3 则由初始的 8.40MPa 迅速衰减为 -3.59MPa，第 2 级开挖后衰减为 -2.88MPa，第 3 级开挖后衰减为 -2.25MPa。从总体上看，左拱端的应力水平较右端高，这主要是断层 f_{24d} 穿过顶拱右端，形成一定的低应力区域。

3）受开挖卸荷作用的影响，左、右边墙洞壁围岩小主应力迅速衰减，但由于洞体变形总体以下沉为主，因此边墙围岩总体处于受压状态，并在边墙与顶拱、边墙与开挖底面交汇部位形成一定的应力集中区域。随下卧开挖的进行，边墙围岩的受压区域逐渐增大，向围岩深部扩展；从量值上看，第 2 级开挖后左边墙中上部的 σ_1 量值约 44MPa、σ_3 量值约 4.77MPa，右边墙 σ_1 量值约 42MPa、σ_3 量值约 -0.76MPa，第 3 级开挖后左边墙中下部的 σ_1 量值约 40MPa、σ_3 量值约 4.50MPa，右边墙 σ_1 量值约 38MPa、σ_3 量值约 3.67MPa。

4）受开挖卸荷作用的影响，开挖底面出现较大的受拉应力区域，随着边墙开挖下卧的进行，开挖底面的拉应力区域逐渐减小；其中第 1 级开挖底面附近拉应力极值为 -1.50MPa；第 2 级开挖底面附近拉应力极值为 -1.18MPa；第 3 级开挖底板中拉应力区域基本消失。

（3）分级开挖期间围岩破坏区分布特征。在第1～3级开挖条件下，典型剖面K0+470洞周围岩破坏区分布如图8.2-5所示。

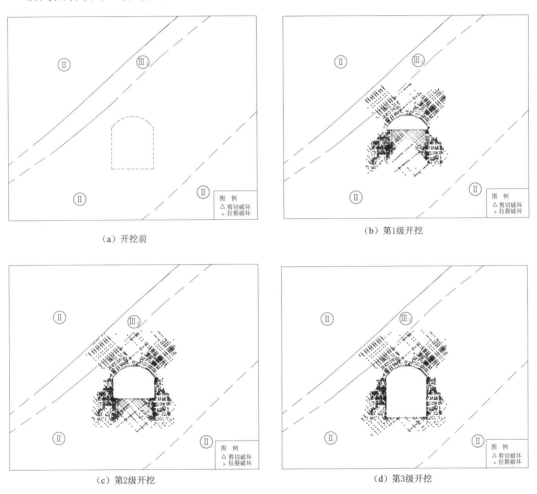

（a）开挖前　　　　　　　　　　　　　　（b）第1级开挖

（c）第2级开挖　　　　　　　　　　　　　（d）第3级开挖

图8.2-5　分级开挖典型剖面K0+470洞周围岩破坏区分布图

从图8.2-5中可以看出：

1）导流洞开挖前，围岩的破坏区主要沿断层、边坡浅表层和Ⅴ类岩体及覆盖层分布，其余岩体及裂隙未出现破坏区；开挖后，围岩的破坏区主要沿着断层及构造裂隙，以及开挖后的应力集中区域发展。

2）第1级开挖后，受开挖扰动及应力重分布的影响，洞周围岩的破坏主要沿第1组层面裂隙和第2组裂隙发育。其中，拱顶围岩以拉裂破坏为主，且沿拱顶向两侧逐渐转化为剪切破坏，并在拱端形成较大范围的剪切破坏区；同时，拱顶第1组层面裂隙和第2组裂隙组成楔形破坏滑动体，最大深度约11.05m；开挖底面受开挖强卸荷作用，主要以拉裂破坏为主；左右边墙顶部和底部由于开挖后造成的高应力集中，出现较大区域的剪切破坏，由于本级开挖边墙高度较小，边墙仅出现零星浅表剪切破坏。

3）第2级开挖后，拱顶第1组层面裂隙和第2组裂隙及岩体的破坏继续向围岩深部发展，楔形滑动体范围继续增大，最大深度约12.05m；开挖底面受开挖强卸荷作用，主要以拉裂破坏为主；第2级开挖后，左边墙的第1组层面裂隙和第2组裂隙，右边墙第1组层面裂隙、第2组裂隙组成楔形破坏滑动体，破坏区发育深度达到4.00～4.55m；开挖底面及底面与边墙的交汇部位的破坏区继续向围岩深部延伸。

4）第3级开挖后，第1组层面裂隙和第2组裂隙及岩体的破坏继续向围岩深部扩展，楔形滑动体范围继续增大，最大深度约13.10m；开挖底面仍以拉裂破坏为主，破坏区继续向围岩深部扩展；左、右边墙的破坏区范围继续扩大，破坏区发育深度达到5.20～5.70m；开挖底面及底面与边墙的交汇部位的破坏区继续向围岩深部延伸。

（4）塌方段围岩计算破坏区与推测松动圈的对比分析。分级开挖完毕后，典型剖面洞周围岩计算破坏区与推测松动圈对比如图8.2-6所示。

有限元计算的破坏区与根据钻孔声波及锚索孔资料推测顶拱形态相比，在顶拱以上，

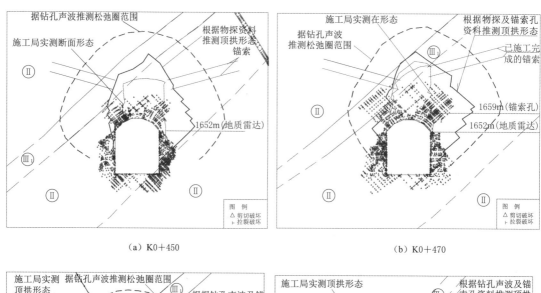

（a）K0+450　　　　　　　　　　　　（b）K0+470

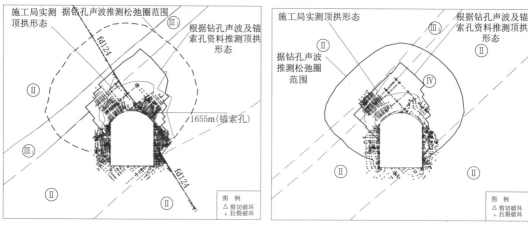

（c）K0+500　　　　　　　　　　　　（d）K0+520

图8.2-6（一）　开挖完毕后典型剖面洞周围岩计算破坏区与推测松动圈对比图

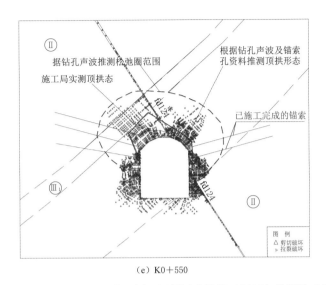

(e) K0+550

图 8.2-6（二）　开挖完毕后典型剖面洞周围岩计算破坏区与推测松动圈对比图

无论形状、跨度以及距离导流洞拱顶的高度都非常接近；在边墙部位也比较接近。从总体上看，计算破坏区范围要略大于根据锚索孔资料推测的围岩松弛范围，但小于根据钻孔声波资料推测松弛圈范围，从偏于安全的角度，根据钻孔声波推测的围岩松弛范围可作为运行期和封堵期围岩及衬砌结构稳定分析中山岩压力的计算依据。

8.2.5　导流洞塌方段加固治理完建后衬砌结构和洞周围岩稳定性模拟分析研究

8.2.5.1　分析方法

根据反演回归拟合的初始地应力场，按低抗拉弹塑性模型建立软弱结构面的非线性分析模型，按 Druker-Prager 准则判别岩体是否进入塑性状态；通过单元网格的"杀死"和"激活"来模拟洞室开挖和衬砌过程，提高锚固区岩体的变形与强度参数，模拟锚杆（锚索）加固效果，对加固区岩体施加一对锁固力模拟锚索预应力作用。

8.2.5.2　有限元模型建立

选择 K0+450、K0+470、K0+500、K0+520 和 K0+550 五个典型剖面作为计算分析对象，其中 K0+470 和 K0+500 为监测剖面，结合塌方段的加固处理方案，建立完建期导流洞典型剖面的半整体有限元模型。

有限元建模仍然采用整体模型和子模型建模相结合的方式，整体模型与子模型计算范围与施工期计算范围一致。子模型对各条裂隙进行完全模拟，围岩、混凝土喷层及衬砌一般采用三维 8 节点等参实体单元模拟，断层及裂隙采用夹层单元模拟。

8.2.5.3　计算工况及荷载组合

荷载组合：山岩压力+结构自重+度汛期外水压力。

其中：山岩压力为推测围岩松动圈内的岩体自重，松动圈外的围岩处于原岩应力状态、自身可以维持稳定。

193

8.2.5.4 完建期塌方段衬砌结构及洞周围岩变形及应力特征

（1）典型剖面衬砌结构变形特征。典型剖面在自重、山岩压力、外水压力作用下，衬砌结构特征部位变形值见表 8.2-9。

表 8.2-9　　　　　　　完建期典型剖面衬砌结构特征部位变形值表　　　　　　单位：mm

剖面	特征部位序号	位　　移					位移描述
		第一层	第二层	第三层	第四层	第五层	
K0+450	1	3.426	3.424	3.423	3.422	3.421	顶拱中部
	2	3.031	3.039	3.055	3.071	3.086	顶拱与左边墙交汇部
	3	3.179	3.182	3.191	3.200	3.206	顶拱与右边墙交汇部
	4	2.638	2.626	2.614	2.603	2.589	左边墙中部
	5	3.019	3.032	3.044	3.059	3.072	右边墙中部
	6	1.604	1.616	1.615	1.606	1.594	左边墙与底板交汇部
	7	2.074	2.106	2.095	2.080	2.059	右边墙与底板交汇部
	8	0.709	0.711	0.712	0.713	0.714	底板中部
K0+470	1	2.888	2.887	2.886	2.885	2.883	顶拱中部
	2	2.415	2.413	2.417	2.421	2.428	顶拱与左边墙交汇部
	3	2.88	2.883	2.889	2.895	2.906	顶拱与右边墙交汇部
	4	2.128	2.124	2.123	2.121	2.105	左边墙中部
	5	2.641	2.657	2.669	2.682	2.705	右边墙中部
	6	1.314	1.334	1.336	1.339	1.335	左边墙与底板交汇部
	7	1.698	1.729	1.727	1.725	1.717	右边墙与底板交汇部
	8	0.614	0.614	0.614	0.614	0.615	底板中部
K0+500	1	1.872	1.980	2.502	2.918	3.054	顶拱中部
	2	3.092	3.139	3.221	3.273	3.284	顶拱与左边墙交汇部
	3	3.314	3.346	3.376	3.411	3.453	顶拱与右边墙交汇部
	4	3.502	3.547	3.575	3.575	3.551	左边墙中部
	5	3.518	3.484	3.451	3.416	3.378	右边墙中部
	6	3.358	3.343	3.242	3.196	3.209	左边墙与底板交汇部
	7	3.062	2.681	2.284	1.876	1.719	右边墙与底板交汇部
	8	1.579	1.343	1.116	0.927	0.848	底板中部
K0+520	1	3.325	3.324	3.323	3.321	3.320	顶拱中部
	2	2.968	2.973	2.983	2.992	3.002	顶拱与左边墙交汇部
	3	3.006	3.007	3.014	3.021	3.029	顶拱与右边墙交汇部
	4	2.770	2.787	2.802	2.818	2.833	左边墙中部
	5	2.763	2.772	2.781	2.791	2.802	右边墙中部
	6	1.984	2.022	2.018	1.999	1.974	左边墙与底板交汇部
	7	1.931	1.955	1.937	1.912	1.893	右边墙与底板交汇部
	8	0.859	0.860	0.861	0.862	0.864	底板中部

续表

剖面	特征部位序号	位 移					位移描述
		第一层	第二层	第三层	第四层	第五层	
K0+550	1	2.294	2.293	2.292	2.291	2.290	顶拱中部
	2	2.194	2.203	2.216	2.232	2.246	顶拱与左边墙交汇部
	3	2.029	2.033	2.045	2.058	2.071	顶拱与右边墙交汇部
	4	2.025	2.024	2.024	2.025	2.020	左边墙中部
	5	1.908	1.912	1.918	1.925	1.927	右边墙中部
	6	1.155	1.171	1.164	1.152	1.144	左边墙与底板交汇部
	7	1.218	1.232	1.223	1.210	1.198	右边墙与底板交汇部
	8	0.397	0.398	0.399	0.401	0.403	底板中部

注 衬砌从内到外沿厚度方向划分为第一层至第五层。

完建期，衬砌结构在自重、山岩压力及外水压力作用下，拱顶以沉降变形为主，水平变形较小。从顶拱衬砌内外侧的变形来看，衬砌内外侧变形基本一致；从左、右拱端变形来看，由于 f_{24d} 断层的影响，右侧拱端的变形略大于左侧拱端的变形；典型剖面顶拱的最大沉降变形值为 $2.30\sim3.53mm$，一般出现在拱顶衬砌内侧。边墙整体变形随高程的降低而减小，从边墙衬砌的内外侧变形看，外侧变形较内侧变形大；从左右边墙来看，右边墙的变形值大于左边墙；典型剖面最大水平变位值为 $2.23\sim3.31mm$，均出现在拱端与边墙交汇处。底板在自重作用下，整体以铅直向下的沉降变形为主，从底板内外侧变形看，内侧（向洞外）的变形较外侧变形小，底板中部变形较两侧变形小，典型剖面底板最大沉降变形值为 $1.13\sim1.95mm$。

（2）典型剖面衬砌结构应力特征。典型剖面在自重、山岩压力、外水压力作用下，衬砌结构特征部位主应力值见表 8.2-10。

表 8.2-10　　完建期典型剖面衬砌结构特征部位主应力值表（以压为正）　　　单位：MPa

剖面	特征部位序号	应 力						位移描述
		应力分量	第一层	第二层	第三层	第四层	第五层	
导流洞0+450	1	大主应力 σ_1	0.855	0.879	0.905	0.926	0.923	顶拱中部
		小主应力 σ_3	-0.117	-0.110	-0.096	-0.085	-0.171	
	2	大主应力 σ_1	3.085	2.800	2.116	1.777	1.519	顶拱与左边墙交汇处
		小主应力 σ_3	-0.051	-0.129	0.077	0.137	0.010	
	3	大主应力 σ_1	1.900	1.927	1.653	1.520	1.379	顶拱与右边墙交汇处
		小主应力 σ_3	0.012	-0.044	0.062	0.102	0.054	
	4	大主应力 σ_1	1.956	2.194	2.430	2.657	1.571	左边墙中部
		小主应力 σ_3	-0.306	-0.341	-0.368	-0.400	-0.389	
	5	大主应力 σ_1	1.255	1.232	1.221	1.209	1.143	右边墙中部
		小主应力 σ_3	-0.196	-0.193	-0.199	-0.199	-0.319	
	6	大主应力 σ_1	3.360	2.997	2.455	2.143	1.196	左边墙与底板交汇处
		小主应力 σ_3	0.474	0.407	0.361	0.313	0.245	

剖面	特征部位序号	应力分量	应　力					位移描述
			第一层	第二层	第三层	第四层	第五层	
导流洞 0+450	7	大主应力 σ_1	5.290	4.861	3.426	2.594	1.269	右边墙与底板交汇处
		小主应力 σ_3	0.816	0.997	0.885	0.731	0.490	
	8	大主应力 σ_1	0.156	0.306	0.439	0.569	0.339	底板中部
		小主应力 σ_3	−0.020	−0.044	−0.058	−0.066	−0.240	
导流洞 0+470	1	大主应力 σ_1	0.591	0.602	0.616	0.624	0.619	顶拱中部
		小主应力 σ_3	−0.088	−0.083	−0.076	−0.069	−0.107	
	2	大主应力 σ_1	2.048	1.975	1.547	1.407	1.150	顶拱与左边墙交汇处
		小主应力 σ_3	0.048	0.017	0.179	0.200	0.187	
	3	大主应力 σ_1	1.854	1.641	1.319	1.228	1.038	顶拱与右边墙交汇处
		小主应力 σ_3	0.037	0.003	0.111	0.117	0.079	
	4	大主应力 σ_1	1.084	1.44	1.833	2.151	1.334	左边墙中部
		小主应力 σ_3	−0.162	−0.224	−0.292	−0.359	−0.417	
	5	大主应力 σ_1	1.066	1.321	1.557	1.748	1.683	右边墙中部
		小主应力 σ_3	−0.121	−0.196	−0.296	−0.36	−0.345	
	6	大主应力 σ_1	2.480	2.186	1.845	1.640	0.862	左边墙与底板交汇处
		小主应力 σ_3	0.318	0.281	0.339	0.317	0.187	
	7	大主应力 σ_1	3.930	3.095	2.540	2.277	1.099	右边墙与底板交汇处
		小主应力 σ_3	0.643	0.62	0.498	0.481	0.357	
	8	大主应力 σ_1	0.004	0.111	0.217	0.308	0.208	底板中部
		小主应力 σ_3	−0.006	−0.005	−0.003	0.012	−0.165	
导流洞 0+500	1	大主应力 σ_1	0.833	1.172	2.165	2.563	1.730	顶拱中部
		小主应力 σ_3	−0.121	−0.118	−0.104	−0.130	−0.153	
	2	大主应力 σ_1	1.242	1.145	1.322	1.326	1.291	顶拱与左边墙交汇处
		小主应力 σ_3	−0.323	−0.290	−0.202	0.094	0.181	
	3	大主应力 σ_1	1.136	0.871	0.876	0.915	0.951	顶拱与右边墙交汇处
		小主应力 σ_3	0.216	0.281	0.202	0.076	−0.019	
	4	大主应力 σ_1	0.966	0.974	0.962	0.922	0.871	左边墙中部
		小主应力 σ_3	−0.089	−0.140	−0.160	−0.135	−0.073	
	5	大主应力 σ_1	0.821	0.768	0.745	0.880	1.159	右边墙中部
		小主应力 σ_3	0.008	0.116	0.228	0.224	0.155	
	6	大主应力 σ_1	1.247	1.222	1.389	1.351	1.639	左边墙与底板交汇处
		小主应力 σ_3	0.136	0.059	−0.308	−0.337	−0.269	
	7	大主应力 σ_1	2.125	1.954	1.982	1.233	0.762	右边墙与底板交汇处
		小主应力 σ_3	−0.422	−0.417	−0.220	−0.310	−0.102	

续表

剖面	特征部位序号	应　　力						位移描述
		应力分量	第一层	第二层	第三层	第四层	第五层	
导流洞 0+500	8	大主应力 σ_1	0.759	0.585	0.685	0.522	0.487	底板中部
		小主应力 σ_3	0.084	−0.157	−0.276	−0.259	−0.215	
导流洞 0+520	1	大主应力 σ_1	0.693	0.749	0.790	0.827	0.838	顶拱中部
		小主应力 σ_3	−0.099	−0.103	−0.097	−0.087	−0.157	
	2	大主应力 σ_1	1.940	1.804	1.455	1.314	1.153	顶拱与左边墙交汇处
		小主应力 σ_3	0.039	−0.025	0.114	0.154	0.077	
	3	大主应力 σ_1	2.320	2.171	1.746	1.576	1.374	顶拱与右边墙交汇处
		小主应力 σ_3	0.015	−0.040	0.105	0.122	0.047	
	4	大主应力 σ_1	1.157	1.148	1.138	1.137	1.098	左边墙中部
		小主应力 σ_3	−0.180	−0.177	−0.180	−0.187	−0.337	
	5	大主应力 σ_1	1.279	1.240	1.201	1.144	1.075	右边墙中部
		小主应力 σ_3	−0.206	−0.189	−0.167	−0.126	−0.197	
	6	大主应力 σ_1	4.955	4.040	3.086	2.797	0.036	左边墙与底板交汇处
		小主应力 σ_3	0.612	0.420	0.220	−0.163	−0.113	
	7	大主应力 σ_1	4.360	4.364	3.230	2.357	1.076	右边墙与底板交汇处
		小主应力 σ_3	0.507	0.578	0.588	0.560	0.394	
	8	大主应力 σ_1	0.056	0.285	0.504	0.641	0.481	底板中部
		小主应力 σ_3	−0.004	−0.028	−0.038	−0.024	−0.251	
导流洞 0+550	1	大主应力 σ_1	0.483	0.476	0.465	0.457	0.433	顶拱中部
		小主应力 σ_3	−0.072	−0.068	−0.060	−0.052	−0.103	
	2	大主应力 σ_1	1.857	1.696	1.306	1.071	0.812	顶拱与左边墙交汇处
		小主应力 σ_3	0.009	−0.015	0.113	0.160	0.093	
	3	大主应力 σ_1	2.061	1.889	1.421	1.200	0.867	顶拱与右边墙交汇处
		小主应力 σ_3	0.019	−0.032	0.120	0.150	0.094	
	4	大主应力 σ_1	1.410	1.558	1.677	1.855	1.036	左边墙中部
		小主应力 σ_3	−0.223	−0.245	−0.261	−0.302	−0.296	
	5	大主应力 σ_1	0.566	0.725	0.906	1.107	1.284	右边墙中部
		小主应力 σ_3	−0.089	−0.110	−0.127	−0.149	−0.319	
	6	大主应力 σ_1	2.869	2.453	2.055	1.617	0.744	左边墙与底板交汇处
		小主应力 σ_3	0.325	0.296	0.396	0.459	0.245	
	7	大主应力 σ_1	3.189	2.742	2.124	1.646	0.806	右边墙与底板交汇处
		小主应力 σ_3	0.415	0.356	0.427	0.418	0.279	
	8	大主应力 σ_1	0.106	0.254	0.376	0.525	0.350	底板中部
		小主应力 σ_3	−0.017	−0.045	−0.079	−0.121	−0.206	

注　衬砌从内到外沿厚度方向划分为第一层至第五层。

完建期，衬砌拱顶、边墙及底板的应力水平相对较低，大主压应力 σ_1 量值总体远小于 C30 混凝土抗压强度（15.0MPa），仅在局部（顶拱与边墙、边墙与底板的交汇处）出现拉、压应力集中现象，衬砌处于拉压复杂应力状态。顶拱压应力水平较低，压应力 σ_1 向两侧拱端逐渐增大，量值为 0.5～2.0MPa；顶拱内外侧均受到拉应力作用，拉应力 σ_3 向两侧拱端逐渐减小，典型剖面最大拉应力一般出现在拱顶外侧，量值约 -0.10～-0.17MPa。边墙的压应力 σ_1 随高程的降低而增大，在边墙与底板的交汇部位出现压应力集中；拉应力 σ_3 量值随高程降低而增大，在边墙的中下部出现一定的拉应力区域，量值约 -0.20～-0.98MPa。底板拉压应力呈现中部小、两端大的分布特征，且底板与两侧边墙的交汇部位出现较大的应力集中，最大拉应力多出现在底板两端衬砌内侧，量值约 -0.25～-0.45MPa。

（3）完建期塌方段围岩稳定性评价。完建期典型剖面洞周围岩破坏区分布如图 8.2-7 所示。

完建期，在衬砌自重、山岩压力的作用下，典型剖面的洞周围岩破坏较少，破坏区主要出现在岩脉及 f_{24d} 断层内部；在衬砌与围岩接触部位，沿边墙出现局部拉裂破坏且主要

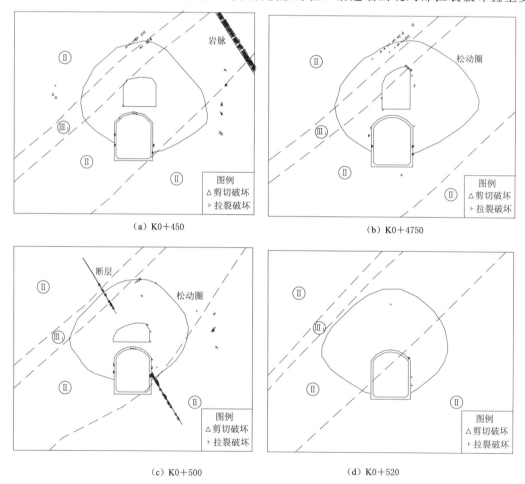

（a）K0+450　　　　　　　　　　　　（b）K0+4750

（c）K0+500　　　　　　　　　　　　（d）K0+520

图 8.2-7（一）　完建期典型剖面洞周围岩破坏区分布图

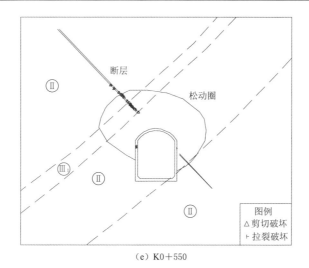

（e）K0+550

图 8.2-7（二）　完建期典型剖面洞周围岩破坏区分布图

出现在边墙中上部；在松动圈顶部，受松动圈围岩沉降的影响，出现局部的拉裂破坏；而衬砌顶部空腔周边也出现零星拉裂破坏。

总体上看，完建期，洞周围岩在衬砌自重、山岩压力的作用下，破坏区分布较少，仅在局部出现零星的破坏，导流洞洞周围岩整体处于稳定状态。

（4）综合典型剖面洞周围岩及衬砌结构应力、变形的计算结果，在完建工况下，导流洞衬砌结构的压应力及变形均能满足规范要求，但局部的拉应力区需要进行结构配筋。

8.2.6　运行期塌方段衬砌结构及洞周围岩稳定性模拟分析研究

8.2.6.1　计算工况及荷载组合

计算荷载按最不利情形进行组合，从偏于结构安全的角度出发，为避免山岩压力抵消内水压力作用效应，计算中未计入山岩压力。

（1）正常运行期：内水压力（内水位高程：1661.93m）+结构自重+山岩压力（未计入）。

（2）永久运行期：内水压力（内水位高程：1880.00m）+结构自重+山岩压力（未计入）+永久运行期外水压力（外水位高程：1870.00m）。

根据左岸导流洞塌方段水力学模型试验研究成果，正常运行期内水水位高程1661.93m。

8.2.6.2　正常运行期塌方段衬砌结构及洞周围岩变形及应力特征

（1）典型剖面衬砌结构变形特征。典型剖面在自重、内水压力作用下，衬砌结构变形特征值见表8.2-11。

正常运行期，典型剖面的衬砌结构受自重及内水压力作用，拱顶的最大沉降变形量1.18mm，出现在K0+450剖面拱顶衬砌内侧；边墙以向洞外侧的水平变形为主，最大变形值1.05mm，出现在K0+550剖面边墙顶部；底板整体以铅直向下的沉降变形为主，最大下沉量1.36mm，出现在K0+550剖面底板中部衬砌内侧。

表 8.2－11 正常运行期典型剖面衬砌结构特征部位变形值表

剖面	特征部位序号	位移/mm					部位
		第一层	第二层	第三层	第四层	第五层	
K0＋450	1	1.142	1.143	1.144	1.145	1.146	顶拱中部
	2	0.844	0.837	0.831	0.825	0.819	顶拱与左边墙交汇处
	3	1.18	0.99	0.982	0.975	0.968	顶拱与右边墙交汇处
	4	0.848	0.837	0.835	0.834	0.832	左边墙中部
	5	0.97	0.967	0.964	0.961	0.958	右边墙中部
	6	0.711	0.717	0.724	0.731	0.739	左边墙与底板交汇处
	7	0.832	0.839	0.848	0.856	0.865	右边墙与底板交汇处
	8	0.917	0.914	0.911	0.909	0.906	底板中部
K0＋470	1	0.924	0.926	0.927	0.928	0.930	顶拱中部
	2	0.221	0.220	0.219	0.219	0.218	顶拱与左边墙交汇处
	3	0.240	0.240	0.239	0.239	0.238	顶拱与右边墙交汇处
	4	0.374	0.373	0.372	0.371	0.370	左边墙中部
	5	0.420	0.419	0.418	0.417	0.415	右边墙中部
	6	0.124	0.123	0.121	0.122	0.123	左边墙与底板交汇处
	7	0.202	0.201	0.201	0.200	0.201	右边墙与底板交汇处
	8	0.803	0.800	0.797	0.794	0.792	底板中部
K0＋500	1	1.168	1.17	1.171	1.173	1.174	顶拱中部
	2	0.906	0.9	0.894	0.888	0.882	顶拱与左边墙交汇处
	3	0.931	0.926	0.92	0.915	0.909	顶拱与右边墙交汇处
	4	0.862	0.86	0.859	0.857	0.855	左边墙中部
	5	0.922	0.915	0.909	0.904	0.895	右边墙中部
	6	0.79	0.797	0.804	0.81	0.818	左边墙与底板交汇处
	7	0.836	0.849	0.857	0.864	0.874	右边墙与底板交汇处
	8	0.946	0.943	0.939	0.936	0.932	底板中部
K0＋520	1	0.808	0.809	0.811	0.812	0.813	顶拱中部
	2	0.591	0.586	0.581	0.577	0.572	顶拱与左边墙交汇处
	3	0.537	0.533	0.529	0.524	0.52	顶拱与右边墙交汇处
	4	0.511	0.512	0.513	0.513	0.514	左边墙中部
	5	0.469	0.47	0.471	0.471	0.472	右边墙中部
	6	0.47	0.475	0.476	0.477	0.478	左边墙与底板交汇处
	7	0.45	0.448	0.449	0.45	0.45	右边墙与底板交汇处
	8	0.522	0.52	0.517	0.514	0.511	底板中部
K0＋550	1	0.994	0.995	0.996	0.997	0.998	顶拱中部
	2	0.958	0.949	0.942	0.933	0.926	顶拱与左边墙交汇处
	3	0.936	0.929	0.92	0.911	0.904	顶拱与右边墙交汇处

续表

剖面	特征部位序号	位移/mm					部位
		第一层	第二层	第三层	第四层	第五层	
K0+550	4	1.023	1.019	1.015	1.01	1.007	左边墙中部
	5	1.049	1.046	1.041	1.037	1.033	右边墙中部
	6	0.944	0.951	0.961	0.974	0.984	左边墙与底板交汇处
	7	0.953	0.958	0.969	0.982	0.995	右边墙与底板交汇处
	8	1.358	1.354	1.351	1.346	1.341	底板中部

注　1. 衬砌从内到外沿厚度方向划分为第一层至第五层。

　　2. 顶拱中部与底板中部为铅直向位移，其余位置皆为水平位移。

（2）典型剖面衬砌结构应力特征。典型剖面在自重、内水压力作用下，衬砌结构特征部位主应力值见表8.2-12。

表 8.2-12　正常运行期典型剖面衬砌结构特征部位主应力值表（以压为正）

剖面	特征部位序号	应力/MPa					部位
		应力分量	第一层	第二层	第三层	第四层	第五层	
K0+450	1	大主应力 σ_1	0.059	0.05	0.038	0.035	0.036	顶拱中部
		小主应力 σ_3	-0.91	-0.722	-0.631	-0.557	-0.497	
	2	大主应力 σ_1	0.236	0.227	0.195	0.175	0.168	顶拱与左边墙交汇处
		小主应力 σ_3	0.058	0.056	0.051	0.048	0.047	
	3	大主应力 σ_1	0.223	0.237	0.206	0.188	0.178	顶拱与右边墙交汇处
		小主应力 σ_3	0.053	0.057	0.052	0.049	0.046	
	4	大主应力 σ_1	0.3	0.272	0.247	0.226	0.206	左边墙中部
		小主应力 σ_3	0.078	0.073	0.069	0.064	0.059	
	5	大主应力 σ_1	0.371	0.33	0.312	0.294	0.276	右边墙中部
		小主应力 σ_3	0.086	0.083	0.08	0.077	0.074	
	6	大主应力 σ_1	0.111	0.146	0.187	0.224	0.279	左边墙与底板交汇部
		小主应力 σ_3	-1.162	-0.939	-0.682	-0.39	-0.219	
	7	大主应力 σ_1	0.083	0.145	0.258	0.331	0.373	右边墙与底板交汇处
		小主应力 σ_3	-0.553	-0.406	-0.284	-0.189	-0.14	
	8	大主应力 σ_1	0.279	0.25	0.254	0.255	0.254	底板中部
		小主应力 σ_3	-0.344	-0.377	-0.404	-0.43	-0.458	
K0+470	1	大主应力 σ_1	0.054	0.047	0.036	0.031	0.024	顶拱中部
		小主应力 σ_3	-0.776	-0.679	-0.598	-0.527	-0.434	
	2	大主应力 σ_1	0.103	0.104	0.100	0.099	0.095	顶拱与左边墙交汇处
		小主应力 σ_3	0.030	0.033	0.030	0.030	0.028	
	3	大主应力 σ_1	0.136	0.146	0.144	0.143	0.135	顶拱与右边墙交汇处
		小主应力 σ_3	0.037	0.038	0.035	0.034	0.030	

续表

剖面	特征部位序号	应力/MPa						部位
		应力分量	第一层	第二层	第三层	第四层	第五层	
K0+470	4	大主应力 σ_1	0.306	0.274	0.245	0.224	0.198	左边墙中部
		小主应力 σ_3	0.080	0.074	0.069	0.064	0.057	
	5	大主应力 σ_1	0.349	0.316	0.288	0.261	0.203	右边墙中部
		小主应力 σ_3	0.089	0.082	0.077	0.071	0.060	
	6	大主应力 σ_1	0.063	0.102	0.152	0.238	0.287	左边墙与底板交汇部
		小主应力 σ_3	-0.856	-0.610	-0.280	-0.134	-0.152	
	7	大主应力 σ_1	0.093	0.108	0.192	0.284	0.366	右边墙与底板交汇处
		小主应力 σ_3	-0.485	-0.255	-0.276	-0.268	-0.293	
	8	大主应力 σ_1	0.256	0.255	0.253	0.249	0.245	底板中部
		小主应力 σ_3	-0.328	-0.364	-0.394	-0.422	-0.460	
K0+500	1	大主应力 σ_1	0.053	0.043	0.027	0.019	0.017	顶拱中部
		小主应力 σ_3	-0.84	-0.716	-0.608	-0.516	-0.43	
	2	大主应力 σ_1	0.376	0.339	0.277	0.247	0.215	顶拱与左边墙交汇部
		小主应力 σ_3	0.083	0.078	0.07	0.066	0.058	
	3	大主应力 σ_1	0.315	0.277	0.231	0.21	0.184	顶拱与右边墙交汇处
		小主应力 σ_3	0.072	0.065	0.059	0.055	0.05	
	4	大主应力 σ_1	0.23	0.226	0.22	0.217	0.217	左边墙中部
		小主应力 σ_3	0.066	0.066	0.064	0.063	0.062	
	5	大主应力 σ_1	0.351	0.306	0.321	0.311	0.349	右边墙中部
		小主应力 σ_3	0.06	0.064	0.066	0.031	0.021	
	6	大主应力 σ_1	0.163	0.257	0.294	0.317	0.338	左边墙与底板交汇处
		小主应力 σ_3	-1.021	-0.881	-0.553	-0.295	-0.252	
	7	大主应力 σ_1	0.271	0.297	0.35	0.357	0.202	右边墙与底板交汇处
		小主应力 σ_3	-0.348	-0.317	-0.209	-0.252	-0.618	
	8	大主应力 σ_1	0.288	0.25	0.253	0.251	0.248	底板中部
		小主应力 σ_3	-0.367	-0.422	-0.465	-0.507	-0.544	
K0+520	1	大主应力 σ_1	0.053	0.045	0.032	0.026	0.025	顶拱中部
		小主应力 σ_3	-0.63	-0.52	-0.426	-0.34	-0.262	
	2	大主应力 σ_1	0.492	0.446	0.355	0.31	0.272	顶拱与左边墙交汇处
		小主应力 σ_3	0.104	0.096	0.084	0.075	0.068	
	3	大主应力 σ_1	0.472	0.413	0.322	0.275	0.239	顶拱与右边墙交汇处
		小主应力 σ_3	0.101	0.091	0.079	0.07	0.06	
	4	大主应力 σ_1	0.2	0.202	0.212	0.221	0.236	左边墙中部
		小主应力 σ_3	0.061	0.061	0.061	0.06	0.059	

剖面	特征部位序号	应力/MPa						部位
		应力分量	第一层	第二层	第三层	第四层	第五层	
K0+520	5	大主应力 σ_1	0.492	0.371	0.285	0.204	0.233	右边墙中部
		小主应力 σ_3	0.044	0.047	0.049	0.051	0.055	
	6	大主应力 σ_1	0.244	0.236	0.226	0.243	0.21	左边墙与底板交汇部
		小主应力 σ_3	−0.478	−0.407	−0.304	−0.273	−0.243	
	7	大主应力 σ_1	0.156	0.151	0.15	0.158	0.158	右边墙与底板交汇处
		小主应力 σ_3	−0.42	−0.316	−0.265	−0.231	−0.21	
	8	大主应力 σ_1	0.25	0.252	0.297	0.361	0.411	底板中部
		小主应力 σ_3	−0.06	−0.078	−0.093	−0.109	−0.106	
K0+550	1	大主应力 σ_1	0.05	0.041	0.025	0.011	−0.004	拱中部
		小主应力 σ_3	−0.542	−0.493	−0.453	−0.416	−0.381	
	2	大主应力 σ_1	0.064	0.063	0.046	0.051	0.058	顶拱与左边墙交汇处
		小主应力 σ_3	−0.295	−0.214	−0.151	−0.125	−0.101	
	3	大主应力 σ_1	0.071	0.063	0.042	0.038	0.024	顶拱与右边墙交汇处
		小主应力 σ_3	−0.341	−0.28	−0.207	−0.177	−0.137	
	4	大主应力 σ_1	0.178	0.171	0.173	0.178	0.181	左边墙中部
		小主应力 σ_3	0.058	0.051	0.046	0.039	0.034	
	5	大主应力 σ_1	0.351	0.269	0.208	0.168	0.173	右边墙中部
		小主应力 σ_3	0.052	0.046	0.039	0.018	−0.033	
	6	大主应力 σ_1	0.037	0.136	0.169	0.238	0.35	左边墙与底板交汇处
		小主应力 σ_3	−1.442	−0.592	−0.451	−0.305	−0.227	
	7	大主应力 σ_1	0.013	0.09	0.145	0.219	0.297	右边墙与底板交汇处
		小主应力 σ_3	−1.168	−0.731	−0.575	−0.43	−0.333	
	8	大主应力 σ_1	0.31	0.257	0.277	0.298	0.306	底板中部
		小主应力 σ_3	−0.399	−0.535	−0.648	−0.788	−0.892	

注 衬砌从内到外沿厚度方向划分为第一层至第五层。

正常运行期，典型剖面的顶拱压应力水平较低，其中压应力最大值0.49MPa，出现在K0+520剖面，拉应力极值−0.84MPa出现在K0+500剖面拱顶衬砌内侧；边墙主应力随高程的降低而递增，但应力水平总体较低，其中最大压应力0.49MPa，出现在K0+520剖面，拉应力极值−1.17MPa出现在K0+550剖面右边墙与底板交汇部位；底板应力水平较低，最大压应力0.41MPa，出现在K0+520剖面，最大拉应力为−1.44MPa，出现在K0+550剖面在底板衬砌内侧。

正常运行期，减载空腔上部回填混凝土应力较小，压应力极值为0.04MPa，拉应力极值为−0.4MPa；减载空腔及导流洞之间的混凝土应力较小，压应力极值为0.30MPa，拉应力极值为−0.5MPa；导流洞衬砌外侧回填混凝土应力较小，拉应力仅限于表层，左侧压应力极值均为0.28MPa、拉应力极值为−0.7MPa，右侧压应力极值均为0.34MPa、拉应力极值为－0.6MPa。锚杆和锚筋桩均穿过导流洞衬砌外侧回填混凝土，分布在混凝土和围岩受压区域。

8.2.6.3 永久运行期塌方段衬砌结构及洞周围岩变形及应力特征

（1）典型剖面衬砌结构变形特征。典型剖面在自重、外水压力、内水压力作用下，衬砌结构变形特征值见表8.2－13。

表8.2－13 永久运行期典型剖面衬砌结构特征部位变形值表

剖面	特征部位序号	位移/mm					部位
		第一层	第二层	第三层	第四层	第五层	
K0＋450	1	0.908	0.891	0.876	0.864	0.856	顶拱中部
	2	0.453	0.435	0.42	0.407	0.394	顶拱与左边墙交汇处
	3	0.527	0.53	0.53	0.531	0.534	顶拱与右边墙交汇处
	4	0.446	0.429	0.412	0.395	0.378	左边墙中部
	5	0.174	0.16	0.146	0.133	0.122	右边墙中部
	6	0.173	0.178	0.175	0.169	0.163	左边墙与底板交汇处
	7	0.254	0.276	0.281	0.287	0.292	右边墙与底板交汇处
	8	0.237	0.221	0.206	0.191	0.178	底板中部
K0＋470	1	0.451	0.468	0.485	0.502	0.527	顶拱中部
	2	0.168	0.185	0.201	0.213	0.231	顶拱与左边墙交汇处
	3	0.022	0.037	0.052	0.065	0.086	顶拱与右边墙交汇处
	4	0.003	0.023	0.043	0.060	0.087	左边墙中部
	5	0.271	0.253	0.235	0.218	0.193	右边墙中部
	6	0.229	0.239	0.249	0.254	0.256	左边墙与底板交汇处
	7	0.066	0.075	0.082	0.089	0.094	右边墙与底板交汇处
	8	0.168	0.149	0.131	0.112	0.094	底板中部
K0＋500	1	－0.416	－0.069	0.234	0.441	0.482	顶拱中部
	2	0.651	0.65	0.65	0.645	0.628	顶拱与左边墙交汇处
	3	0.642	0.636	0.636	0.631	0.621	顶拱与右边墙交汇处
	4	0.706	0.692	0.681	0.669	0.657	左边墙中部
	5	0.537	0.514	0.255	－0.068	－0.052	右边墙中部
	6	0.194	0.471	0.5	0.538	0.572	左边墙与底板交汇处
	7	－0.204	0.055	0.284	0.434	0.063	右边墙与底板交汇处
	8	0.553	0.54	0.529	0.517	0.506	底板中部
K0＋520	1	1.742	1.763	1.784	1.803	1.822	顶拱中部
	2	0.738	0.709	0.682	0.655	0.628	顶拱与左边墙交汇处
	3	0.503	0.49	0.475	0.461	0.447	顶拱与右边墙交汇处
	4	0.472	0.454	0.436	0.419	0.402	左边墙中部
	5	0.341	0.325	0.308	0.292	0.275	右边墙中部

续表

剖面	特征部位序号	位移/mm					部位
		第一层	第二层	第三层	第四层	第五层	
K0+520	6	0.071	0.045	0.029	0.024	0.028	左边墙与底板交汇处
	7	0.038	0.028	0.041	0.056	0.071	右边墙与底板交汇处
	8	0.158	0.135	0.111	0.089	0.066	底板中部
K0+550	1	0.457	0.474	0.491	0.508	0.524	顶拱中部
	2	0.257	0.264	0.267	0.271	0.275	顶拱与左边墙交汇处
	3	0.458	0.462	0.462	0.462	0.461	顶拱与右边墙交汇处
	4	0.192	0.179	0.171	0.162	0.159	左边墙中部
	5	0.295	0.281	0.265	0.249	0.238	右边墙中部
	6	0.22	0.238	0.255	0.277	0.295	左边墙与底板交汇处
	7	0.157	0.174	0.193	0.209	0.223	右边墙与底板交汇处
	8	0.558	0.534	0.513	0.487	0.467	底板中部

注 1. 衬砌从内到外沿厚度方向划分为第一层至第五层。

2. 顶拱中部与底板中部为铅直向位移，其余位置皆为水平位移。

永久运行期，水库蓄至 1880.00m 水位，受自重、外水压力及内水压力的共同作用下，典型剖面衬砌结构中顶拱的最大沉降变形量 1.82mm，出现在 K0+520 剖面拱顶衬砌内侧；边墙以向洞外侧的水平变形为主，最大水平变形 0.71mm，出现在 K0+500 剖面；底板整体以铅直向下的沉降变形为主，最大下沉量 0.56mm，出现在 K0+550 剖面。

（2）典型剖面衬砌结构应力特征。典型剖面在自重、外水压力、内水压力作用下，衬砌结构应力特征值见表 8.2-14。

表 8.2-14　永久运行期典型剖面衬砌结构特征部位主应力值表（以压为正）

剖面	特征部位序号	应力/MPa						部位
		应力分量	第一层	第二层	第三层	第四层	第五层	
K0+450	1	大主应力 σ_1	2.256	2.238	2.229	2.250	2.283	顶拱中部
		小主应力 σ_3	−0.070	0.134	0.273	0.372	0.440	
	2	大主应力 σ_1	2.129	2.105	2.023	2.002	2.015	顶拱与左边墙交汇处
		小主应力 σ_3	0.170	0.314	0.448	0.469	0.485	
	3	大主应力 σ_1	2.180	2.158	2.103	2.107	2.081	顶拱与右边墙交汇处
		小主应力 σ_3	0.526	0.529	0.544	0.551	0.555	
	4	大主应力 σ_1	2.353	2.352	2.350	2.348	2.347	左边墙中部
		小主应力 σ_3	0.213	0.197	0.182	0.167	0.153	
	5	大主应力 σ_1	2.354	2.355	2.352	2.346	2.341	右边墙中部
		小主应力 σ_3	0.738	0.728	0.714	0.705	0.693	
	6	大主应力 σ_1	2.026	2.105	2.021	2.019	2.038	左边墙与底板交汇处
		小主应力 σ_3	−0.216	0.083	0.420	0.452	0.484	

续表

剖面	特征部位序号	应力/MPa						部位
		应力分量	第一层	第二层	第三层	第四层	第五层	
K0+450	7	大主应力 σ_1	1.889	1.820	1.740	1.843	1.872	右边墙与底板交汇处
		小主应力 σ_3	−0.624	−0.383	0.345	0.426	0.481	
	8	大主应力 σ_1	2.435	2.440	2.445	2.449	2.452	底板中部
		小主应力 σ_3	0.567	0.558	0.550	0.542	0.533	
K0+470	1	大主应力 σ_1	2.113	2.016	1.848	1.741	1.704	顶拱中部
		小主应力 σ_3	−1.248	−1.067	−0.908	−0.764	−0.636	
	2	大主应力 σ_1	4.554	4.125	2.882	2.444	1.794	顶拱与左边墙交汇处
		小主应力 σ_3	0.133	0.120	0.097	0.077	0.062	
	3	大主应力 σ_1	8.130	7.449	5.578	4.690	2.904	顶拱与右边墙交汇处
		小主应力 σ_3	0.171	0.145	0.117	0.095	0.077	
	4	大主应力 σ_1	2.368	2.355	2.323	2.263	2.021	左边墙中部
		小主应力 σ_3	0.054	0.051	0.048	0.045	0.042	
	5	大主应力 σ_1	2.678	2.784	3.187	3.983	6.010	右边墙中部
		小主应力 σ_3	0.063	0.063	0.063	0.063	0.061	
	6	大主应力 σ_1	1.985	1.996	1.855	1.878	1.955	左边墙与底板交汇处
		小主应力 σ_3	−0.470	−0.348	−0.183	−0.116	−0.124	
	7	大主应力 σ_1	1.088	1.193	1.258	1.219	1.338	右边墙与底板交汇处
		小主应力 σ_3	−0.235	−0.154	−0.178	−0.194	−0.216	
	8	大主应力 σ_1	2.439	2.433	2.424	2.407	2.409	底板中部
		小主应力 σ_3	−0.258	−0.269	−0.278	−0.286	−0.298	
K0+500	1	大主应力 σ_1	2.218	2.195	2.162	2.149	2.158	顶拱中部
		小主应力 σ_3	−0.416	−0.069	0.234	0.441	0.482	
	2	大主应力 σ_1	2.237	2.241	2.225	2.234	2.192	顶拱与左边墙交汇处
		小主应力 σ_3	0.651	0.650	0.650	0.645	0.628	
	3	大主应力 σ_1	2.248	2.249	2.237	2.244	2.261	顶拱与右边墙交汇处
		小主应力 σ_3	0.642	0.636	0.636	0.631	0.621	
	4	大主应力 σ_1	2.360	2.359	2.361	2.356	2.362	左边墙中部
		小主应力 σ_3	0.706	0.692	0.681	0.669	0.657	
	5	大主应力 σ_1	2.418	2.513	2.749	2.878	2.907	右边墙中部
		小主应力 σ_3	0.537	0.514	0.255	−0.068	−0.052	
	6	大主应力 σ_1	2.062	2.208	2.118	2.127	2.142	左边墙与底板交汇处
		小主应力 σ_3	0.194	0.471	0.500	0.538	0.572	
	7	大主应力 σ_1	2.487	2.462	2.429	2.490	2.342	右边墙与底板交汇处
		小主应力 σ_3	−0.204	0.055	0.284	0.434	0.063	
	8	大主应力 σ_1	2.432	2.437	2.444	2.443	2.440	底板中部
		小主应力 σ_3	0.553	0.540	0.529	0.517	0.506	

续表

剖面	特征部位序号	应力/MPa						部位
		应力分量	第一层	第二层	第三层	第四层	第五层	
K0+520	1	大主应力 σ_1	2.216	2.190	2.145	2.123	2.124	顶拱中部
		小主应力 σ_3	−0.684	−0.251	0.136	0.436	0.491	
	2	大主应力 σ_1	2.870	2.715	2.462	2.336	2.305	顶拱与左边墙交汇处
		小主应力 σ_3	0.868	0.840	0.800	0.768	0.740	
	3	大主应力 σ_1	2.322	2.268	2.311	2.360	2.431	顶拱与右边墙交汇处
		小主应力 σ_3	0.643	0.609	0.624	0.627	0.647	
	4	大主应力 σ_1	2.352	2.360	2.383	2.406	2.426	左边墙中部
		小主应力 σ_3	0.712	0.702	0.693	0.683	0.669	
	5	大主应力 σ_1	2.360	2.372	2.406	2.454	2.555	右边墙中部
		小主应力 σ_3	0.653	0.653	0.653	0.652	0.663	
	6	大主应力 σ_1	2.470	2.398	2.237	2.140	1.913	左边墙与底板交汇处
		小主应力 σ_3	−1.154	−0.473	−0.160	−0.068	0.141	
	7	大主应力 σ_1	2.107	2.095	1.898	1.852	1.814	右边墙与底板交汇处
		小主应力 σ_3	−0.187	−0.254	0.056	0.332	0.372	
	8	大主应力 σ_1	2.436	2.437	2.438	2.446	2.450	底板中部
		小主应力 σ_3	0.513	0.510	0.507	0.505	0.502	
K0+550	1	大主应力 σ_1	2.225	2.209	2.177	2.147	2.112	顶拱中部
		小主应力 σ_3	0.539	0.544	0.544	0.544	0.543	
	2	大主应力 σ_1	2.114	2.094	1.994	1.966	1.965	顶拱与左边墙交汇处
		小主应力 σ_3	0.450	0.467	0.497	0.515	0.534	
	3	大主应力 σ_1	2.086	2.083	1.965	1.946	1.911	顶拱与右边墙交汇处
		小主应力 σ_3	−0.015	0.233	0.433	0.458	0.488	
	4	大主应力 σ_1	2.355	2.353	2.349	2.349	2.352	左边墙中部
		小主应力 σ_3	0.523	0.516	0.511	0.504	0.501	
	5	大主应力 σ_1	2.354	2.353	2.351	2.349	2.360	右边墙中部
		小主应力 σ_3	0.646	0.635	0.622	0.607	0.594	
	6	大主应力 σ_1	2.076	2.174	2.122	2.150	2.173	左边墙与底板交汇处
		小主应力 σ_3	0.333	0.482	0.521	0.576	0.620	
	7	大主应力 σ_1	2.019	2.065	1.978	1.995	2.038	右边墙与底板交汇处
		小主应力 σ_3	0.115	0.440	0.497	0.558	0.608	
	8	大主应力 σ_1	2.440	2.450	2.476	2.501	2.509	底板中部
		小主应力 σ_3	0.640	0.616	0.599	0.577	0.560	

注 衬砌从内到外沿厚度方向划分为第一层至第五层。

永久运行期，典型剖面的顶拱最大压应力 2.87MPa，出现在 K0+520 剖面；拉应力极值−0.68MPa，出现在 K0+520 剖面拱顶衬砌外侧；边墙主应力随高程的降低而递增，其中拉应力极值－1.06MPa，出现在 K0＋500 剖面右边墙中部外侧；底板最大压应力 2.65MPa，出现在 K0＋550 剖面，各典型剖面底板永久运行期基本无拉应力。

永久运行期，减载空腔上部回填混凝土应力较小，压应力极值为 2.4MPa，拉应力极值为－0.2MPa；减载空腔及导流洞之间的混凝土应力较小，压应力极值为 2.50MPa，未出现拉应力；导流洞衬砌外侧回填混凝土应力较小，拉应力仅限于表层，左侧压应力极值均为 2.6MPa、几乎不出现拉应力，右侧压应力极值均为 2.64MPa、几乎不出现拉应力。锚杆和锚筋桩均穿过导流洞衬砌外侧回填混凝土，2/3 以上长度分布在混凝土和围岩受压区域，锚杆及锚筋桩的应力整体较小，均远小于其本身容许应力，其中锚杆应力极值为 12.17MPa，锚筋桩应力极值为 9.29MPa。

8.2.6.4　运行期塌方段围岩稳定性评价

正常运行期、永久运行期典型剖面洞周围岩破坏区分布如图8.2－8和图8.2－9所示。

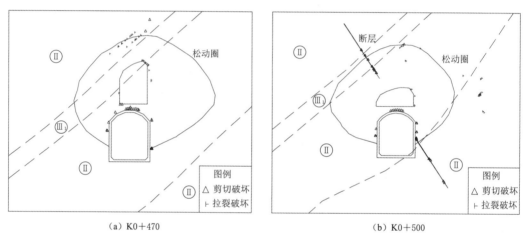

（a）K0＋470　　　　　　　　　　　（b）K0＋500

图 8.2－8　正常运行期典型剖面围岩破坏区分布图

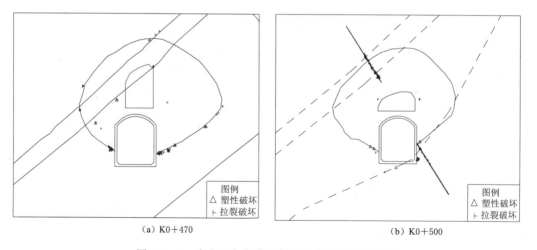

（a）K0＋470　　　　　　　　　　　（b）K0＋500

图 8.2－9　永久运行期典型剖面围岩破坏区分布图

从图 8.2-8 和图 8.2-9 中可以看出：

（1）正常运行期，在衬砌自重、内水压力的作用下，典型剖面洞周围岩基本未出现破坏，仅在岩脉及 f_{d24} 断层以及衬砌与围岩接触的部位零星出现塑性破坏及拉裂破坏。

（2）永久运行期，在衬砌自重、外水压力和内水压力的共同作用下，典型剖面洞周围岩出现局部塑性破坏或拉裂破坏，在岩脉及 f_{d24} 断层以及衬砌与围岩接触的部位零星出现塑性破坏及拉裂破坏。相比正常运行期，围岩破坏点数仅有少量增加。

总之，在运行期两种工况下，导流洞塌方段围岩仅出现局部塑性破坏或拉裂破坏，破坏区远未贯通，大部分围岩处于弹性工作状态，系统锚杆和钢筋桩应力水平远小于自身强度，导流洞洞周围岩整体稳定，衬砌结构及减载空腔和洞周回填混凝土结构安全。

8.2.7 封堵期塌方段衬砌结构及洞周围岩稳定性模拟分析研究

8.2.7.1 计算工况及荷载组合

计算荷载按最不利情形进行组合，山岩压力根据钻孔声波所推测围岩松弛范围相应岩体自重确定，即封堵期工况：封堵期外水压力（外水水位高程：1700.00m）＋结构自重＋山岩压力。

8.2.7.2 封堵期塌方段衬砌结构及洞周围岩变形及应力特征

（1）典型剖面衬砌结构变形特征。典型剖面在自重、山岩压力、外水压力作用下，衬砌结构特征部位变形值见表 8.2-15。

表 8.2-15　　　　　　　　　　封堵期典型剖面衬砌特征部位变形值表

剖面	特征部位序号	位移/mm					部位
		第一层	第二层	第三层	第四层	第五层	
K0+450	1	1.889	1.885	1.881	1.879	1.876	顶拱中部
	2	2.153	2.16	2.17	2.181	2.192	顶拱与左边墙交汇处
	3	2.183	2.191	2.201	2.211	2.22	顶拱与右边墙交汇处
	4	1.977	1.974	1.971	1.968	1.963	左边墙中部
	5	2.183	2.186	2.189	2.192	2.195	右边墙中部
	6	1.121	1.124	1.116	1.103	1.086	左边墙与底板交汇处
	7	1.414	1.434	1.426	1.415	1.4	右边墙与底板交汇处
	8	0.205	0.208	0.21	0.211	0.211	底板中部
K0+470	1	1.877	1.873	1.870	1.866	1.862	顶拱中部
	2	0.648	0.647	0.648	0.650	0.653	顶拱与左边墙交汇处
	3	0.713	0.712	0.714	0.716	0.720	顶拱与右边墙交汇处
	4	1.212	1.210	1.208	1.206	1.201	左边墙中部
	5	1.240	1.238	1.236	1.234	1.234	右边墙中部
	6	0.394	0.397	0.399	0.406	0.405	左边墙与底板交汇处
	7	0.397	0.400	0.407	0.409	0.410	右边墙与底板交汇处
	8	0.123	0.121	0.119	0.117	0.116	底板中部

续表

剖面	特征部位序号	位移/mm					部位
		第一层	第二层	第三层	第四层	第五层	
K0+500	1	1.844	1.841	1.838	1.836	1.834	顶拱中部
	2	2.055	2.057	2.061	2.065	2.069	顶拱与左边墙交汇处
	3	2	1.998	1.998	1.998	1.998	顶拱与右边墙交汇处
	4	1.86	1.857	1.854	1.851	1.849	左边墙中部
	5	1.735	1.757	1.775	1.792	1.827	右边墙中部
	6	1.396	1.416	1.423	1.428	1.423	左边墙与底板交汇处
	7	1.442	1.409	1.398	1.392	1.377	右边墙与底板交汇处
	8	0.267	0.268	0.269	0.27	0.272	底板中部
K0+520	1	1.33	1.326	1.322	1.319	1.317	顶拱中部
	2	1.632	1.639	1.647	1.655	1.663	顶拱与左边墙交汇处
	3	1.839	1.842	1.846	1.85	1.855	顶拱与右边墙交汇处
	4	1.517	1.509	1.501	1.494	1.487	左边墙中部
	5	1.63	1.616	1.603	1.59	1.577	右边墙中部
	6	1.21	1.193	1.188	1.184	1.187	左边墙与底板交汇处
	7	1.152	1.164	1.164	1.163	1.161	右边墙与底板交汇处
	8	0.788	0.788	0.788	0.788	0.789	底板中部
K0+550	1	3.012	3.01	3.008	3.006	3.005	顶拱中部
	2	2.688	2.697	2.711	2.728	2.743	顶拱与左边墙交汇处
	3	2.769	2.773	2.786	2.799	2.813	顶拱与右边墙交汇处
	4	2.61	2.613	2.616	2.621	2.621	左边墙中部
	5	2.54	2.542	2.546	2.55	2.551	右边墙中部
	6	1.697	1.717	1.709	1.697	1.686	左边墙与底板交汇处
	7	1.725	1.745	1.737	1.731	1.717	右边墙与底板交汇处
	8	0.581	0.583	0.586	0.587	0.586	底板中部

注　1. 衬砌从内到外沿厚度方向划分为第一层至第五层。
　　2. 顶拱中部与底板中部为铅直向位移，其余位置皆为水平位移。

封堵期，典型剖面的顶拱以沉降变形为主，最大沉降变形量 3.01mm，出现在 K0+550 剖面拱顶衬砌内侧；左右边墙以向洞内侧的水平变形为主，最大变形 2.76mm，出现在 K0+550 剖面；底板整体以铅直向下的沉降变形为主，最大下沉量 1.42mm，出现在 K0+550 剖面。

（2）典型剖面衬砌结构应力特征。典型剖面在自重、山岩压力、外水压力作用下，衬砌结构特征部位主应力值见表 8.2-16。

封堵期，典型剖面的顶拱、边墙及底板应力水平相对较低，其中顶拱最大压应力量值达 3.35MPa，出现在 K0+550 剖面，几乎未出现拉应力。边墙主应力随高程的降低而递增，但应力水平总体较低，其中拉应力极值−0.30MPa，出现在 K0+500 剖面左边墙与底板交汇部衬砌外侧。底板最大压应力 3.45MPa，出现在 K0＋550 剖面，最大拉应力为 －0.41MPa，出现在 K0＋550 剖面底板衬砌内侧。

表 8.2－16　　　封堵期典型剖面衬砌结构特征部位主应力值（以压为正）

剖面	特征剖面序号	应力/MPa						部　位
		应力分量	第一层	第二层	第三层	第四层	第五层	
K0＋450	1	大主应力 σ_1	2.815	2.591	2.414	2.274	2.164	顶拱中部
		小主应力 σ_3	0.007	0.033	0.066	0.073	0.067	
	2	大主应力 σ_1	2.621	2.294	1.849	1.670	1.538	顶拱与左边墙交汇处
		小主应力 σ_3	0.182	0.207	0.299	0.312	0.266	
	3	大主应力 σ_1	1.247	1.251	1.126	1.092	1.064	顶拱与右边墙交汇处
		小主应力 σ_3	0.100	0.126	0.180	0.184	0.215	
	4	大主应力 σ_1	1.472	1.567	1.662	1.752	1.851	左边墙中部
		小主应力 σ_3	0.003	0.005	0.014	0.019	0.019	
	5	大主应力 σ_1	0.915	0.926	0.954	0.964	0.990	右边墙中部
		小主应力 σ_3	0.000	－0.002	－0.004	－0.005	－0.009	
	6	大主应力 σ_1	4.499	3.765	2.882	2.389	1.983	左边墙与底板交汇处
		小主应力 σ_3	0.698	0.730	0.608	0.519	0.439	
	7	大主应力 σ_1	5.583	4.797	3.340	2.584	2.092	右边墙与底板交汇处
		小主应力 σ_3	1.138	1.049	0.776	0.600	0.481	
	8	大主应力 σ_1	0.634	0.803	0.951	1.096	1.244	底板中部
		小主应力 σ_3	0.008	0.008	0.017	0.037	0.047	
K0＋470	1	大主应力 σ_1	2.741	2.563	2.435	2.325	2.186	顶拱中部
		小主应力 σ_3	0.022	0.043	0.070	0.082	0.098	
	2	大主应力 σ_1	2.448	2.263	1.861	1.724	1.525	顶拱与左边墙交汇处
		小主应力 σ_3	0.206	0.243	0.374	0.354	0.319	
	3	大主应力 σ_1	2.511	2.070	1.701	1.587	1.446	顶拱与右边墙交汇处
		小主应力 σ_3	0.247	0.247	0.342	0.321	0.283	
	4	大主应力 σ_1	0.989	1.177	1.402	1.575	1.763	左边墙中部
		小主应力 σ_3	0.004	－0.004	－0.013	－0.025	－0.092	
	5	大主应力 σ_1	0.654	0.870	1.031	1.177	1.241	右边墙中部
		小主应力 σ_3	－0.041	－0.014	0.049	0.136	0.254	
	6	大主应力 σ_1	4.012	3.038	1.705	0.945	0.886	左边墙与底板交汇处
		小主应力 σ_3	0.808	0.627	0.386	0.222	0.140	
	7	大主应力 σ_1	2.842	1.805	1.757	1.520	1.372	右边墙与底板交汇处
		小主应力 σ_3	0.608	0.446	0.400	0.319	0.301	
	8	大主应力 σ_1	0.670	0.832	0.976	1.109	1.280	底板中部
		小主应力 σ_3	0.002	0.018	0.050	0.094	0.115	

续表

剖面	特征剖面序号	应力/MPa						部位
		应力分量	第一层	第二层	第三层	第四层	第五层	
K0+500	1	大主应力 σ_1	2.740	2.559	2.425	2.308	2.160	顶拱中部
		小主应力 σ_3	0.019	0.034	0.058	0.071	0.073	
	2	大主应力 σ_1	0.960	0.948	0.852	0.844	0.846	顶拱与左边墙交汇处
		小主应力 σ_3	0.078	0.080	0.118	0.119	0.145	
	3	大主应力 σ_1	1.137	1.072	0.923	0.879	0.825	顶拱与右边墙交汇处
		小主应力 σ_3	0.079	0.082	0.131	0.149	0.166	
	4	大主应力 σ_1	0.984	0.991	0.982	0.984	0.983	左边墙中部
		小主应力 σ_3	−0.003	−0.004	−0.004	−0.009	−0.017	
	5	大主应力 σ_1	1.049	1.337	1.727	2.035	3.568	右边墙中部
		小主应力 σ_3	−0.046	−0.101	−0.125	0.099	0.336	
	6	大主应力 σ_1	3.947	3.114	2.785	2.539	2.501	左边墙与底板交汇处
		小主应力 σ_3	0.698	0.631	0.588	0.546	0.540	
	7	大主应力 σ_1	2.937	2.817	2.752	2.760	4.324	右边墙与底板交汇处
		小主应力 σ_3	−0.122	−0.075	−0.007	−0.110	0.230	
	8	大主应力 σ_1	0.427	0.681	0.903	1.114	1.308	底板中部
		小主应力 σ_3	0.024	0.029	0.045	0.075	0.093	
K0+520	1	大主应力 σ_1	2.098	1.883	1.695	1.528	1.375	顶拱中部
		小主应力 σ_3	0.020	0.036	0.064	0.079	0.079	
	2	大主应力 σ_1	0.549	0.551	0.543	0.573	0.592	顶拱与左边墙交汇处
		小主应力 σ_3	0.042	0.052	0.084	0.105	0.120	
	3	大主应力 σ_1	0.829	0.856	0.805	0.831	0.843	顶拱与右边墙交汇处
		小主应力 σ_3	0.061	0.072	0.101	0.104	0.135	
	4	大主应力 σ_1	0.732	0.755	0.781	0.808	0.837	左边墙中部
		小主应力 σ_3	0.003	0.003	0.001	−0.002	−0.002	
	5	大主应力 σ_1	1.132	1.092	1.089	1.075	1.080	右边墙中部
		小主应力 σ_3	−0.004	−0.012	−0.031	−0.054	−0.099	
	6	大主应力 σ_1	2.182	1.734	1.597	1.428	2.508	左边墙与底板交汇处
		小主应力 σ_3	−0.059	0.011	0.153	0.157	0.450	
	7	大主应力 σ_1	2.463	2.182	1.841	1.654	1.524	右边墙与底板交汇处
		小主应力 σ_3	0.383	0.458	0.402	0.368	0.344	
	8	大主应力 σ_1	0.106	0.182	0.254	0.324	0.348	底板中部
		小主应力 σ_3	0.008	0.012	0.020	0.027	0.034	
K0+550	1	大主应力 σ_1	1.334	1.302	1.271	1.244	1.216	顶拱中部
		小主应力 σ_3	0.019	0.031	0.058	0.084	0.110	

剖面	特征剖面序号	应力/MPa						部　位
		应力分量	第一层	第二层	第三层	第四层	第五层	
K0+550	2	大主应力 σ_1	3.310	2.858	2.244	1.949	1.676	顶拱与左边墙交汇处
		小主应力 σ_3	0.317	0.347	0.464	0.417	0.364	
	3	大主应力 σ_1	3.346	2.963	2.352	2.084	1.742	顶拱与右边墙交汇处
		小主应力 σ_3	0.284	0.290	0.454	0.427	0.373	
	4	大主应力 σ_1	1.421	1.560	1.668	1.828	1.916	左边墙中部
		小主应力 σ_3	0.003	0.007	0.015	0.010	−0.001	
	5	大主应力 σ_1	1.064	1.184	1.339	1.492	1.661	右边墙中部
		小主应力 σ_3	0.001	0.002	0.006	0.010	−0.005	
	6	大主应力 σ_1	5.347	3.989	3.264	2.546	2.102	左边墙与底板交汇部
		小主应力 σ_3	1.018	0.825	0.727	0.610	0.523	
	7	大主应力 σ_1	5.934	4.496	3.511	2.739	2.227	右边墙与底板交汇处
		小主应力 σ_3	1.153	0.939	0.779	0.622	0.505	
	8	大主应力 σ_1	0.655	1.216	1.678	2.252	2.675	底板中部
		小主应力 σ_3	−0.004	−0.020	−0.070	−0.121	−0.138	

注 衬砌从内到外沿厚度方向划分为第一层至第五层。

封堵期，减载空腔上部回填混凝土应力较小，压应力极值为1.6MPa，拉应力极值为−0.1MPa；减载空腔及导流洞之间的混凝土应力较小，压应力极值为2.30MPa，拉应力几乎不出现；导流洞衬砌外侧回填混凝土应力较小，拉应力仅限于表层，左侧压应力极值均为3.0MPa、拉应力极值为−0.2MPa，右侧压应力极值均为3.4MPa、拉应力极值为−0.3MPa。锚杆和锚筋桩均穿过导流洞衬砌外侧回填混凝土，2/3以上长度分布在混凝土和围岩受压区域，锚杆及锚筋桩的应力整体较小，均远小于其本身容许应力，其中锚杆应力极值为5.53MPa，锚筋桩应力极值为14.52MPa。

（3）典型剖面围岩稳定性评价。封堵期典型剖面洞周围岩破坏区分布图如图8.2-10所示。

封堵期导流洞洞周围岩破坏区分布较少，仅在局部出现零星的破坏，破坏区远未贯通，绝大部分围岩处于弹性工作状态，系统锚杆和钢筋桩应力水平远小于自身强度，导流洞洞周围岩整体处于稳定状态，衬砌结构及减载空腔和洞周回填混凝土结构安全。

8.2.8 导流洞塌方段虚碴固结灌浆处理效果的研究

锦屏一级左岸导流洞特大塌方洞段治理工程，是一项在发生连续大规模塌方下具有的挑战性工程，利用了固结灌浆后的洞周塌方松弛破坏岩体承载，作为特大减载空腔的"戴帽"顶拱与周边回填混凝土传力与承载基础，有效约束了治理期间塌方段围岩变形失稳的发展，创造了特大规模塌方治理的施工条件，减少了施工难度。虚碴的固结灌浆改变了其物理力学特性，影响到特大减载空腔周边回填混凝土结构和导流洞衬砌混凝土结构的受力条件，直接关联到治理结构的施工期安全和运行安全，为此开展了不同虚碴固结灌浆效果

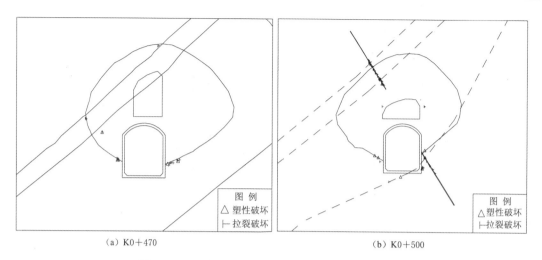

(a) K0+470　　　　　　　　　　　　　　(b) K0+500

图 8.2－10　永久运行期典型剖面围岩破坏区分布图

下的变形模量对塌方段治理结构及洞周围岩稳定性影响的敏感性分析，研究对象为治理后洞周留存有不同规模虚碴的 K0＋450、K0＋470、K0＋500、K0＋520 共 4 个典型剖面。

8.2.8.1　计算工况及荷载组合

通过洞周虚碴变形模量的变化，模拟固结灌浆效果，研究其对塌方段治理结构及洞周围岩稳定性的影响。选择永久运行期和封堵期两种水位工况，与三种虚碴变形模量值进行组合。

永久运行期，库水位最高，作用于结构上的内水水位最高，作用于结构上的山体外水位最高但低于内水水位，衬砌结构的应力以拉应力为主，且应力和变形量值相对较大，为衬砌结构的控制工况，从偏于结构安全的角度出发，为避免山岩压力抵消内水压力作用效应，计算中暂未计入山岩压力；封堵期，作用于结构上的山体外水位较高，但作用于结构上的内外水位水差为最大，为洞周围岩稳定的控制工况，按计算荷载按最不利情形组合，根据钻孔声波所推测围岩松弛范围相应岩体自重确定山岩压力。

计算荷载按最不利情形进行组合，即

（1）永久运行期：内水压力（内水位高程：1880.00m）＋结构自重＋山岩压力（未计入）＋永久运行期外水压力（外水位高程：1830.00m）。

（2）封堵工况：封堵期外水压力（外水水位高程：1657.00m）＋结构自重＋山岩压力。

基于锦屏一级水电站工程区天然渗流场分析，研究施工期工程区三维渗流控制计算分析成果，推算永久运行期外水水位高程 1830.00m、封堵期外水水位高程 1657.00m。

虚碴变形模量 1：参照 $Ⅳ_1$ 类围岩的变形模量取值，其值为 3GPa。

虚碴变形模量 2：参照 $Ⅳ_2$ 类围岩的变形模量取值，其值为 2GPa。

虚碴变形模量 3：参照 V 类围岩的变形模量取值，其值为 0.5GPa。

8.2.8.2　不同虚碴固结灌浆效果下的衬砌结构变形分布特征

永久运行期和封堵期，不同虚碴固结灌浆效果下的衬砌结构特征部位变形值见表 8.2－17 和表 8.2－18。

表 8.2－17　永久运行期不同固结灌浆效果下导流洞衬砌结构特征部位变形值表

剖面	特征剖面序号	位移/mm			位置描述
		变形模量 1	变形模量 2	变形模量 3	
K0＋450	1	0.924	1.007	1.087	顶拱中部
	2	0.781	0.858	0.937	顶拱与左边墙交汇处
	3	0.684	0.673	0.604	顶拱与右边墙交汇处
	4	1.103	1.139	1.170	左边墙中部
	5	0.949	1.041	1.091	右边墙中部
	6	0.317	0.324	0.334	左边墙与底板交汇处
	7	0.230	0.223	0.216	右边墙与底板交汇处
	8	0.860	0.843	0.829	底板中部
K0＋470	1	0.422	0.432	0.374	顶拱中部
	2	0.400	0.426	0.443	顶拱与左边墙交汇处
	3	0.602	0.559	0.398	顶拱与右边墙交汇处
	4	0.892	0.906	0.917	左边墙中部
	5	1.213	1.234	1.245	右边墙中部
	6	0.050	0.052	0.050	左边墙与底板交汇处
	7	0.285	0.292	0.303	右边墙与底板交汇处
	8	0.844	0.846	0.855	底板中部
K0＋500	1	1.709	1.856	2.013	顶拱中部
	2	0.972	1.072	1.162	顶拱与左边墙交汇处
	3	0.738	0.800	0.880	顶拱与右边墙交汇处
	4	0.998	1.064	1.134	左边墙中部
	5	0.845	0.878	0.919	右边墙中部
	6	0.502	0.506	0.520	左边墙与底板交汇处
	7	0.423	0.432	0.442	右边墙与底板交汇处
	8	0.975	0.966	0.959	底板中部
K0＋520	1	1.857	2.041	2.241	顶拱中部
	2	0.952	1.069	1.216	顶拱与左边墙交汇处
	3	0.766	0.843	0.908	顶拱与右边墙交汇处
	4	0.767	0.815	0.870	左边墙中部
	5	0.679	0.704	0.725	右边墙中部
	6	0.219	0.230	0.245	左边墙与底板交汇处
	7	0.189	0.199	0.205	右边墙与底板交汇处
	8	0.370	0.369	0.370	底板中部

注　顶拱中部与底板中部为铅直向位移，其余位置皆为水平位移。

表 8.2－18　　封堵期不同固结灌浆效果下导流洞衬砌结构特征部位变形值表

剖面	特征剖面序号	位移/mm			位置描述
		变形模量1	变形模量2	变形模量3	
K0＋450	1	2.507	2.505	2.499	顶拱中部
	2	2.278	2.258	2.244	顶拱与左边墙交汇处
	3	2.385	2.396	2.402	顶拱与右边墙交汇处
	4	1.904	1.885	1.873	左边墙中部
	5	2.176	2.195	2.217	右边墙中部
	6	1.459	1.446	1.437	左边墙与底板交汇处
	7	1.723	1.717	1.717	右边墙与底板交汇处
	8	0.951	0.941	0.936	底板中部
K0＋470	1	2.128	2.133	2.147	顶拱中部
	2	0.003	0.001	0.003	顶拱与左边墙交汇处
	3	0.049	0.052	0.041	顶拱与右边墙交汇处
	4	0.245	0.243	0.243	左边墙中部
	5	0.250	0.254	0.268	右边墙中部
	6	0.090	0.089	0.088	左边墙与底板交汇处
	7	0.024	0.024	0.025	右边墙与底板交汇处
	8	0.669	0.667	0.661	底板中部
K0＋500	1	2.520	2.518	2.520	顶拱中部
	2	2.259	2.269	2.282	顶拱与左边墙交汇处
	3	2.293	2.295	2.297	顶拱与右边墙交汇处
	4	2.028	2.028	2.040	左边墙中部
	5	2.022	2.016	2.012	右边墙中部
	6	1.689	1.679	1.679	左边墙与底板交汇处
	7	1.759	1.754	1.750	右边墙与底板交汇处
	8	1.087	1.081	1.078	底板中部
K0＋520	1	1.833	1.819	1.801	顶拱中部
	2	1.715	1.723	1.732	顶拱与左边墙交汇处
	3	1.735	1.735	1.733	顶拱与右边墙交汇处
	4	1.561	1.567	1.578	左边墙中部
	5	1.564	1.557	1.551	右边墙中部
	6	1.374	1.369	1.370	左边墙与底板交汇处
	7	1.301	1.297	1.294	右边墙与底板交汇处
	8	1.128	1.124	1.122	底板中部

注　顶拱中部与底板中部为铅直向位移，其余位置皆为水平位移。

（1）针对不同虚碴固结灌浆效果，典型剖面在同一工况下的衬砌结构变形分布规律基本相似。随着虚碴固结灌浆效果的降低（变形模量降低，方案 1→方案 3），永久运行期衬砌向外侧的变形呈逐渐增大的趋势，而封堵期衬砌向隧洞内侧的变形也呈逐渐增大的趋势。

（2）典型剖面的洞周虚碴分布位置各不同，衬砌结构不同部位的变形对虚碴固结灌浆效果的敏感程度存在差异。由于剖面 K0＋450、K0＋470 的虚碴体积相对较大，因此虚碴固结灌浆效果对这两个剖面衬砌结构的变形分布和量值影响相对较大。

8.2.8.3 不同虚碴固结灌浆效果下的衬砌结构应力分布特征

永久运行期和封堵期，不同虚碴固结灌浆效果下的衬砌结构特征部位主应力极值见表 8.2－19 和表 8.2－20。

表 8.2－19 永久运行期虚碴不同固结灌浆效果下导流洞衬砌结构
特征部位主应力极值（以压为正）

剖面	特征剖面序号	应力/MPa				位置描述
		应力分量	方案一	方案二	方案三	
K0＋450	1	大主应力 σ_1	2.247	2.248	2.252	顶拱中部
		小主应力 σ_3	－2.674	－2.564	－2.434	
	2	大主应力 σ_1	2.055	2.061	2.060	顶拱与左边墙交汇处
		小主应力 σ_3	－0.899	－0.791	－0.805	
	3	大主应力 σ_1	2.152	2.159	2.159	顶拱与右边墙交汇处
		小主应力 σ_3	0.513	0.496	0.456	
	4	大主应力 σ_1	2.351	2.351	2.352	左边墙中部
		小主应力 σ_3	0.042	0.023	－0.004	
	5	大主应力 σ_1	2.355	2.353	2.353	右边墙中部
		小主应力 σ_3	0.674	0.699	0.721	
	6	大主应力 σ_1	1.723	1.718	1.714	左边墙与底板交汇处
		小主应力 σ_3	－2.080	－2.113	－2.136	
	7	大主应力 σ_1	1.404	1.362	1.331	右边墙与底板交汇处
		小主应力 σ_3	－2.557	－2.755	－2.910	
	8	大主应力 σ_1	2.432	2.432	2.432	底板中部
		小主应力 σ_3	0.397	0.375	0.364	
K0＋470	1	大主应力 σ_1	2.247	2.204	2.208	顶拱中部
		小主应力 σ_3	－2.674	－2.298	－2.012	
	2	大主应力 σ_1	2.055	2.041	2.041	顶拱与左边墙交汇处
		小主应力 σ_3	－0.899	－0.516	－0.469	
	3	大主应力 σ_1	2.152	1.960	1.905	顶拱与右边墙交汇处
		小主应力 σ_3	0.513	－1.037	－1.623	
	4	大主应力 σ_1	2.351	2.353	2.353	左边墙中部
		小主应力 σ_3	0.042	0.483	0.483	
	5	大主应力 σ_1	2.355	2.403	2.407	右边墙中部
		小主应力 σ_3	0.674	0.609	0.644	

续表

剖面	特征剖面序号	应力/MPa				位置描述
		应力分量	方案一	方案二	方案三	
K0+470	6	大主应力 σ_1	1.723	1.211	1.205	左边墙与底板交汇处
		小主应力 σ_3	−2.080	−1.588	−1.617	
	7	大主应力 σ_1	1.404	1.212	1.230	右边墙与底板交汇处
		小主应力 σ_3	−2.557	−0.397	−0.363	
	8	大主应力 σ_1	2.432	2.438	2.438	底板中部
		小主应力 σ_3	0.397	0.334	0.317	
K0+500	1	大主应力 σ_1	2.201	2.200	2.198	顶拱中部
		小主应力 σ_3	−2.606	−2.596	−2.554	
	2	大主应力 σ_1	2.216	2.240	2.271	顶拱与左边墙交汇处
		小主应力 σ_3	0.590	0.653	0.704	
	3	大主应力 σ_1	2.204	2.226	2.256	顶拱与右边墙交汇处
		小主应力 σ_3	0.540	0.589	0.637	
	4	大主应力 σ_1	2.359	2.361	2.364	左边墙中部
		小主应力 σ_3	0.627	0.621	0.624	
	5	大主应力 σ_1	2.452	2.452	2.452	右边墙中部
		小主应力 σ_3	0.504	0.503	0.500	
	6	大主应力 σ_1	1.779	1.761	1.752	左边墙与底板交汇处
		小主应力 σ_3	−1.453	−1.537	−1.586	
	7	大主应力 σ_1	2.524	2.525	2.526	右边墙与底板交汇处
		小主应力 σ_3	−0.973	−0.992	−1.028	
	8	大主应力 σ_1	2.426	2.426	2.426	底板中部
		小主应力 σ_3	0.395	0.360	0.318	
K0+520	1	大主应力 σ_1	2.200	2.199	2.197	顶拱中部
		小主应力 σ_3	−2.447	−2.559	−2.629	
	2	大主应力 σ_1	2.603	3.100	3.654	顶拱与左边墙交汇处
		小主应力 σ_3	0.820	0.910	1.008	
	3	大主应力 σ_1	2.256	2.326	2.424	顶拱与右边墙交汇处
		小主应力 σ_3	0.620	0.654	0.686	
	4	大主应力 σ_1	2.350	2.352	2.354	左边墙中部
		小主应力 σ_3	0.675	0.660	0.646	
	5	大主应力 σ_1	2.362	2.362	2.362	右边墙中部
		小主应力 σ_3	0.588	0.584	0.580	
	6	大主应力 σ_1	2.487	2.488	2.488	左边墙与底板交汇处
		小主应力 σ_3	−1.828	−1.884	−1.927	

剖面	特征剖面序号	应力/MPa				位置描述
		应力分量	方案一	方案二	方案三	
K0+520	7	大主应力 σ_1	1.935	1.932	1.927	右边墙与底板交汇处
		小主应力 σ_3	−1.205	−1.221	−1.250	
	8	大主应力 σ_1	2.434	2.434	2.434	底板中部
		小主应力 σ_3	0.463	0.440	0.418	

表 8.2－20　　封堵期不同固结灌浆效果下导流洞衬砌结构特征部位主应力极值（以压为正）

剖面	特征剖面序号	应力/MPa				位置描述
		应力分量	变形模量1	变形模量2	变形模量3	
K0+450	1	大主应力 σ_1	0.097	0.132	0.141	顶拱中部
		小主应力 σ_3	0.000	−0.001	−0.003	
	2	大主应力 σ_1	1.721	1.779	1.809	顶拱与左边墙交汇处
		小主应力 σ_3	0.123	0.127	0.129	
	3	大主应力 σ_1	0.948	0.967	0.993	顶拱与右边墙交汇处
		小主应力 σ_3	0.063	0.066	0.069	
	4	大主应力 σ_1	1.386	1.362	1.346	左边墙中部
		小主应力 σ_3	0.001	0.001	0.001	
	5	大主应力 σ_1	0.904	0.928	0.917	右边墙中部
		小主应力 σ_3	0.000	0.001	0.002	
	6	大主应力 σ_1	2.263	2.241	2.230	左边墙与底板交汇处
		小主应力 σ_3	0.343	0.340	0.339	
	7	大主应力 σ_1	3.257	3.302	3.363	右边墙与底板交汇处
		小主应力 σ_3	0.648	0.654	0.663	
	8	大主应力 σ_1	0.004	0.004	0.004	底板中部
		小主应力 σ_3	−0.150	−0.153	−0.152	
K0+470	1	大主应力 σ_1	0.053	0.054	0.030	顶拱中部
		小主应力 σ_3	−0.002	−0.002	−0.002	
	2	大主应力 σ_1	1.352	1.361	1.373	顶拱与左边墙交汇处
		小主应力 σ_3	0.107	0.108	0.109	
	3	大主应力 σ_1	1.380	1.425	1.566	顶拱与右边墙交汇处
		小主应力 σ_3	0.141	0.145	0.159	
	4	大主应力 σ_1	1.039	1.039	1.039	左边墙中部
		小主应力 σ_3	0.001	0.001	0.001	
	5	大主应力 σ_1	0.756	0.765	0.770	右边墙中部
		小主应力 σ_3	−0.020	−0.020	−0.022	

续表

剖面	特征剖面序号	应力/MPa				位置描述
		应力分量	变形模量 1	变形模量 2	变形模量 3	
K0+470	6	大主应力 σ_1	1.783	1.783	1.789	左边墙与底板交汇处
		小主应力 σ_3	0.357	0.357	0.359	
	7	大主应力 σ_1	1.390	1.388	1.386	右边墙与底板交汇处
		小主应力 σ_3	0.290	0.290	0.289	
	8	大主应力 σ_1	0.005	0.005	0.005	底板中部
		小主应力 σ_3	−0.089	−0.090	−0.090	
K0+500	1	大主应力 σ_1	−0.001	0.000	0.001	顶拱中部
		小主应力 σ_3	−0.407	−0.324	−0.260	
	2	大主应力 σ_1	0.994	1.032	1.061	顶拱与左边墙交汇处
		小主应力 σ_3	0.083	0.085	0.087	
	3	大主应力 σ_1	0.972	1.019	1.046	顶拱与右边墙交汇处
		小主应力 σ_3	0.069	0.073	0.075	
	4	大主应力 σ_1	0.816	0.860	0.891	左边墙中部
		小主应力 σ_3	−0.002	−0.002	−0.003	
	5	大主应力 σ_1	0.866	0.867	0.871	右边墙中部
		小主应力 σ_3	−0.005	−0.005	−0.005	
	6	大主应力 σ_1	1.979	1.988	2.009	左边墙与底板交汇处
		小主应力 σ_3	0.340	0.341	0.345	
	7	大主应力 σ_1	2.111	2.106	2.101	右边墙与底板交汇处
		小主应力 σ_3	−0.077	−0.077	−0.077	
	8	大主应力 σ_1	0.018	0.018	0.018	底板中部
		小主应力 σ_3	−0.338	−0.341	−0.346	
K0+520	1	大主应力 σ_1	0.116	0.165	0.205	顶拱中部
		小主应力 σ_3	0.001	0.002	0.002	
	2	大主应力 σ_1	0.837	0.825	0.790	顶拱与左边墙交汇处
		小主应力 σ_3	0.064	0.063	0.060	
	3	大主应力 σ_1	1.042	1.102	1.152	顶拱与右边墙交汇处
		小主应力 σ_3	0.083	0.084	0.083	
	4	大主应力 σ_1	0.549	0.596	0.637	左边墙中部
		小主应力 σ_3	0.004	0.003	0.003	
	5	大主应力 σ_1	0.698	0.692	0.679	右边墙中部
		小主应力 σ_3	−0.001	−0.001	−0.001	
	6	大主应力 σ_1	1.421	1.437	1.464	左边墙与底板交汇处
		小主应力 σ_3	−0.035	−0.035	−0.035	

剖面	特征剖面序号	应力分量	应力/MPa			位置描述
			变形模量1	变形模量2	变形模量3	
K0+520	7	大主应力 σ_1	1.234	1.230	1.223	右边墙与底板交汇处
		小主应力 σ_3	0.183	0.182	0.181	
	8	大主应力 σ_1	0.007	0.007	0.007	底板中部
		小主应力 σ_3	-0.157	-0.156	-0.153	

不同虚碴固结灌浆效果下，同一工况的导流洞衬砌结构主应力分布规律基本相似，衬砌结构的主压应力水平远小于混凝土抗压强度。随着虚碴固结灌浆效果的降低、变形模量相对变小，衬砌结构上的压应力和拉应力总体呈现增大趋势，其中K0+450和K0+470剖面主要表现在右侧拱端附近及右边墙与底板交汇部位，而K0+500和K0+520剖面主要表现在左侧拱端附近及左边墙与底板交汇部位应力水平有所增加。由于洞周回填不等厚度的混凝土位于虚碴与导流洞结构衬砌之间，有效改善了不同虚碴固结灌浆效果对导流洞主体衬砌结构的影响，因而虚碴变形模量即使由3GPa降低到0.5GPa，导流洞衬砌结构的压应力及拉应力量值增加，但增幅有限。洞周外侧虚碴规模，关联到衬砌结构受力状况受虚碴固结灌浆效果影响的敏感程度。其中K0+450剖面右侧虚碴的规模较左侧大，右边墙的应力在不同方案下的变幅相对较大，而K0+500和K0+520剖面左侧虚碴规模较大，因此左边墙应力在不同方案下的变幅相对较大。

减载空腔周边回填混凝土、空腔及导流洞之间的混凝土与洞周外侧回填混凝土的拉压应力值较小，虚碴变形模量降低引起压应力及拉应力量值增加，但增幅有限。

锚杆与锚筋桩应力整体较小，锚杆及锚筋桩的应力远小于其本身容许应力，虚碴变形模量降低引起锚杆与锚筋桩应力增加，但增幅有限。

8.2.8.4　不同虚碴固结灌浆效果下的洞周围岩稳定性特征

永久运行期和封堵期，不同虚碴固结灌浆效果下，破坏区远未贯通，绝大部分围岩处于弹性工作状态，洞周围岩整体处于稳定状态。当虚碴变形模量降低时，洞周围岩破坏区域没有明显增加，仍主要分布在 f_{d24} 断层以及衬砌与围岩接触的部位以及松动圈顶部，仅在导流洞周边以及空腔周围的破坏点数有少量增加。

8.2.9　基于反演参数的导流洞塌方段结构特性研究

8.2.9.1　反演分析

虚碴固结灌浆后，声波测试发现洞周附近6m段存在声波值偏低的部位，实施了加强固结灌浆处理。为评价塌方段治理工程采用的虚碴固结灌浆效果，基于典型剖面K0+470和K0+500各布置的3套锚杆应力计、多点位移计和钢筋计的监测成果，以正常运行期为计算工况，计算不同虚碴变形模量下的锚杆应力值、位移值和钢筋计应力值，与现场实测数值对比分析，反演出最接近现场监测情况的虚碴变形模量，并进一步研究空腔内回填混凝土衬砌结构特性。

反演分析计算的有限元模型，同运行/封堵期的计算模型。

（1）监测剖面与测试仪器。监测剖面仪器布置如图8.2-11所示。

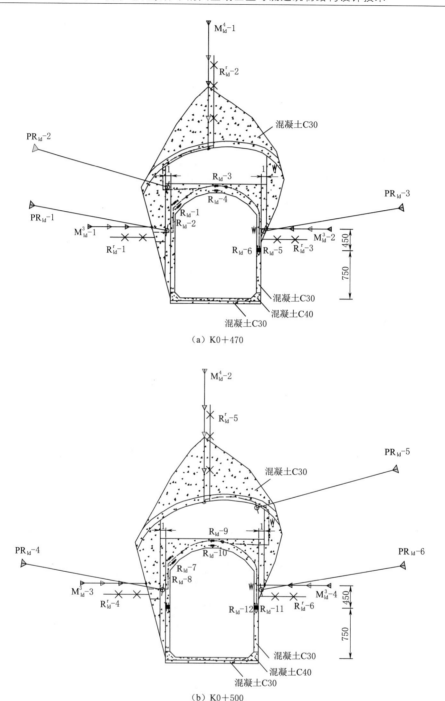

图 8.2 - 11 塌方段监测剖面仪器布置图

(2) 监测成果。反演分析计算,基于 2006 年仪器安装至 2008 年 9 月 23 日期间锚杆应力计、多点位移计和钢筋计的监测成果进行。为使反演分析尽可能准确,优先选用监测成果中最高水位日期(2008 年 8 月 28 日)的监测成果作为计算的依据。监测剖面 K0+470,缺乏 2007—2008 年的锚杆应力计监测数据,故采用 2006 年 9—12 月的监测资料。

由于 R_{ld}^3-2 的 L2 测点和 R_{ld}^2-6 的 L1 测点的实测应力量值异常、与总体规律不符，R_{ld}^2-1 的 L1 测点、R_{ld}^2-3 的 L2 测点和 R_{ld}^2-4 的 L2 测点的应力计无读数，为了不影响反演分析的准确性，上述测点不参与锚杆应力反演分析计算。

由于 M_{ld}^4-2 的 3 号测点位移计无读数，为了不影响反演分析的准确性，该测点不参与位移反演分析计算。

表中测点 $R_{ld}-3$ 和 $R_{ld}-10$ 的实测应力量值异常、与总体规律不符，$R_{ld}-4$ 和 $R_{ld}-5$ 的实测应力无读数，为了不影响反演分析的准确性，以上测点均不参与钢筋计应力反馈分析计算。

（3）反演分析成果。锚杆应力反演分析成果参见表 8.2-21 和表 8.2-22，多点位移计反演分析成果参见表 8.2-23 和表 8.2-24，钢筋计应力反演分析成果参见表 8.2-25 和表 8.2-26。

表 8.2-21　　　　典型剖面 K0+470 锚杆应力反演分析成果表

锚杆编号	测点序号	锚杆应力实测值/MPa	锚杆应力计算值/MPa					
			模量不变	模量下浮20%	模量下浮40%	模量下浮50%	模量下浮60%	模量下浮70%
R_{ld}^2-1	* L1	无读数						
	L2	7.940	7.177	7.393	7.588	7.657	7.678	7.640
R_{ld}^3-2	L1	-2.739	-2.654	-2.680	-2.702	-2.708	-2.708	-2.706
	* L2	-31.167						
	L3	-14.729	-12.273	-12.361	-12.453	-12.499	-12.541	-12.488
R_{ld}^2-3	L1	-0.770	-1.396	-1.261	-1.056	-0.911	-0.720	-0.69
	* L2	无读数						
均差			0.652	0.548	0.388	0.431	0.018	0.056
标准差			2.229	1.779	1.781	1.608	0.910	1.092

* 各测点因实测量值奇异或应力计无读数，不参与反演分析。

表 8.2-22　　　　典型剖面 K0+500 锚杆应力反演分析成果表

锚杆编号	测点序号	锚杆应力实测值/MPa	锚杆应力计算值/MPa					
			模量不变	模量下浮20%	模量下浮40%	模量下浮50%	模量下浮60%	模量下浮70%
R_{ld}^2-4	L1	25.951	36.467	34.440	31.635	29.768	27.415	26.305
	* L2	无读数						
R_{ld}^3-5	L1	-3.452	-3.624	-3.730	-3.867	-3.955	-4.063	-4.707
	L2	-6.706	-5.196	-5.672	-5.748	-5.795	-5.853	-5.947
	L3	-16.575	-15.545	-15.634	-15.743	-15.810	-15.889	-16.010
R_{ld}^2-6	* L1	46.967						
	L2	17.710	15.070	15.812	16.688	17.201	17.790	18.578
均差			0.437	0.411	0.388	0.333	0.226	0.310
标准值			5.965	4.703	3.098	2.099	0.965	0.787

* 各测点因实测量值奇异或应力计无读数，不参与反演分析。

表 8.2－23　　　　　　　　　典型剖面 K0＋470 位移反演分析成果表

位移计编号	测点序号	多点位移计实测值/mm	位移计算值/mm						
			模量不变	模量下浮20%	模量下浮40%	模量下浮50%	模量下浮60%	模量下浮70%	模量下浮80%
M_{ld}^3-1	1号	0.18	0.089	0.108	0.127	0.152	0.172	0.186	0.200
	2号	0.40	0.313	0.329	0.342	0.370	0.380	0.385	0.389
M_{ld}^4-1	1号	0.56	0.536	0.541	0.546	0.548	0.551	0.554	0.556
	2号	0.38	0.369	0.372	0.373	0.375	0.374	0.373	0.372
	3号	−0.03	−0.183	−0.185	−0.186	−0.186	−0.190	−0.194	−0.197
M_{ld}^3-2	1号	0.59	0.464	0.476	0.497	0.515	0.541	0.598	0.656
	2号	0.51	0.388	0.402	0.426	0.428	0.430	0.460	0.489
均值 $\mu_{\Delta h}$			−0.070	−0.060	−0.049	−0.037	−0.030	−0.009	−0.020
标准差 $\sigma_{\Delta h}$			0.072	0.067	0.058	0.052	0.044	0.024	0.029

表 8.2－24　　　　　　　　　典型剖面 K0＋500 位移反演分析成果表

位移计编号	测点序号	多点位移计实测值/mm	位移计算值/mm						
			模量不变	模量下浮20%	模量下浮40%	模量下浮50%	模量下浮60%	模量下浮70%	模量下浮80%
M_{ld}^3-3	1号	−2.127	−1.702	−1.702	−1.775	−1.827	−1.898	−1.935	−1.932
	2号	−3.702	−2.722	−2.764	−2.842	−2.906	−3.001	−3.048	−3.065
M_{ld}^4-2	1号	−0.918	−0.931	−0.967	−0.974	−0.979	−0.984	−1.001	−0.992
	2号	−0.951	−0.890	−0.915	−0.922	−0.926	−0.930	−0.945	−0.950
	＊3号	无读数							
M_{ld}^3-4	1号	−0.325	−0.323	−0.308	−0.304	−0.301	−0.298	−0.291	−0.219
	2号	−0.125	−0.154	−0.152	−0.151	−0.150	−0.149	−0.147	−0.139
均值			0.238	0.223	0.197	0.176	0.148	0.130	0.142
标准值			0.401	0.391	0.357	0.329	0.289	0.273	0.261

＊　各测点因实测量值奇异或位移计无读数，不参与反演分析。

表 8.2－25　　　　　　　典型剖面 K0＋470 钢筋计应力反演分析成果表

钢筋计编号	钢筋计应力实测值/MPa	应力计算值/MPa					
		模量不变	模量下浮20%	模量下浮40%	模量下浮50%	模量下浮60%	模量下浮70%
$R_{ld}-1$	6.02	5.557	5.847	6.159	6.240	6.472	6.283
$R_{ld}-2$	6.92	5.443	5.924	6.450	6.680	6.989	6.714
＊$R_{ld}-3$	−39.96	−52.920	−49.296	−46.247	−42.005	−37.866	−41.766
＊$R_{ld}-4$	无读数						
＊$R_{ld}-5$	无读数						

钢筋计编号	钢筋计应力实测值/MPa	应力计算值/MPa					
		模量不变	模量下浮20%	模量下浮40%	模量下浮50%	模量下浮60%	模量下浮70%
$R_{1d}-6$	16.53	15.065	15.704	16.535	16.811	17.656	16.970
均差		−6.774	−3.917	−1.157	−0.683	−0.266	−0.488
标准差		13.019	7.666	2.553	1.312	0.823	0.902

* 各测点因实测量值奇异或钢筋计无读数，不参与反演分析。

表 8.2 - 26   **典型剖面 K0＋500 钢筋计应力反演分析成果表**

钢筋计编号	钢筋计应力实测值/MPa	应力计算值/MPa					
		模量不变	模量下浮20%	模量下浮40%	模量下浮50%	模量下浮60%	模量下浮70%
$R_{1d}-7$	−2.770	−2.343	−2.319	−2.384	−2.417	−2.465	−2.654
$R_{1d}-8$	3.904	3.356	3.333	3.414	3.467	3.550	3.914
$R_{1d}-9$	12.535	10.708	10.943	10.734	10.949	11.419	12.043
* $R_{1d}-10$	−42.798						
$R_{1d}-11$	30.665	31.587	31.667	31.489	31.429	31.358	31.146
$R_{1d}-12$	7.706	8.743	8.761	8.721	8.707	8.690	8.637
均差		0.668	0.664	0.596	0.503	0.340	−0.434
标准值		1.951	1.775	1.815	1.514	0.954	1.647

* 各测点因实测量值奇异或钢筋计无读数，不参与反演分析。

通过计算值与监测值的比较分析得出如下结论：

（1）锚杆应力。实测的锚杆应力与有限元计算的锚杆应力分布规律基本相似。考虑不同虚碴固结灌浆效果的影响，当固结灌浆后虚碴变形模量下浮 60%～70% 时，除个别测点实测应力与计算应力相差较大外，大部分吻合较好，通过有限元计算获得的锚杆应力量值大小与实测的锚杆应力最为接近，均差和标准差均为最小。

（2）位移。多点位移计实测的位移与有限元计算的位移分布规律基本相似。考虑不同虚碴固结灌浆效果的影响，当固结灌浆后虚碴变形模量下浮 70%～80% 时，除个别测点实测位移与计算位移相差较大外，大部分吻合较好，通过有限元计算获得的位移量值大小与多点位移计实测的位移最为接近，均差和标准差均为最小。

（3）钢筋计应力。钢筋计实测的应力与有限元计算的应力分布规律基本相似。考虑不同虚碴固结灌浆效果的影响，当固结灌浆后虚碴变形模量下浮 60%～70% 时，除个别测点实测应力与计算应力相差较大外，大部分吻合较好，通过有限元计算获得的应力量值大小与实测的钢筋计应力最为接近，均差和标准差均为最小。

综上所述，当导流洞塌方段洞室周边残留的固结灌浆后虚碴变形模量在 IV_1 类围岩变形模量基础上降低 70% 时（即 $E=0.9GPa$），有限元计算结果与现场量测结果大部分吻合较好，表明反演出来的固结灌浆后虚碴变形模量较为合理。

8.2.9.2 基于反演分析参数的导流洞塌方段结构特性研究

（1）计算参数。当导流洞塌方段残留虚碴变形模量在按 IV_1 类围岩模量取值基础上降低

70%时（即$E＝0.9GPa$），有限元计算结果与现场量测结果大部分吻合较好，说明其反演出来的虚碴变形模量较为客观。在此基础上，复核导流洞塌方段典型剖面 K0＋420、K0＋470、K0＋500、K0＋520、K0＋550，在正常运行期、永久运行期及封堵期条件下，衬砌结构的应力、位移大小和变化规律，对导流洞围岩的稳定性和混凝土衬砌结构的安全性进行评价。

（2）计算工况及荷载组合。计算荷载按最不利情形进行组合，从偏于结构安全的角度出发，为避免山岩压力抵消内水压力作用效应，计算中未计入山岩压力，即

1）正常运行期：内水压力（内水位高程：1661.93m）＋结构自重＋山岩压力（未计入）。

2）永久运行期：内水压力（内水位高程：1880.00m）＋结构自重＋山岩压力（未计入）＋永久运行期外水压力（外水位高程：1830.00m）。

3）封堵期：封堵期外水压力（外水水位高程：1657.00m）＋结构自重＋山岩压力。

（3）计算成果。各工况下衬砌结构的位移与应力、空腔周边回填混凝土应力、锚杆与锚筋桩应力成果见表8.2－27，各工况下洞周围岩破坏区分布与稳定性评价成果见表8.2－28。

表8.2－27　　　　　　　　基于反演参数的结构位移、应力成果表

项 目			正常运行期	永久运行期	封堵期
衬砌结构位移	顶拱	最大沉降变形量/mm	1.26	2.24	2.52
		最大水平变形量/mm	1.09	4.69	2.30
	左边墙	最大水平变形量/mm	0.89	2.30	2.03
	右边墙	最大水平变形量/mm	1.01	3.85	2.21
	底板	最大沉降变形量/mm	0.95	0.96	1.77
衬砌结构应力	顶拱衬砌混凝土	最大压应力值/MPa	0.59	4.81	1.86
		最大拉应力值/MPa	－1.05	－9.97	－0.32
	边墙衬砌混凝土	最大压应力值/MPa	0.37	2.61	3.34
		最大拉应力值/MPa	－0.83	－6.33	－0.10
	底板	最大压应力值/MPa	0.40	2.44	2.23
		最大拉应力值/MPa	－0.80	－3.19	－0.34
回填混凝土应力	空腔上部	最大压应力值/MPa	0.01	2.00	0.10
		最大拉应力值/MPa	－0.20（仅限表层）	－2.50（仅限表层）	－0.30（仅限表层）
	空腔与洞身之间	最大压应力值/MPa	0.16	2.40	0.70
		最大拉应力值/MPa	－0.55	－5.50	－0.12
	左侧	最大压应力值/MPa	0.30	2.40	1.30
		最大拉应力值/MPa	－0.40	－1.50	几乎不存在
	右侧	最大压应力值/MPa	0.36	2.40	2.10
		最大拉应力值/MPa	－0.30	－0.50	－0.06
锚杆应力（仅1/3长度受拉）		最大拉应力值/MPa	－3.17	161.42	5.13
锚筋桩应力（仅1/3长度受拉）		最大拉应力值/MPa	－4.40	66.29	6.46

表 8.2-28 基于反演参数的围岩破坏区分布与稳定性评价表

项目	正常运行期	永久运行期	封堵期
破坏区分布	围岩基本破坏极少，仅在岩脉及 f_{d24} 断层以及衬砌与围岩接触的部位零星出现塑性破坏及拉裂破坏	围岩出现局部塑性破坏或拉裂破坏，在松动圈周边出现了较少的塑性破坏及拉裂破坏，在岩脉及 f_{d24} 断层以及衬砌与围岩接触的部位零星出现塑性破坏及拉裂破坏。相比正常运行期，围岩破坏点数有少量增加	围岩破坏发育程度较正常运行期有所增加，较永久运行工况有所减弱，破坏区主要出现在岩脉及 f_{d24} 断层内部以及衬砌与围岩接触部位和松动圈顶部；而衬砌顶部、减载空腔周边也出现零星拉裂破坏
稳定性评价	1. 围岩仅出现局部塑性破坏或拉裂破坏，破坏区远未贯通，大部分围岩处于弹性工作状态。 2. 系统锚杆和钢筋桩应力水平远小于自身强度。 3. 围岩及空腔回填混凝土整体稳定。 4. 衬砌结构和减载空腔结构安全	1. 围岩仅出现局部塑性破坏或拉裂破坏，破坏区远未贯通，大部分围岩处于弹性工作状态。 2. 系统锚杆和钢筋桩应力水平远小于自身强度。 3. 围岩及外包混凝土整体稳定。 4. 衬砌结构和减载空腔结构安全	1. 围岩破坏区分布较少，仅在局部出现零星的破坏，破坏区远未贯通，绝大部分围岩处于弹性工作状态。 2. 系统锚杆和钢筋桩应力水平远小于自身强度。 3. 围岩整体处于稳定状态。 4. 衬砌结构和减载空腔结构安全

8.2.10 结论

通过锦屏一级水电站左岸导流洞塌方段空腔实施方案数值分析计算，可以得出如下结论：

（1）高地应力环境、洞轴线不利方向，以及潜存的结构面是造成左岸导流洞该段塌方的主要原因。

（2）考虑永久运行期和封堵期设计水位的变化，各工况下典型断面的导流洞混凝土衬砌结构应力水平较低，计算分析与实测的系统锚杆、钢筋桩的应力量值都远小于其自身强度，洞室围岩仅在局部出现零星的破坏，破坏区远未贯通，绝大部分围岩处于弹性工作状态，导流洞围岩整体处于稳定状态，衬砌结构和减载空腔结构安全。

（3）基于现场监测资料反演分析结果来看，有限元计算的锚杆应力、多点位移计测点位移和钢筋计应力与相应的实测值分布规律基本相似。当洞周固结灌浆后的虚碴变形模量在 $\mathbb{N}_1$ 类围岩模量基础上降低 70% 时（即 $E=0.9\text{GPa}$），有限元计算结果与现场量测结果除个别测点相差较大外，大部分吻合较好，说明反演出来的固结灌浆后虚碴变形模量较为合理。

（4）根据反演的固结灌浆后虚碴变形模量（$E=0.9\text{GPa}$）进行复核分析计算，各工况典型断面的导流洞混凝土衬砌结构的位移、应力分布规律，减载空腔周边与洞周回填混凝土的应力等值线分布规律，以及洞周围岩破坏区分布规律，均与原计算方案基本相同，塌方段围岩整体处于稳定状态，衬砌结构安全。

（5）固结灌浆后虚碴与导流洞结构衬砌之间回填的混凝土，有效改善了不同虚碴固结灌浆效果对导流洞主体衬砌结构的影响。

第9章 深厚覆盖层河道导流明渠出口水流消能设计技术

9.1 明渠导流设计概况

9.1.1 明渠导流概述

明渠导流多用于河床外导流，适用于河谷岸坡较缓，有较宽阔滩地或有溪沟、老河道等可利用的地形，且导流流量较大，地形、地质条件利于布置明渠的情况。与隧洞导流比较，因明渠的过流能力较大，施工较方便，造价相对较低，在地形条件和枢纽布置允许时，用明渠导流的较多。在河床内用分期导流方式修建混凝土坝的初期导流阶段，也常采用明渠导流。在中期和后期导流阶段，可用其他泄水建筑物或在明渠内设底孔或缺口导流，以便使明渠所占的坝段可以施工升高。

导流明渠布置，若有通航要求时，要满足航运的一切规定。导流明渠不能完全满足通航要求时，宜采取配合明渠通航的措施。中国三峡水利枢纽施工过程中，除明渠通航外，还建造了临时船闸通航，当明渠、临时船闸因汛期流量太大而暂时封航时，另设置了转运货物的码头及客、货车。一般导流明渠需力求水流顺畅，泄水安全，挖方量较小，施工方便，渠道进出口与上下游水流平顺衔接，与河道主流夹角一般小于30°；离上下游围堰坡脚距离，要使回流不淘刷围堰地基为原则；明渠水面与基坑水面之间最短距离要大于渗透破坏所要求的距离；转弯半径不小于明渠底宽的3~5倍。河流两岸地质条件相同时，明渠宜布置在凸岸；多沙河流，则可考虑布置在凹岸。明渠断面多取梯形或矩形，过水断面湿周力求小一些，尽量减小渠道糙率，争取较大的流量系数。渠道的设计过水能力需与渠道内泄水建筑物过水能力相适应。渠道的防冲、防淤、防渗，上下游水流的衔接，渠道转弯处的横向坡降限制，渠道挖方量的利用，大型渠道的过渠交通，跨年度施工渠道进出口防汛保护及渠成后进出口爆破，渠道最后的封堵等，都要进行专门的研究与设计。

布置导流明渠时须考虑：①轴线位置，在地形上尽量利用垭口、溪沟、旧河道等，并力求布置在河湾凸岸的滩地；②明渠进水口要使水流顺畅，距围堰一定距离，防止冲刷坡脚；③进出口高程要根据流量、通航、过木、冲刷或淤积等条件综合比较确定；④明渠断面形式可采用矩形、梯形或复式断面，坡度大于临界坡度，并尽量减小渠道糙率，当渠底为软基时要防止渗漏。

9.1.2 明渠导流设计进展

20世纪60年代在印度塔皮（Tapi）河上修建乌凯（Ukai）土坝时，施工导流建成当时世界上最大的导流明渠，设计流量45000m³/s，明渠长度1371m，渠底最大宽度234m，明渠水深 18.25～21.0m，底坡 2.5‰，断面接近半圆形，渠道最大开挖深度 80m。明渠运行期实测最大泄流量 35000m³/s，渠内最大流速 13.71m/s。

20 世纪 70 年代，巴西和巴拉圭两国在巴拉那（Parana）河上修建伊泰普（Itaipu）水电站，1978 年建成导流明渠，设计流量 30000m³/s，明渠全长度 2000m，底坡为 2.5‰，渠内水深 10m。

20 世纪 90 年代，我国在长江上修建三峡工程，1997 年建成当今世界上最大的导流明渠，设计流量 79000m³/s，明渠兼作施工通航渠道，其通航流量标准为长江航运公司船队通航流量 20000m³/s，最大流速 4.4m/s，船舶最小对岸航速大于 1m/s；地方航运公司船舶通航流量 10000m³/s，最大流速 2.5m/s。明渠布置在坝址弯曲河段的凹岸，渠道右岸边线总长 3950m。明渠最小底宽 350m，渠内水深 20～35m。三峡工程导流明渠的实施为大型导流明渠设计、科研、施工、运行积累了成功的经验。

桐子林水电站导流明渠设计流量为 12700m³/s，明渠底宽 63.8m，明渠中心线混凝土底板长 597.29m，明渠进口底板高程为 982.00m，出口底板高程为 986.00m，明渠出口高程由 982.00m 以 1∶25 反坡至 986.00m 高程，渠身边坡坡比为 1∶0.75。

ZM 水电站导流明渠设计流量为 8870m³/s，底宽 35m，进口底高程 3248.00m，出口底高程 3243.00m，轴线长 1165.10m，底坡为 8.72%。

JC 水电站导流明渠设计流量为 8920m³/s，进口底高程 3204.00m，出口高程 3200.00m，轴线长约 896.299m，底坡为 2.287‰，过水断面底宽 35m。

9.2　导流明渠出口水流消能

9.2.1　泄水建筑物出口下游消能概述

泄水建筑物过水时，水流往往具有较大的动能，对下游河床或渠床产生冲刷，须采取措施进行消能。消能工的作用就是：①消除水流动能及波状水跃，促使水流横向扩散防止产生折冲水流。②保护河（渠）床，防止剩余动能引起的冲刷。这两方面措施，首先是消能，其次是防冲。如果离开了消能，单纯地采取消极的防御性措施，既不经济也不安全。常用的消能方式包括底流式、挑流式、面流式消能。挑流式、面流式消能多用于溢流坝下游消能，而一般渠系建筑物普遍以底流式消能为主。

（1）底流消能。底流消能也称水跃消能，是一种利用水跃进行消能的传统消能方式。一般而言，过坝水流均为急流，当与下游河道的正常缓流衔接时，往往会形成水跃。在水跃段内，因主流位于水流底部，而表层存在强烈的逆时针漩滚，表层漩滚与主流区的交界面之间强烈的剪切、紊动与掺混作用不断将主流动量通过表层的漩滚运动转化为热能而耗散掉。由于高流速的主流区位于底部，因而在工程界通常将水跃消能称为底流消能。

底流消能具有流态稳定、消能效果较好、对地质条件和尾水水位变化适应性较强、泄洪雾化轻微等优势，能够适应高、中、低不同水头，但由于底流消力池几何尺寸较大，因而造价较高。

（2）挑流消能。在高、中水头的泄水建筑物中，下泄水流的动能较大，工程中常采用挑流消能的方式消杀能量，其特点是：泄水建筑物泄放的高速水流为挑坎所导引，将水流先抛射到空中，水流在空中掺入大量空气，形成逐渐扩散的水舌，然后在距坝趾较远处落入下游水垫中；水舌在水垫中继续扩散，并在主流前后形成两个大漩流，同时消散大部分动能；当扩散水舌的冲刷能力大于河床抗冲能力时，河床变形，形成冲刷坑，直至水流的冲刷能力小于河床抗冲刷能力时，冲刷坑才保持稳定状态。

由于挑流消能工结构简单，当泄水建筑物下游地质条件较好时，为充分利用下游河道的抗冲刷能力，采用挑流消能方式是比较经济合理的。近几十年来，挑流消能在高、中水头泄水建筑物中广泛应用。挑流水舌在空中受大气的拖曳和卷吸作用发生破碎，并在与下游水体碰撞时产生激溅，雾化降雨难以避免。因此，在枢纽总体布置上必须考虑挑流消能的雾化影响。在泄洪雾化对环境和重要建筑物不会产生太大影响时，挑流消能常常作为首选消能方式。

（3）面流消能。面流消能是利用泄水建筑物末端的跌坎或戽斗，将下泄急流的主流挑至水面，通过主流在表面扩散及底部漩滚和表面漩滚以消除余能的消能方式。面流消能方式可分为跌坎面流和戽斗面流两类。

戽斗面流与跌坎面流的共同点为：急流离开戽斗或跌坎后，高速水股漂在下游水面，底部出现横轴漩滚，水面也有一个或两个横轴漩滚，曲率显著的主流水股夹在表、底漩滚之间紊动扩散，尾部缓流水面的波浪较大并延伸较长的距离；主流水股与漩滚间的紊动剪切面和漩滚的紊动结构是消散动能的主要部位。

9.2.2　导流明渠出口水流消能设计进展

在水电站导流明渠出口水流消能技术研究方面，主要集中在导流明渠单宽流量虽然较大、但明渠出口流速较小的水电工程，如三峡工程导流。随着水电资源的进一步开发和利用，工程规模不断扩大，工程设计和施工中日益暴露出在具有深厚覆盖层河流中建设水电工程面临的导流明渠出口水流消能的水力学难题。

明渠导流一般适用于岸坡平缓的平原河道上，适用于河流流量较大，岸边具有台地、缓坡的地形，或附近有旧河道、山沟、河弯等可利用的地形。通过明渠导流对坝址河道水流进行控制以解决工程施工和河道水流宣泄的矛盾，避免水流对工程施工造成不利的影响，保证枢纽永久性建筑物在干地上施工，是导流明渠设计的重要目标。

在高水头大单宽流量深厚覆盖层狭窄河道采用导流明渠方面，如 20 世纪 60 年代世界上最大的导流明渠是印度的塔皮（Tapi）河乌凯（Ukai）土石坝修建的导流明渠，长 1371m，渠底最大的宽度 234m，明渠水深 18.25～21.0m，渠道最大的开挖深度是 80m，设计导流流量 45000m³/s。巴西和巴拉圭合建的伊泰普（Itaipu）水电站，1978 年建成的导流明渠，设计流量在 30000m³/s，明渠全长为 2000m，进口底宽为 150m，其余底宽为 100m，开挖最大深度达 100m，边坡为 20∶1。三峡导流明渠是当今世界上最大的，设计流量为 79000m³/s，成功解决了明渠泄流量和通航流量相差大的矛盾。铜街子、宝珠寺等工程利用岸边河滩开挖导流明渠，其渠身穿过坝段，供初期导流。岩滩、水口、大峡等工程与永久工程相结合，利用岸边永久船闸、升船机或溢洪道布置导流明渠。陆水电站、下汤水库等工程在远离主河床的山垭处开挖导流明渠。上述采用导流明渠的水电工程具有一个明显的特点就是虽然导流流量巨大或导流明渠出口流速较高，但是导流明渠出口的总动能较小，因此，明渠出口的下游冲刷问题容易解决。表 9.2-1 为国内外采用导流明渠的工程实例。表 9.2-2 为已建工程中采用明渠导流的水力学指标和采取的防冲措施。

表 9.2-1　　　　　　　　　　　国内外部分明渠导流工程参数

工程名称	导流方式	设计流量 /(m³/s)	断面形式	断面尺寸	
				长/m	宽/m
龚嘴	明渠导流	9650	梯形	600	35~45
铜街子	明渠导流	10300	矩形	590	54
岩滩	明渠导流	15100	矩形	1110	65
伊泰普	明渠导流	30000	梯形	2000	100
水口	明渠导流	32200	矩形	1170	75
三峡	明渠导流	79000	复式断面	3410	350
桐子林	明渠导流	12700	梯形	597.29	63.8
ZM	明渠导流	8870	梯形	1165.10	35
JC	明渠导流	8920	梯形	896.29	35

表 9.2-2　　　　　　　　　　　国内部分工程导流明渠工程特征表

名称	单宽流量 /[m³/(s·m)]	出口流速 /(m/s)	消能防冲措施	运 行 结 果
飞来峡	51.6	4.11	防冲堆石体	石体被冲，但围堰安全
尼尔基	52	8.95	钢筋石笼	导流明渠和围堰都完好无损
沙坡头	67	7.52	铅丝石笼＋消力池	运行情况良好
三峡	225	9	钢筋石笼	运行情况良好
铜街子	170	13	出口段布置斜坎	满足施工导流要求
桐子林	204	17.5	柔性防护板	明渠出口柔性板变形，二期围堰运行良好
水口	144	16	钢筋石笼	下游安全，泄流能力符合设计要求
ZM	253	18.23	—	运行情况良好
JC	254	16.44	消力池＋大块石串	运行情况良好

9.2.3　深厚覆盖层导流明渠出口水流消能型式选择

覆盖层在我国西南山区河流中广泛分布，一般深度为数十米，部分河段可达 400 余 m。主要河段深覆盖层的基本特征和发育分布规律在纵向上可分为三个层次：底部大多为冰川、冰水堆积物，物质组成以粗颗粒的孤石、漂卵石为主，形成时代主要为晚更新世；中部大多为以冰水、崩积、堰塞堆积与冲洪积混合堆积层，组成物质较复杂，厚度变化相对较大，形成时代主要为晚更新世—全新世；表部为全新世河流相砂卵石堆积。大量的勘察结果表明，西南地区河流深厚覆盖层具有分布厚度变化大、结构差异显著、组成成分复杂、堆积序列异常等主要特点。河床覆盖层埋深总体是上游高、下游低；河床覆盖层厚度横向变化较大，纵向变化较小；河床中心附近覆盖层底板最低，两侧相对较高；河床覆盖层底板形态均呈 U 形，局部有不规则的串珠状"凹"槽分布；纵向上有一定起伏的"鞍"

状地形。

深厚覆盖层受自身结构、重量等因素的影响抵抗水流冲刷作用的能力较差，易受水流冲刷，从而影响建筑的稳定及安全性。施工导流采用明渠导流方式，工程截流后阻断了原河道自然水沙运行状态，水流通过导流明渠下泄，由于水位壅高、水流束窄、流速增加等因素，极易对导流明渠出口及下游河床岸坡覆盖层造成冲刷，如果处理不好可能危及导流泄水建筑物甚至大坝基坑安全。西南山区河流水能资源丰富，高山峡谷区建设的高坝、超高坝、特高坝工程规模大，施工期水流控制的流量大、程序复杂。因此，导流明渠出口水流消能及出口下游河道岸坡的防冲保护是设计关注重点之一。

Fr（弗劳德数）是决定出口水流采用消能型式的主要指标之一。但采用明渠导流方式，明渠出口水流与下游河床水位相差不大，出口流速介于高速水流与非高速水流之间，Fr 值仅为 1 左右。黄河沙坡头水利枢纽导流明渠采用缓坡设计，明渠水流为缓流，Fr 小于 1.0，明渠水流消力池前沿才达到急流状态，Fr 略大于 1.0；桐子林水电站导流明渠出口采用缓坡设计，Fr 小于 1.0；JC 水电站明渠采用陡坡设计，消力池前沿流速约 15m/s，Fr 也仅为 1.2 左右。结合成熟的水力学设计经验，低 Fr 值水流不宜采用挑流消能和面流消能，较为常用的采用底流消能型式。

JC 水电站导流明渠出口设置 120m 长消力池，采用底流消能，2018 年遭遇超标准洪水时，消力池入池流速达 18～20m/s，出池流速仅为 8～12m/s，消能效果明显。黄河沙坡头导流明渠出口铺设大范围铅丝石笼，并在出口设置 2 个深 2m 的消力池。铜街子下游围堰采用钢筋石笼保护，明渠出口段布置了 7m 深的斜槽消力池和 10m 高的斜坎。以上这些布置方式在导流明渠的实际运行中，都起到了良好的保护作用。

导流明渠出口采用缓坡（反坡）设计也是消能常用的方式之一。明渠出口采用缓坡（反坡），使出口水流成缓流状态，加大出口水深，减小流速，从而达到消能防冲效果。桐子林水电站出口高程由 982.00m 以 1：25 反坡至 986.00m 高程，加大了出口水深，减小了出口流速，取得了一定效果。

为减小截流难度和降低上游围堰高度，以节省工程投资，导流明渠进出口高程常常较低，在对于推移质较多的河道，明渠过流期间，上游河道内的推移质将不可避免地进入明渠而对明渠内的消能工造成破坏，从而更可能进一步危及导流明渠的结构安全。故对于推移质较多的河道，在明渠内设置消能工要慎重。西部山区河道坡降较大，漂移质较多，导流明渠内一般不宜设置消能工。铜街子水电站及 JC 电站都是基于两电站的上游梯级电站已建成、拦蓄着上游河道的推移质的基础上，结合地形地质条件，在导流明渠出口段设置了消能工，从而有效地消减了导流明渠出口水流能量，保证了导流明渠及导流明渠下游河道的安全。

9.3 工程案例

9.3.1 铜街子水电站导流明渠出口水流消能设计

铜街子导流明渠位于左深槽以右，全长 463m。渠宽由进口处的 68m 逐渐缩窄，至坝轴线处宽 60m，出口处宽 54m，末端并弯向河床。为了保持左岸岸坡开挖过程中的稳定性和防止出口水流冲刷，在明渠左边墙及其下游导墙设置抗滑、防冲沉井 20 个，最大高度可达 40m。

明渠边墙底宽 15m，它同时也是河床基坑施工时的纵向围堰。

导流明渠按 20 年一遇洪水流量 9200m³/s 设计，50 年一遇洪水流量 10300m³/s 校核。计划 1986 年年底明渠形成后河床截流，在上、下游围堰基坑内修建厂房、溢流坝和排沙底孔等坝段。1990 年 11 月明渠下闸截流，完建明渠挡水坝段，1991 年年底第一台机组发电。

出口段位于坝址河床左右深槽的下游汇合处，地质情况复杂。在 15～24m 厚砂卵石河床覆盖层下面是 5～20m 厚的软弱黏土岩，且倾向下游。此外，在黏土岩与下伏玄武岩界面上还有一层 0.6～2.0m 厚的泥化状蚀变凝灰岩。这些软弱地层对结构稳定很不利，且抗冲能力很差。当出现设计流量时，明渠出口平均流速为 13m/s，远超过黏土岩约 4.5m/s 的抗冲流速；出口单宽流量约 170m³/(s·m)，通过动床模型观察，流态混乱、回流强度大，冲坑很深，对左侧防洪堤、右侧下游围堰及下游跨河大桥均造成严重威胁或不同程度的破坏。

设计中除考虑明渠底板安全而将末端齿墙下嵌到玄武岩上外，采取的措施如下：

（1）为防止冲刷危及左边坡而牵动左岸碎石土，利用大型沉井排和井墙结合方式，设置了左岸圆弧形和直线形两段直壁挑流墙兼作挡土墙，将主流挑回右岸主河槽；并将直线挑墙首端相对于弧形挑墙末端向左后退 20m，使过水断面豁然扩宽，以降低流速和减小单宽流量。

（2）为进一步消能、导向和防止出口产生水跃，以便顺利漂木和降低下游左右岸回流强度，曾研究在明渠内加糙、作消力池或在出口作各种消能工。经多次试验优化选定：在出口段将渠底板降低 7m，并布设一道 7m 深的斜槽和 10m 高的斜坎，将底流以 45°角从表流方向挑开。为使水流收缩断面处第一共轭水深向上垫起，破坏完全水跃的产生，促成以波状水跃型式与下游水面相衔接，还设置了两个平面尺寸为 25m×10m、高为 8m 的消力墩。

铜街子导流明渠布置如图 5.2-4 所示。

采取上述主要措施后，下游围堰临水面流速降到 3～4.5m/s，防洪堤沿线流速降到 4m/s 以内，大桥处最大流速降到 4～6m/s，通过适当保护可以满足安全度汛要求。

明渠竣工后，1987 年经历了第一个汛期，最大流量 5700m³/s，原型流态和过漂观测情况与预计基本相符。枯水季可看见出口下游的抛物线型大冲坑，坑右侧出现一个高出原河床 3～5m 的河心洲，以上均在预计之内。

9.3.2 西藏某水电站导流明渠出口水流消能设计

西藏某水电站二期导流采用明渠导流方式，明渠底宽 35m，导流标准采用 20 年一遇重现期洪水，相应导流流量 8920m³/s。明渠出口单宽流量约 254m³/(s·m)，出口流速达 17m/s。导流明渠单宽流量和流速较大，两岸河床为深厚覆盖层。根据地质勘探成果，河床第①层含漂砂卵砾石层（alQ₃）、第③层含漂砂卵砾石层（alQ₄）允许抗冲流速均为 2～4m/s；坝址区基岩主要出露于右岸江边，岩性为郎杰学群的灰黑色炭质板岩、浅灰色绢云母石英片岩、长英变粒岩、硅质板岩，允许抗冲流速均为 5～6m/s。根据拉林铁路规划成果，JC 坝址下游侧约 1km 处设有 JC 火车站，铁路规划线路（铁路桥墩）距离导流明渠出口仅约 200m。

根据模型试验成果，在设计流量下，明渠出口水流受出口右岸圆弧导墙的约束，水流向左偏转，在下游河道内形成两个回流区，左侧回流向上延伸至下游围堰，二期围堰堰面最大回流为 3.74m/s，靠近明渠出口左导墙的部分围堰被回流淘刷，同时，明渠出口右岸岸坡被右侧回流淘刷得比较严重。明渠出口流速达 16.44m/s，下游河道冲刷较明显，冲坑最深点高程为 3182.54m。

（1）导流明渠布置。根据导流明渠进出口段河床地形及水文条件，考虑截流难度和明渠施工条件等因素，并尽可能使明渠进出口段与天然河道平顺衔接，减小明渠出口冲刷和二期下游围堰迎水面防护难度，选定明渠进口底高程 3204.00m，出口高程 3200.00m。导流明渠布置如图 9.3-1 所示。

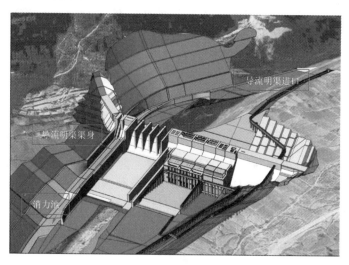

图 9.3-1　JC 水电站导流明渠布置图

导流明渠左导墙与水工消力池右边墙结合布置在水工非溢流坝 20 号、21 号坝段内。明渠进口布置成喇叭形，左导墙进口形态根据水工模型试验成果为圆弧曲线（圆弧半径 150m），右侧边墙顺直与实际地形相交。导流明渠采用全断面钢筋混凝土结构，明渠轴线长约 896.299m，底坡为 2.287‰。

结合 ZM 水电站导流明渠布置及运行情况，确定导流明渠底宽采用 35m。为减小明渠出口流速，改善水流条件，出口段明渠底宽由 35m 渐变成 40m。

明渠左导墙采用混凝土重力式结构，基础置于Ⅲ₁类岩体之上，建基高程 3190.00～3202.00m。导墙顶宽 4.00m，底宽 8.00m，最大墙高 29m。为保证明渠导墙运行期的稳定，导墙底部与部分明渠底板连成整体。明渠导流设计流量 8920m³/s（$P=5\%$），相应渠内最大水深约 27.18m，经推算水面线，并经水力模型试验验证，结合枢纽布置，确定明渠 0-151.72 桩号之前墙顶高程 3233.00m，0-151.72～0-118.02 由 3233.00m 渐变至 3225.00m，0+169～0+209 段墙顶高程由 3225.00m 渐变至 3221.00m。

（2）明渠出口消力池设计。由于导流明渠出口水位差不大，Fr 仅为 1.2 左右，无法采用挑流消能和面流消能。考虑到本工程覆盖层岸坡抗冲刷能力较小，泄洪消能应最大限度减小对岸坡稳定的影响，从运行安全可靠角度出发，采用底流消能方式。根据明渠地形地质条件，明渠下游段基覆界线下降，为满足明渠过流条件，需将覆盖层开挖后回填混凝土。为减少明渠工程量，减小明渠出口流速，结合下游段地形，将覆盖层开挖后，形成消力池。结合模型试验成果，拟定了消力池长度 60m、120m 和 150m 三个长度方案进行比较，最终选择 120m 长度消力池方案（图 9.3-2）。

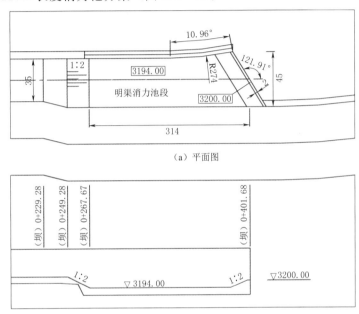

（a）平面图

（b）剖面图

图 9.3-2　导流明渠出口消力池示意图（单位：m）

（3）消力池出口斜尾坎布置。在传统水电工程消力池尾坎布置中，一般采用垂直水流布置，且顶部为同一高程，这样布置有利于水流经消力池消能后与下游水位衔接。水工建筑物消力池布置均位于河床中部，具有垂直布置消力池尾坎的有利条件。导流明渠（导流建筑物）多布置于河床两岸岸坡或垭口位置，且没有导流明渠布置消力池的先例，若仍按照尾坎传统布置形式，水流无法与河床顺利衔接，根据模型试验成果显示，水流经传统布置的消力池尾坎后形成跌流，加大了出口的冲刷，增加了防冲保护难度。采用左低右高型斜尾坎后，明渠出口水流与主河床水流顺利衔接，出口冲刷程度得到明显改善。

（4）运行情况。2018 年 8 月，流域中上游流域持续降雨，JC 水电站施工区流量持续上涨，8 月 28 日洪水超过 10 年一遇标准的 7810m³/s，8 月 29 日洪水流量超过二期围堰设计 20 年一遇标准的 8920m³/s。根据国家基本水文站测报信息，8 月 31 日水文站实测洪峰流量 9510m³/s，接近 50 年一遇洪水标准流量 9620m³/s，为新中国成立以来的实测最大洪水。根据水情预报信息，位于水文站下游 80km 的 JC 水电站施工区预报流量约为 10100m³/s，超过坝址区 30 年一遇洪水流量 9280m³/s，接近 50 年一遇洪水流量 10400m³/s。

根据实测的数据成果及复核成果，导流明渠区内流速最大达到 16~18m/s；消力池入池流速达到 18~20m/s，出池流速 8~12m/s，消力池消能效果良好，出口流态平顺。导流明渠成功宣泄历史罕见超标洪水，明渠消力池和出口护岸运行安全，标志着大流量导流明渠消能防冲关键技术研究得到成功运用。

　　导流明渠 2018 年度汛过流状态如图 9.3-3~图 9.3-6 所示。

图 9.3-3　导流明渠下游段流态

图 9.3-4　导流明渠消力池前池流态

图 9.3-5　导流明渠消力池池内流态

图 9.3-6　导流明渠出口及下游围堰堰前流态

参 考 文 献

［1］ 余挺，叶发明，陈卫东. 深厚覆盖层筑坝地基处理关键技术［M］. 北京：中国水利水电出版社，2020.

［2］ 彭土标，袁建新，王惠明. 水力发电工程地质手册［M］. 北京：中国水利水电出版社，2011.

［3］ 韩昌海，赵建钧，王溥文，等. 黄河沙坡头水利枢纽导流明渠的消能布置［J］. 人民黄河，2002，24（1）：35-36，38.

［4］ 徐森全，胡志根，刘全，等. 基于熵权的导流标准多目标决策分析［J］. 中国农村水利水电，2004（8）：45-47.

［5］ 徐依. 二滩水电站施工导流风险分析［J］. 施工组织设计，2005（1）：108-114.

［6］ 中国水力发电工程学会，中国水电工程顾问集团公司，中国水利水电建设集团公司. 中国水力发电科学技术发展报告（2012版）［M］. 北京：中国电力出版社，2013：125-174，254-260.

［7］ 王思敬. 岩石力学与工程的新世纪［C］//中国岩石力学与工程学会. 岩石力学新进展与西部开发中的岩土工程问题. 北京：中国科学技术出版社，2002.

［8］ 邢万波. 深切河谷高边坡岩石力学基础［R］. 中国水电顾问集团成都勘测设计研究院，2009.

［9］ 陈祖煜，汪小刚，杨健，等. 岩质边坡稳定分析——原理·方法·程序［M］. 北京：中国水利水电出版社，2005：700-743.

［10］ 郑守仁，王世华，夏仲平，等. 导流截流及围堰工程（上册）［M］. 北京：中国水利水电出版社，2004：7-8.

［11］ 郭舜年. 二滩水电站导流隧洞围岩与支护系统的地质力学平面模型试验研究［J］. 水电站设计，1997（2）：96-100，106.

［12］ 沈洪俊. 二滩水电站导流隧洞堵头结构模型试验和数值计算研究［J］. 水电站设计，1997（2）：85-90.

［13］ 林荫日. 铜街子水电站导截流设计及其主要技术措施［J］. 水力发电，1992（11）：39-41.

［14］ 《水利水电工程施工手册》编委会. 水利水电工程施工手册 第1卷 地基与基础工程［M］. 北京：中国电力出版社，2004：572-576.